草业生产实用技术

2017

全国畜牧总站　编

中国农业出版社

图书在版编目（CIP）数据

草业生产实用技术. 2017 / 全国畜牧总站编. —北京：中国农业出版社，2018.5

ISBN 978-7-109-23794-0

Ⅰ.①草… Ⅱ.①全… Ⅲ.①牧草—栽培技术 Ⅳ.①S54

中国版本图书馆 CIP 数据核字（2017）第 323753 号

中国农业出版社出版

（北京市朝阳区麦子店街 18 号楼）

（邮政编码 100125）

责任编辑 赵 刚

北京通州皇家印刷厂印刷 新华书店北京发行所发行

2018 年 5 月第 1 版 2018 年 5 月北京第 1 次印刷

开本：700mm×1000mm 1/16 印张：15.5

字数：276 千字

定价：45.00 元

编委会成员单位

主持单位：

全国畜牧总站

参加单位：

中国农业大学动物科技学院

中国农业科学院草原研究所

兰州大学草地农业科技学院

内蒙古农业大学草原与资源环境学院

甘肃农业大学草业学院

内蒙古大学经济管理学院

四川省草原科学研究院

河北省农林科学院农业资源环境研究所

宁夏农林科学院植物保护研究所

编 委 会

编　写　组

主　　编： 李新一　董永平

副 主 编： 王显国　尹晓飞　侯扶江　刘忠宽　张焕强

编写人员： 李新一　董永平　黄　涛　王显国　尹晓飞
侯扶江　刘忠宽　张焕强　吴新宏　张　蓉
李青丰　钱贵霞　王伟共　周　俗　赵青山
花立民　戎郁萍　赵萌莉　玉　柱　王　赞
程云湘　莫重辉　吉　高　罗　峻　刘士杰
柳珍英　王加亭　陈志宏　刘　彬　杜桂林
齐　晓　赵恩泽　邵麟惠　闫　敏　薛泽冰

技术撰稿（按姓名笔画排序）：
丁迪云　王显国　冯　伟　刘忠宽　刘振宇
闫利军　孙　彦　孙　朕　杜　华　杜海梅
李　源　李元华　李运起　李海燕　杨志敏
汪　平　张　蓉　张成才　张建波　张晓霞
张瑞珍　陈玉英　武慧娟　周　俗　周栋昌
郑爱荣　秦文利　夏红岩　钱贵霞　郭志忠
黄晓宇　葛　剑　董永平　智健飞　游永亮
游明鸿　谢　楠　谢金玉　谢荣清

审　　校： 唐国策　刘　源

前　言

我国正在大力度推进生态文明建设，深化供给侧结构性改革，加快发展草牧业，草原生态保护、饲草料生产体系建设和草畜结合发展形势喜人、前景光明。广大草业科技工作者积极顺应新时代要求和产业需要，开展了一系列草业新技术的研究开发和中试熟化工作，积累了一批先进实用成果。

为了将这些成果尽快转化应用到生产实践中，提高我国草原生态保护和草业可持续发展的科技水平，我们组织有关大专院校、科研院所和技术推广部门，根据成果的持有情况和生产需要，分批次收集、整理并汇集成册。技术成果分为生产和生态两大方面。其中，生产方面技术包括规划设计、建植管理、绿色植保、产品加工、草种生产、草畜配套和统计监测等7类，生态方面技术包括调查监测、资源保护、防灾减灾、草场改良、生态修复、合理利用和价值评估等7类。经组织专家审核后，分别编辑出版《草业生产实用技术》和《草原生态实用技术》，以期对教学科研、技术推广等机构，以及企业、合作社和农牧民等各类生产经营主体，开展草原生态保护和草业生产等工作起到引领、指导和帮助作用。

本书共收集草业生产实用技术40项，其中规划设计技术5项、建植管理技术9项、绿色植保技术3项、产品加工技术10项、草种生产技术4项、草畜配套技术7项、统计监测技术2项。共有90位技术持有者或者熟悉技术内容的专家学者、技术推广人员提供了技术，经全国畜牧总站和13位省区技术推广机构人员收集、汇总，10家高等院校、科研院所和技术推广部门的35位专家完成了书稿的编写和修改工作。在此，谨对各位专家学者、技术人员以及相关单位的辛勤付出表示诚挚的感谢！

由于我国地域广泛，发展需求多样，适宜不同地区的技术持有情况不同，本书收集的技术还不能完全满足各地区、各部门和广大读者的需求，加之时间紧张、能力有限，不足之处敬请读者批评指正。

编　者

2017 年 11 月

目　　录

第一章　规划设计

国家草品种区域试验技术

一、技术概述

新草品种区域试验是指为确定草品种适宜栽培区域、性状鉴定和品质评价而进行的多年多点联合试验，是草品种“选育—审定—推广”过程中的重要环节，是品种审定的重要内容和主要依据。

2008年，农业部启动了国家草品种区域试验项目，旨在通过第三方统一开展的区域试验，获得科学、客观和公正的审定依据，为国家重大草原政策落实、草产业发展和草原建设工程实施提供良种支持。

二、适用范围

目前已经在全国21个省（市）的53个站点开展国家草品种区域试验。

三、技术流程

（一）建站流程（图1）

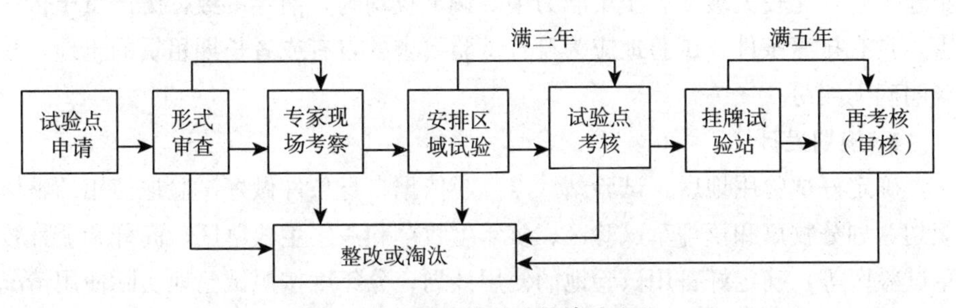

图1　草品种区域试验站建站流程

（二）工作流程（图 2）

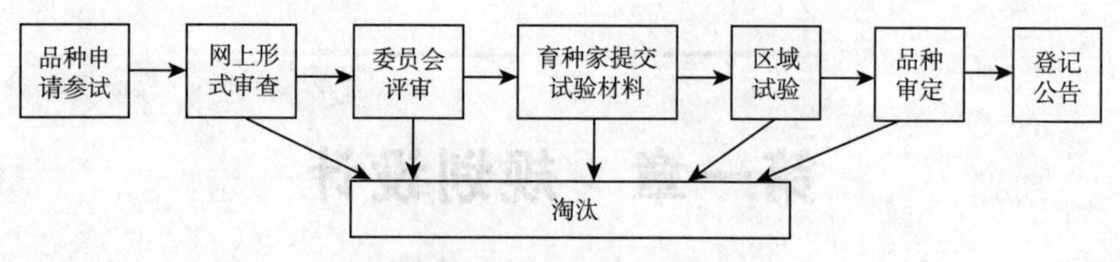

图 2　草品种区域试验站工作流程

（三）区域试验流程（图 3）

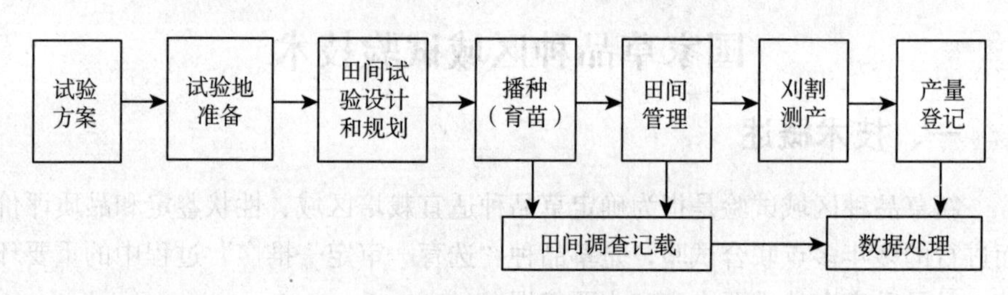

图 3　草品种区域试验流程

（四）试验设计

根据拟参试品种数量和特性，制订区域试验的设置方案，一般采用完全随机区组设计。

四、技术内容

（一）试验条件

1. 试验地

试验地应该具有代表性，即能够代表所在地区的气候、土壤和栽培条件，土地平整，无较大坡度，土壤肥力中等偏上且均匀，前茬一致，无严重土传病害，具有排灌条件；试验地应为符合试验要求的自有或者长期租赁的土地，权属明确无纠纷。

2. 规划设计

确定好试验用地后，试验站（点）应依据自身条件做好试验地使用的整体规划，划分牧草和草坪草试验区、多年生牧草和一年生牧草区、高秆和矮秆牧草试验区等，确定好备用试验地的使用计划；分年度按照试验地实际使用情况等比例绘制详细的试验地使用图，标示出各试验组所在准确位置和各小区的所在位置。

3. 试验设备

承担牧草品种区域试验任务的，应配备尺、秤等测量工具和镰刀、小型割草机等收割工具；承担草坪草品种区域试验任务的，应配备数显游标卡尺、样方环、颜色分级卡等测量工具和剪草机等；实验室应配备电子天平、冰箱（冷藏柜）和鼓风干燥箱等仪器设备。试验站（点）应做好相关仪器的维护、保养工作，定期校验测量工具、确保仪器设备可以正常使用。

4. 气象站

为了提高试验站（点）气象数据的准确性和获得气象数据的及时性、便利性，建议试验站（点）购置能够满足试验要求的小型气象站，并按照相关技术要求安装和使用。

5. 防护设置

在试验站（点）外围设置围栏或绿篱等生物围栏，尽可能保证试验不受外界干扰。即使试验站（点）是一个封闭区域中的一部分，也要用简易围栏进行隔离，起到对无关人员进行示意和阻拦的作用。

（二）试验材料

1. 任务确定

组织单位一般会提前半年通过电话或网络通知各试验站（点）新增试验任务和计划播种时间，品种种子、种茎材料随后邮寄给相关试验站（点）。

2. 材料确认

收到试验材料后，首先，确认收到的试验材料是否为本试验站（点）承担的任务；其次，确认是否收到与试验组相对应的试验方案；第三，核对试验材料包装上的编号、草种名称等信息与试验方案是否一致；第四，检查收到试验材料的重量（或数量）以及草种质量；最后，确认试验材料在本试验站（点）播种时间。

3. 材料管理

播种材料一般为种子或种茎。试验站（点）应建立完善的播种材料管理制度，设置播种材料使用台账，详细记录每份播种材料的接收时间、使用量、使用时间、使用人、销毁时间、销毁方法等信息，确保播种材料管理全过程可追溯。接收到播种材料后，如果不能马上播种，种子应装在结实的纸袋，放置在4℃冰箱内保存。种茎摊开放置于阴凉处，保持通风，防止种茎腐烂并尽快栽植。

种子有剩余时，应继续保存在4℃冰箱内；种茎有剩余时，应栽植于空闲地块进行田间保存。在组织单位正式通知试验结束后，应尽快将该试验组相关参试品种播种材料进行销毁。种子销毁一般为蒸煮或焚烧，种茎销毁方法一般为喷施高效低毒除草剂后翻耕。

（三）试验方案

1. 区组设计

一般情况下，试验方案要求每个试验组设置 4 次重复，即 4 个区组；每个区组应包含该试验组中所有参试品种的 1 个小区，区组内各试验小区的布置必须随机。可用抓阄法、随机表法等确定区组内小区排列顺序。建议各试验站（点）参照组织单位印发的“随机区组试验设计小区布置参考图”布置区组内的种植小区。

2. 小区布置

一个试验组的四个区组尽量放在同一地块，同一区组内的所有小区必须放在同一地块；合理安排小区长短边走向，各区组应尽可能沿南北方向布置，即小区内各品种的布置方向为东西走向；如果试验地有一定的坡度，同一区组各小区排列方向应垂直于坡向。

3. 保护行设置

保护行是区域试验的规定设置。要在已使用整块试验地四周设置保护行。试验站（点）应依据与保护行临近的试验品种特征特性来确定保护行所用草种，高秆牧草试验地一侧可选择茎秆较高的牧草作保护行，矮秆牧草试验地一侧可选择茎秆较矮的牧草作保护行。保护行是安全缓冲区，避免出现保护行遮挡阳光等影响试验材料正常生长的情况。

4. 试验周期

试验组的试验周期一般在下发的对应试验实施方案中已注明。一年生牧草、二年生牧草和多年生牧草的试验周期不同。组织单位会通知相关试验组试验结束时间，试验站（点）不得擅自结束试验、销毁试验材料。

5. 测产时间

试验方案针对每个试验品种都明确规定了测产时间，严格按照试验方案执行。为保障安全越冬，多年生牧草的最后一次刈割应在其停止生长前的 30d 左右进行，但是测产时间可根据具体情况进行适当调整，例如遇到降雨、倒伏、病虫害等特殊情况时，测产时间可适当提前或延后。

6. 留茬高度

留茬高度是指刈割后，残茬距地面的高度。具体留茬高度在每个品种试验方案中都明确规定，严格按照方案执行，确保承担相同试验任务的试验站（点）获得的产量数据具有可比性。试验方案中未注明具体留茬高度时，应及时联系组织单位确认，不应自行确定留茬高度。

7. 测产原则

在试验品种达到试验方案要求的测产标准时，应及时测产。测产前应查看近期天气预报，避开雨天抢时测试。测产操作应以区组为基本单位进行，同一区组依次进行测产，不得跨区组测产。区组内各小区测产应依顺序进行，不得跨小区测产。同一试验组的四个区组工作尽量安排在同一天内完成。如试验品种数量较多或遇天气突变等情况，同一天内无法完成试验组测产时，必须保证同一区组的测产工作在同一天内完成，其余区组测产尽快完成。

8. 测产面积

试验方案中规定了每个试验组的小区测产面积和测产方法，按方案严格执行。由于品种自身特性（如耐热性、耐寒性、抗寒性等抗性和区域适应性）造成小区内缺苗率不超过15%时，该小区测产面积依旧按照去除两侧边行，留足中间长度后得到的面积计算。由于品种自身原因造成测产小区内缺苗率超过15%时，应及时联系本省项目主管单位或组织单位确认该小区的处理方案。

9. 干鲜比取样

每次刈割测产后，从每个小区随机取250g左右整株鲜样，将同一品种4个重复小区的草样均匀混合成1 000g左右的样品，编号称重后进行干燥和后续称重。

10. 茎叶比测定

每次刈割测产后，从每个小区随机取250g左右整株鲜样，将同一品种4个重复小区的草样均匀混合成1 000g左右的样品，将茎叶分离后分别编号进行干燥和后续称重。茎叶分离时，禾本科叶鞘部分归入到茎中，花序归入到叶中；豆科叶片、叶柄、托叶和花序都要归入叶中。

11. 草样干燥

测定干鲜比和茎叶比时需要将所取鲜样（1 000g左右）进行干燥处理。建议将所取样植株剪成3～4cm长，编号称重。在干燥气候条件下，用布袋或尼龙纱袋装好，挂置于通风遮雨处晾干至两次称重之差不超过2.5g；在潮湿气候条件下，置于烘箱中，在60～65℃烘干12h，取出放置室内冷却回潮24h后称重，然后再放入烘箱，在60～65℃下烘干8h，取出放置室内冷却回潮24h后称重，直至两次称重之差不超过2.5g为止。

12. 分析草样取样

将第一茬测完干鲜比的样品，每个品种单独包装，并在包装外部标明种名和任务下达时由组织单位提供的完整试验品种编号。所有样品单独包装完毕后需统一装入一个包装袋（箱）内，袋（箱）中附样品登记单。

（四）播种建植

1. 播前整地

临近播种，应该对平整过的地块进行精细化的播前操作，使土地平整，表土细碎，清除杂草、石块等杂物。

2. 种子处理

多数参试种子播种前不需要进行特殊处理，只有个别试验组的种子需要按照试验方案中说明的处理要求进行播前处理，如浸种、擦破种皮或拌种。

3. 播期

试验站（点）应在试验方案要求的播期范围内，结合当地的气候情况、生产习惯、田间土壤墒情等播种。如果试验站（点）认为试验方案中要求的播种时间与当地实际情况不符，或因收到播种材料过晚，需要进行较大幅度调整时，应在试验方案要求的播种时间之前与全国畜牧总站协商确定是否可以更改播种时间。

4. 播种方式及深度

具体播种方式以试验方案中要求为准。牧草多采用条播，较少采用穴播。用种子建植的草坪草多采用撒播，用种茎建植的草坪草采用条播。试验方案中有明确的播种深度要求。

5. 播种量

每个小区实际播种量是根据试验方案理论播种量和种子用价测算得出的。实际播种量确定工作由全国畜牧总站负责。试验站（点）必须在播种前确认每个品种的实际播种量。

6. 田间播种

播种前应分试验组制定好详细的播种方案。如果播种当天有多个试验组需要播种，播种操作应当按照“播完一个试验组再播另一个试验组，播完一个区组再播另一个区组，播完一个小区再播另一个小区”顺序进行。播种前，应有至少两名试验人员再次对随机区组小区布置图进行审核，确认小区布置无误后，核对袋子上的品种编号与小区布置图上对应小区品种编号是否一致。待一个区组全部播种完毕，再按小区布置图核对各小区所播品种的编号。播种后，必须在每个试验小区前插上标牌，标牌上要注明完整的区组编号、草种名称和品种编号。

7. 补播

补播必须在播种当年的苗期及时进行。条播的，应根据缺苗的长度占该行总长度的百分比来计算补播种子量。如同一行中有多处缺苗断垄，则需分开计算各处的播种量。穴播的，应按照试验方案要求的每穴播种量进行补播。撒播的，应根据缺苗的面积占小区总面积的百分比来计算补播种子量。如果有同期播种的备用苗，可根据缺苗长度、穴数或面积，直接挖取备用苗补栽，补栽时选用健壮幼苗带土移栽。

（五）田间管理

1. 底肥

各试验站（点）应根据土壤肥力和牧草的种类来确定底肥施用量，试验方案中有特殊要求的除外。高肥力土壤条件下，氮肥总用量的30%左右底施，中、低肥力土壤条件下，氮肥总用量的50%～70%底施。磷、钾肥及微肥尽可能一次全部底施。方法是将有机肥、氮肥、钾肥、微肥混合后均匀地撒在试验地表，耕翻入土，做到肥料与耕层土壤均匀混合，以利于植物不同根系层对养分的吸收利用。

2. 追肥

对多年生禾本科牧草，氮肥需每年多次追施，钾肥一般每年追施一次，磷肥根据需要隔年追施；只测定营养体产量时，分蘖至抽穗期追施。对于多年生豆科牧草，钾肥一般每年追施，磷肥可根据需要隔年追施，只测定营养体产量时，苗期追施。不同牧草追肥量按相应实施方案执行。

3. 苗期管理

牧草在苗期根系不够发达，入土较浅，无法利用土壤深层水分，即使遇土壤浅层失水干旱都会严重影响生长发育，甚至造成死苗。苗期出现干旱，应及时灌溉。试验方案中有特殊要求的除外。

4. 灌溉

可以根据自身情况，因地制宜地采用小区内或区组内漫灌、滴灌和喷灌等灌溉方式。为尽可能消除水分不均造成的试验误差，建议采用喷灌，在试验地块整体或局部有坡度时，必须采用喷灌或滴灌。

5. 病虫害防控

应施腐熟的粪肥，深翻地，常清除田埂周围的杂草，选择地势高排水良好的地块播种，可有效减少病虫害发生。出现少量病株要及时拔除并销毁，或及时联系当地植保部门或相关科研单位进行诊断，及早防控，避免对试验造成严重影响。

（六）观测记载

1. 品种编号

在所有表格中填写品种编号时，必须确保填写准确、完整的品种编号，不得错填或随意简写。

2. 株高

绝对株高是指地面至植株顶部（禾本科芒除外，豆科卷须除外）的拉伸高度。自然高度是指植株在地面形成的草丛高度，即从地面至草丛顶部的垂直高度。一般直立生长的牧草测量其绝对株高，有缠绕枝的豆科牧草和其他爬藤、匍匐、攀援生长的牧草测定植株的自然高度。

3. 田间记载内容

田间观测记载的内容有播种期、出苗期（返青期）、分枝（蘖）期、花期、成熟期、生育天数、枯黄期、生长天数、越冬（夏）率等。一般只观测从播种至刈割测产前的物候期，刈割后再生草的物候期不再记载。刈割测产后，参试材料的枯黄期、生长天数及越冬（夏）率仍需观测记载。如果试验方案中要求种子产量测定，则必须将参试品种的生育期记载完整。

4. 田间观测记载标准

豆科参照《草品种区域试验技术规程豆科牧草》（NY/T 2834—2015）执行；

禾本科参照《草品种区域试验技术规程禾本科牧草》（NY/T 2322—2013）执行。

5. 绘制小区种植图

各试验组的小区种植图应以小区为最小绘制单位，依据各小区在整块试验地中的实际种植位置或试验组内各小区间的相对位置，按照一定比例绘制，不得以示意图代替，而且图中各小区所在区组号和种植的品种编号标示必须完整，以确保审核人能够准确判断小区布置是否科学、规范。

（七）试验记录和档案管理

1. 原始记录

原始记录是技术人员在田间（或实验室）从测量工具上直接读取未经誊写的第一手数据，能体现出技术人员在田间观测记载的路线和过程。观测人员必须用铅笔记录原始数据，记录出错时，不应用橡皮擦除，应在记录错误的数据旁边重新记录正确数据，并注明出错原因。应编好记录页码。技术人员应及时备份原始数据，如誊写或录入电脑保存。

2. 试验日志

撰写试验日志是试验工作的重要组成部分。试验站（点）分年度准备一个公共的试验日志本，放在所有试验技术人员可以方便取用的地方。无论是播种、测产，还是除草、施肥，只要技术人员到田间进行试验有关的工作，都应将天气情况、工作内容、工作方法、发现的问题、处理措施等当日情况记录在日志中，养成试验人员随时记录的习惯。

3. 资料归档

组织单位正式印发试验方案、实际播种量等材料；试验数据原始记录或电子版打印的试验数据册；田间管理记录或日志；年度技术总结；年度气象资料；土地利用历史资料；试验地小区布局资料；试验材料使用台账；试验结束和报废情况记录；相关规章制度等都须归档。

4. 档案资料分卷

试验记录存档应以试验组为单位，一个试验组的所有原始记录和备份记录归为一卷，试验记录以外的其他需要归档的材料，建议按照年度分别立卷保存。

五、引用标准

(1)《草品种区域试验技术规程豆科牧草》(NY/T 2834—2015)；

(2)《草品种区域试验技术规程禾本科牧草》(NY/T 2322—2013)。

（张瑞珍、齐晓、邵麟惠）

内蒙古不同区域适宜草种选择

内蒙古是我国人工种草起步较早、种植面积较大的地区之一，起步于20世纪50年代，在近60年的种植栽培中，各地通过引种筛选、栽培驯化、品种选育并结合气候、土壤及草地类型，确定了一批主要栽培牧草。其中多年生草种包括苜蓿、沙打旺、草木樨、羊柴、柠条、冰草、老芒麦、披碱草、无芒雀麦、羊草等，一年生草种包括青贮玉米、苏丹草及其杂交种、燕麦等。

一、自然气候条件

内蒙古地域辽阔，南起N37°24′，北至N53°20′，跨越了16个纬度(1 700km)；东起E126°29′，西至E97°10′，东西跨29个经度（2 400km)。土地总面积为118.3万km^2，占全国总面积的12.3%。

内蒙古地处内陆，由于受到大兴安岭、阴山、贺兰山三大山脉系的阻隔，冬季在高纬度大陆寒冷空气流控制下，漫长而寒冷。夏季因海洋湿润气流难以深入，短促而干热。冬季最低气温可达－50℃（大兴安岭山区)；夏季最高气温在36～40℃（巴彦淖尔)。全年降水60%～75%集中在6—8月，多雨区年平均降水量在450mm；少雨区则不足100mm，甚至低于50mm。土壤年蒸发量相当于降水量的3～5倍，个别地区高达200倍（阿拉善荒漠区)。全区光照时数在2 600～3 400h，高于同纬度其他地区。

土壤分布具有明显的水平地带性规律，从东向西呈东北—西南向带状分布，其顺序是：黑钙土、黑垆土、栗钙土、棕钙土及棕荒漠土。受气候、植被、地形的制约，基本上与生物气候带相吻合。同时，在不同地貌，砾质土、砂质土、黄土、盐碱土等土类分布也极为广泛。

草原面积 8 800 万 hm^2，占全国草原面积的 22.4%，占全区总土地面积的 74.6%，是全国第二大草原区。草地划分为 2 个地带性类型：温性草原、温性荒漠；2 个隐域性类型：山地草甸、低地草甸。

二、种植区划

以生物气候带为主，兼顾土壤和草地生态类型，依据《内蒙古自治区主要多年生栽培牧草区划》《内蒙古草地资源》《内蒙古农业地理》和《内蒙古植被》等多项成果划分种植区。

结合生产生态和经济发展的实际，依据现有基础和条件划分为五个区，分别是东部大兴安岭中北部干旱温湿区，中东部西辽河科尔沁沙地半干旱区，中北部内蒙古高原温凉半干旱区，中部土默川、河套平原温暖半干旱区，西部鄂尔多斯高原及阿拉善高原温热极干旱区。

三、各个类型区特点及适宜品种

（一）东部大兴安岭中北部干旱温湿区

1. 地貌气候特征

本地区地貌属大兴安岭山地丘陵区。土壤主要为黑钙土、灰色森林土、草甸土、沼泽土等。土壤结构良好，有机质含量高。年降水在 400mm 以上，无霜期在 40～90d，东部农区较长如扎兰屯市可达 100d。西部地区进入蒙古高原，气温寒冷，不易农作，但对收集营养体为主的牧草生长极为有利。本地区适宜种植耐寒喜湿润的牧草种类，主要为禾本科牧草和抗寒性较强的豆科牧草。该地区气候及土壤类型与东北黑龙江及吉林等地相近。

2. 适宜种植草种

该地区适宜种植的牧草种类主要有：黄花苜蓿、杂花苜蓿、无芒雀麦、羊草、蒙古冰草、杂交冰草、披碱草、燕麦、草木樨、沙打旺、柠条。

3. 牧草利用方式和种植建议

（1）人工种草。该地区土壤肥沃，雨热同期，无霜期较短，适宜种植以收获牧草营养体为主的牧草。通过多年种植已形成以羊草、无芒雀麦、杂交冰草、老芒麦、燕麦为主的禾本科牧草种植核心区；呼伦贝尔黄花苜蓿、杂花苜蓿、肇东苜蓿、公农一号苜蓿的种植面积也在逐年扩大，产草量逐年提升。建议采用条播种植。

（2）生态治理。在沙化地区和水土流失地区，补播种植冰草、老芒麦、羊柴、柠条、沙蒿等牧草种类，治理效果明显。建议采用撒播种植。

（二）中东部西辽河科尔沁沙地半干旱区

1. 地貌气候特征

本区主要地貌类型为河流冲积平原，坨甸相间的沙地，黄土丘陵。土壤为栗钙土、风沙土、草甸土、盐碱土等。土壤肥力中等，年降水量在350mm左右，多集中在夏季，无霜期在130～150d，雨热同季。>10℃的积温为2 800～3 100℃，科尔沁沙地分布在本区，总之本区气候温和，热量充足，日照丰富，水热同期，适于农牧林业全面发展，唯降水分布不均，风大沙多，常有灾害天气。该地区为内蒙古主要农畜产品生产基地，农牧业发展地位重要潜力巨大。整体上宜农、宜牧、宜草，在牧草种植中，既宜于灌溉，又宜于旱作。该区气候及土壤类型与辽宁、河北、吉林等地相近。

2. 适宜种植草种

本地区主要种植牧草种类有苜蓿、沙打旺、羊草、草木樨、冰草、老芒麦、无芒雀麦、披碱草、青贮玉米、苏丹草及其杂交种、燕麦、羊柴、柠条、沙蒿等。

3. 牧草利用方式和种植建议

（1）人工种草。该地区土质条件好，水资源富集，雨热同期，适宜种植苜蓿、沙打旺、青贮玉米、燕麦等。目前已经形成以阿鲁科尔沁旗为中心的豆科牧草种植核心区。牧草种植种类多样性，是内蒙古人工种草面积最大的区域，也是牧草种子生产的主要产区之一。农牧业生产基础条件较好，种草技术水平较高，种植形式多样，种植方式多采用条播，并采用了混种、套种等技术。青贮玉米种植在该地区的面积较大且稳定。燕麦生产面积逐年递增。

（2）生态治理。该地区为科尔沁沙地核心区，生态治理以种植羊柴、柠条、沙蒿、草木樨、沙打旺、冰草为主，采用混播、撒播、飞播，飞播组合为“长、中、短”，即长寿命的饲用灌木（柠条、羊柴）、中寿命的多年生牧草（沙打旺、冰草）、短期牧草（沙蒿、草木樨等）组合，通常组合比例为3∶3∶4。

（三）中北部内蒙古高原温凉半干旱区

1. 地貌气候特征

本区主要地貌类型为高平原和丘陵，土壤主要为栗钙土，肥力中等较高。年降水量在250～350mm，多集中在夏季，>10℃的积温为1 800～2 600℃，无霜期在90～120d，本地区气候特点为冬季寒冷，夏季凉热，雨热同季。浑善达克沙地分布在本区。该地区与河北、山西、接壤，河北大部分地区以及山西北部地区都为蒙古高原的南缘，水热条件及土壤类型接近。

2. 适宜种植草种

本地区主要栽培牧草有黄花苜蓿、杂花苜蓿及抗旱耐寒紫花苜蓿、沙打旺、胡枝子、扁蓿豆、羊草、无芒雀麦、披碱草、大麦草、芨芨草、青贮玉米、燕麦、青莜麦、沙蒿、驼绒藜等。

3. 牧草利用方式和种植建议

(1) 人工种草。该地区气候温凉，雨热同期，较适宜多年生禾草种植，蒙古冰草、老芒麦、披碱草和无芒雀麦的种植面积较大，形成内蒙古中北部多年生禾本科牧草种植核心区。耐寒抗旱的紫花苜蓿种植也很成功，面积逐年扩大。豆科牧草和禾本科牧草建立混播人工草地模式是其发展特点。种植多采用条播。

(2) 生态治理。该地区包含浑善达克和乌珠穆沁两大沙地。土层较薄，水资源贫乏，生态治理以撒播、飞播羊柴、柠条、沙蒿、驼绒藜为主。

(四) 中部土默川、河套平原温暖半干旱区

1. 地貌气候特征

该地区地势平坦，水土条件好，耕植历史悠久。有黄河、大黑河等河流，但降水量极不均衡，由东部400mm到西部的150mm，且蒸发强烈，＞10℃的积温为2 200～3 000℃，无霜期在150d左右，年日照3 000～3 200h，本区植物生长季节日温差大，7月份温差为13～15℃，利于植物营养物质积累。土壤类型多样，主要为栗钙土，兼有黄土、砂壤土、盐碱土。该地区与河北、山西、陕西接壤，水热条件及土壤类型接近。

2. 适宜种植草种

适应本地区种植的种类很多，主要是适合豆科禾本科牧草种植。苜蓿、沙打旺、草木樨状黄芪、胡枝子、扁蓿豆、羊柴、柠条、草木樨、毛苕子、蒙古冰草、赖草、披碱草、老芒麦、杂种冰草、无芒雀麦、新麦草、冰草、沙蒿、青贮玉米、燕麦、苏丹草及其杂交种等。

3. 牧草利用方式和种植建议

(1) 人工种草。该地区地势平坦，水热条件好，种植历史悠久，著名的河套灌区和土默川灌区为内蒙古乃至全国的重要粮油主产区，也是内蒙古奶牛主产区之一，具有较高农耕水平。丘陵区和沙地区地下水资源较丰富，适于灌溉种植。在牧草种植上既可灌溉也可旱作，形成了内蒙古中西部以苜蓿、沙打旺为主的豆科牧草种植核心区，牧草种植种类多样性特点突出，是内蒙古人工草地主要集中区之一，也是牧草种子生产的核心区。优质苜蓿和青贮玉米等人工草地、制种基地发展潜力巨大。

在牧草种植方式上，苜蓿、沙打旺旱作以单种条播为主。在耕地种植中采

用复种、套种、间种轮作等播种方式，人工草地建植以单种条播为主。

(2) 生态治理。该地区包含毛乌素沙地和库布齐沙漠大部分，平原区存在盐碱化土地，在黄土丘陵区坡陡沟深，水土流失严重。在生态治理中，沙地或沙质荒地采取羊柴、柠条等饲用灌木宽带条播，带宽5～10m；与沙蒿、苜蓿、草木樨状黄芪、冰草、草木樨、沙枣等混播或飞播。在丘陵坡地采用草木樨+沙打旺+苜蓿+蒙古冰草的混播种植。在河套灌区盐碱地治理中采取深沟躲盐种植白花草木樨和碱茅。

(五) 西部鄂尔多斯高原及阿拉善高原温热极干旱区

1. 地貌气候特征

该区是面积最大的区域。气候具有典型的大陆性气候的特点，气温严寒而干燥，夏季短促而温热，>10℃的积温为2 800～3 400℃，昼夜温差大，积温有效性高。无霜期在140～160d。该地区降水量由东南向西北，由不足50mm到300mm，干旱、沙质土壤、温热、水土流失严重是该地区生境特点。土壤主要是栗钙土、棕钙土和漠钙土。该地区与陕西、甘肃、宁夏等地有着相同气候及土壤条件，草原植被及主要栽培品种基本相同，所以从大区上看属于同一种植区域。

2. 适宜种植草种

主要栽培牧草有柠条、羊柴、沙打旺、草木樨状黄芪、草木樨、梭梭、沙拐枣、中间锦鸡儿、苜蓿、冰草、披碱草、青贮玉米、燕麦等适应性抗旱性较强的品种。

3. 牧草利用方式和种植建议

该地区雨水贫乏、热量充沛，适宜种植半灌木和饲用灌木，不能旱作种植多年生牧草。在有灌溉条件的地块种植多年生牧草（苜蓿、沙打旺、冰草、老芒麦）可获较高产量。在无霜期140d以上的区域，在有节水灌溉条件的地块，可进行豆科、禾本科等多年生牧草制种。

（夏红岩、孙红）

热带饲草种植结构

一、技术概述

2012年，时任广东省委书记的汪洋同志率团出访新加坡、澳大利亚和新西兰后，提出“随着人民群众生活水平提高后对动物蛋白需求的增加，应借鉴新西兰做法，重视发展畜牧业并加强草场建设，要认真研究广东有多少地方可以作为草场，在不适合作为耕地的半山坡等地区种草，发展畜牧业，政府要在政策上给予支持”。近年来中央 1 号文件多次提及“开展和扩大粮改饲试点，统筹调整粮经饲种植结构，加快建设并大力培育现代饲草料产业体系”。

牧草是草食动物饲料的重要组成部分，通过草食动物可将饲草料转化为人类所需的肉食，而且不存在人畜争粮的问题。种植热带饲草料是我国传统农业结构向粮草兼顾型农业结构调整的一种方式，优化饲草料结构对我国热带地区构建粮经饲兼顾、农牧业结合、生态循环发展的种养业体系，推进农业供给侧结构性改革，具有重要的战略意义与现实意义。

二、技术特点

目前，在华南地区诸多优良禾本科牧草中，建议以王草为主，占禾本科牧草 70%以上，选择在山坡平地地带和半水田地带采取单一种植模式。其他禾本科牧草，如“桂牧 1 号”杂交象草、“闽牧 101”饲用杂交甘蔗、“川农 1 号”多花黑麦草等，占禾本科牧草 30%左右。在诸多优良豆科牧草中，建议以“粤研 1 号”柱花草为主，占豆科牧草 70%以上，选择在山坡林果地带采取果（林）草间种模式；其他豆科牧草，如“热研 20 号”圭亚那柱花草、“桂引”山毛豆等，占豆科牧草 30%左右。原则上禾本科牧草采取单一种植模式，其中冬种多花黑麦草采取黑麦草—早稻—晚稻草田轮作或与其他作物轮作模式，豆科牧草一般采取果（林）草间种模式。

在热带饲草料结构里，禾本科牧草还可以采用杂交狼尾草（引进或育成品种）或台湾甜象草；豆科牧草还可以采用“热研 2 号”柱花草或木豆等品种；冬种黑麦草还可以种植“赣选 1 号”多花黑麦草（或其改良品种）或其他进口黑麦草品种等。此外，还可以种植全株玉米（北方较南方种植全株玉米在土地租金、人工成本以及产量等有一定优势），并充分利用当地甜玉米秸秆、甘蔗尾、花生秧以及稻草（黄贮）等饲草料资源。

三、技术内容

（一）种植模式与结构

热带地区不同地段的饲草料种植模式：在地势较高且较干旱的山坡林果地带实行果（林）草间种；在地势一般的山坡平地地带种植优良高产禾本科牧草；在半水田地带种植全株玉米或甜玉米，冬天轮作黑麦草，该地带也可种植优良高产禾本科牧草；在水田地带利用冬闲田进行多花黑麦草—早稻—晚稻草田轮作模式（见表 1）。

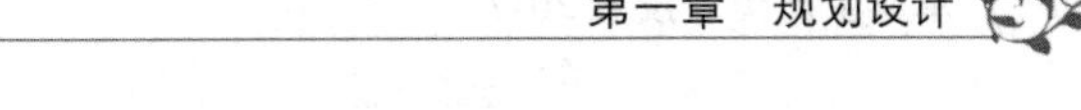

表 1 热带饲草分地带种植模式

地 段	种植模式
山坡林果地带	实行柱花草“果（林）—草”间种，可以是“莲雾—柱花草”间种、“荔枝—柱花草”间种、“龙眼—柱花草”间种、“橡胶树—柱花草”间种或其他“果（林）—柱花草”间种等
山坡平地地带	种植优良高产禾本科牧草，如王草，“桂牧 1 号”杂交象草和“闽牧 101”饲用杂交甘蔗等
半水田地带	可以种植全株玉米或甜玉米，冬季轮作黑麦草，该地带也可以种植优良高产禾本科牧草，如王草、“桂牧 1 号”和“闽牧 101”饲用杂交甘蔗等
水田地带	利用冬闲田进行黑麦草—早稻—晚稻草田轮作模式，以利用稻田冬闲期间内丰富的水、热、光和土地资源，变早稻—晚稻两熟制为黑麦草—早稻—晚稻三熟制

热带地区不同时段的草品种结构：多数优良高产禾本科牧草，如王草、“桂牧 1 号”杂交象草、“闽牧 101”饲用杂交甘蔗等，2—10 月份适宜播植，2—10 月份适宜生长，3—11 月份适宜收获；多数优良豆科牧草，如热研 20 号圭亚那柱花草、“粤研 1 号”柱花草、桂引山毛豆等，3—8 月份适宜播植，3—10 月份适宜生长，5—11 月份适宜收获；冬种牧草“川农 1 号”多花黑麦草等，10 月至翌年 2 月适宜播种，10 月至翌年 3 月适宜生长，12 月至翌年 4 月适宜收获（见表 2）。

表 2 热带饲草料种植时间结构

品 种	播种期（月份）	生长期（月份）	利用期（月份）
王草	2 - 10	2 - 10	3 - 11
“桂牧 1 号”杂交象草	2 - 10	2 - 10	3 - 11
“闽牧 101”饲用杂交甘蔗	2 - 10	2 - 10	3 - 11
“热研 20 号”圭亚那柱花草	3 - 8	3 - 10	5 - 11
“粤研 1 号”柱花草	3 - 8	3 - 10	5 - 11
“桂引”山毛豆	3 - 8	3 - 10	5 - 11
“川农 1 号”多花黑麦草	10 - 2	10 - 3	12 - 4

（二）主要饲草种类

1. 杂交狼尾草（*Pennisetum purpureum* × *P. americanum*）

品种来源：又称王草、皇草或皇竹草，属禾本科狼尾草属多年生牧草，为象草（*Pennisetum Purpureum*）和美洲狼尾草（*Pennisetum americanum*）杂交种，以优质、高产而著称。目前在海南、广东、广西、湖南、四川、云南等地均有种植。

栽培与利用：杂交狼尾草以营养繁殖为主。栽植前，选择新鲜、粗壮、无病虫害的草茎作种茎，将种茎按 2～3 节切为一段作为种苗。株行距为 40cm×60cm，排水不良地块需要起畦种植，每畦种植 2～3 行，株行距为 40cm×40～50cm。留作种茎用的株行距为 80cm×100cm。王草的刈割时期、刈割次数与水肥条件及饲喂对象有关。饲喂牛、羊等反刍家畜时，1 年可刈割 5～8 次，植株在 1.5～2.0m 时进行刈割；而饲喂兔、猪、鱼等时，要求茎秆细嫩、适口性好，植株高度在 1.2～1.5m 进行刈割，每年可刈割 6～10 次。每次留茬高度以 2～3cm 为宜，过低会影响其再生性。可直接鲜饲或制作青贮料。

2. “桂牧 1 号”杂交象草[(*Pennisetum americanum* × *P. purpureum*) × (*P. durpureum* schum. cv. Guimu No. 1)]

品种来源：属禾本科狼尾草属多年生牧草，是广西畜牧研究所以从美国引进的杂交狼尾草为母本，矮象草为父本进行有性杂交，选育而成的新型杂交象草品种。适合于热带、亚热带种植。目前已在广东、广西、福建、湖南、云南等地推广种植。

栽培与利用：一般分插植和埋植两种。插植是将地犁好整平后开行，行距 40～50cm，株距 40cm，将种茎切成二个节间一段，呈 45°斜插入行中，芽眼朝上，培土压实，露出 2～5cm 茎秆；埋植是将地犁好整平后开行，行距 50～60cm，将种茎砍成 2～4 个节间一段，横放入行中，每段种茎距离 20cm，覆土 3～5cm。刈割，第一次刈割应在苗高 150cm 左右时进行，因其第一次分蘖少，刈割后可促进植株根部更多的芽眼萌动，增加分蘖数和地上部分植株数，以利增产。以后刈割植株高度应在 1.8～2.0m，地上第一茎节老熟为宜，既可保证地上部分的分蘖数，又可延长植株的使用年限。刈割留茬高度应为 3cm 左右，留茬过高，植株分蘖弱小，影响产量，也增加后期刈割难度。为减少桂牧 1 号的浪费，刈割后一般用切草机或人工手段将其切成 2～3cm/段后再饲喂畜禽或制作青贮料。

3. “闽牧 101”饲用杂交甘蔗[(*Saccharum officinarum* L. ROC10) × (*S. officinarum* L. CP65～357. ‘Minmu 101’)]

品种来源：以甘蔗新台糖 10 号（台湾糖业研究所育成）为母本、CP65～357（美国运河点甘蔗育种站育成）为父本，采用光周期诱导杂交育种技术，F_1 代经多年培育筛选而成。适应地区：福建、云南、广东、广西等省（区）热带、亚热带地区。

栽培与利用：选择海拔 1 200m 以下，坡度 15°以下的水田或旱坡地，酸性、瘠薄的土壤中均可生长，适应性广。在光照充足、通风良好、土层深厚、肥力中等、水源充足的地方种植效果更好。首先深翻 35～40cm，耕作作业要求做到深、松、碎、平，其后晒地 2～3d，施基肥与农药与耙田同时进行，并用旋耕机一次性起畦。行距 50～70cm，浅沟 8～12cm，行长每米平放四段双芽苗，三角形排列，节上的芽平放于沟底，后盖薄土。收割高度草层高 1～1.2m可直接饲喂，草层高 1.2m 以上要切碎饲喂，适口性佳。以刈割高度 2.0～2.5m 为宜，年刈割 2～3 次，产量较高，产鲜草 187.5t/hm^2，留茬高度约为 3cm，也可制作青贮料。

4. "热研 20 号"圭亚那柱花草 ［*Stylosanthes guianensis*（Aubl.）Sw. 'Reyan No. 20'］

品种来源：1996 年空间诱变"热研 2 号"柱花草种子，经多次单株接种柱花草炭疽病选育而成，原编号 2001 - 38。适应地区：适合我国长江以南，年降水量 600mm 以上的热带、亚热带地区种植。在海南、广东、广西、云南、福建等省（区）及四川攀枝花地区、江西瑞金等地区表现最优。

栽培与利用：柱花草主要用种子繁殖，种子播前要用 80℃热水处理 180～300s，每公顷用种量为 7.5～18.75kg，撒播、条播（条播按行距 50～60cm）及穴播（穴播按株行距 40cm × 50cm）均可。耐旱、耐酸瘠土，抗病，但不耐荫和渍水。可与旗草、坚尼草、非洲狗尾草等禾本科牧草混播，建立人工草地。作为青饲料生产一年可刈割 2～3 次，每公顷年产干物质 15t 左右。可利用荒山荒地、林果园种植。适作青饲料，晒制干草，制干草粉或放牧各种草食家畜、家禽。

5. "粤研 1 号"柱花草

亲本来源：以现有品种中耐寒性能最强，茎细株矮，产草量很低的细茎柱花草（*S. guianensis* var. intermedia cv. Oxley）和丰产性状较好的"格拉姆"柱花草（*S. guianensis* cv. Graham）等为育种材料，在细茎柱花草杂交种第一代幼苗中选育到符合育种目标的耐寒性极强优良品系。

栽培与利用：采用无性繁殖，选取长 30～35cm 枝条作种苗，3 月中旬即可种植。栽植前将草苗泡根 12～24h，埋土深度 10～15cm，直立插植，株行距为 40cm × 40cm，每穴 2 苗，植后要浇定根水。

田间管理：栽植后视天气情况决定是否需要浇水，两星期后除杂一次。此时植株已开始生长，如发现死苗需及时补苗。之后进行中耕、除草、施肥等日常管理。

病虫害防治：极少发现病虫害，但在种植多年的草地里，曾发现炭疽病感染，需要药物防治。

刈割利用：当植株长到 80～90cm 时进行第一次刈割利用，留茬 15～20cm 左右。适作青饲料，晒制干草，制干草粉或放牧各种草食家畜、家禽。

6.“桂引”山毛豆（*Tephrosia candida* DC. ‘Gui Yin’）

品种来源：1965 年广东从非洲引入，20 世纪 80 年代，又从菲律宾和坦桑尼亚引入种植。

适应地区：适合我国年降水量 600mm 以上的热带和南亚热带地区种植。

栽培与利用：山毛豆主要用种子繁殖，种子播前要用 80℃热水处理 120～180s，每公顷直播用种量为 11.25～22.5kg，撒播、条播（条播按行距约 60cm）及穴播（穴播按株行距 60cm × 60cm）。当山毛豆株高达到 90～100cm 以上时，可进行第一次刈割，割后若植株生长良好，还可刈割第二次（宜在 11 月刈割），留茬高度 20～30cm，次年可刈割 3～4 次，每公顷年产干物质 12 000～15 000kg，可作为肉牛饲草，最佳添加量为 20%。可利用荒山荒地、林果园种植，适作青饲料，晒制干草，制干草粉或放牧各种草食家畜、家禽。

7.“川农 1 号”多花黑麦草（*Lolium multifolium* Lam. ‘Chuannong No. 1’）

品种来源：以冬春生长速度快、产量高为育种目标，采用“赣选 1 号”多花黑麦草为母本，“牧杰”多花黑麦草为父本，经群体间杂交连续多年混合选育而成的新品种。

适应地区：适合长江流域及其以南温暖湿润的丘陵、平坝和山地，在年降水量 1 000～1 500mm 的地区生长良好。

栽培与利用：宜秋播或早春播种。条播或撒播，行距 25～30cm，播深 1～2cm，每公顷直播用种量为 15～22.5kg。草质柔嫩多汁，适口性好，消化率高，干物质含粗蛋白质 19.7%～22.5%，氨基酸 11.1%，粗脂肪 3.83%，无氮浸出物 34.1%，粗纤维 30.7%，灰分 8.92%，磷、钙、镁、维生素等营养含量也十分丰富。各种畜禽及草食性鱼类均喜食，一般直接利用鲜草。

四、经济效益分析

热带饲草料种植结构适用广东、广西、海南等华南地区以及福建、云南等南部地区。这是我国传统农业结构向粮草兼顾型农业结构的调整，比传统种植水稻和单一种植果树或其他橡胶林木等带来更高的效益。例如，种植王草等高产牧草，一般每公顷产量达 225t，在水肥较充足时可达 450t，营养价值优于玉米秸秆，市场价格不低于玉米秸秆。按每吨 350 元计，每公顷王草产量225～300t（含水量 65%～70%），即每公顷产值达到 78 750～105 000元。且由于多年生，一次种植，利用多年，几乎不用任何农药，每年节省了种子、农药、人工等费用，大大降低生产成本，提高了经济效益。而柱花草“果（林）—草”间种则能充分利用果（林）地空间及土地资源，起到固氮、改良土壤、覆盖杂草等作用。如采用“莲雾—柱花草”间种模式，每公顷柱花草产量 45～60t，价格 700～800 元/t（高于全株玉米的 550～600 元/t 的价格），每公顷产值在 37 500 元左右，在第三年以后每公顷还增加莲雾水果收入75 000～150 000 元。此外，利用冬闲田冬种黑麦草和利用全株玉米或甜玉米与黑麦草轮作，可充分利用土地资源，经济效益和社会效益显著。

（丁迪云、陈卫东、王刚）

苜蓿—冬小麦—夏玉米轮作技术

一、技术概述

随着苜蓿种植年限的延长，土壤含水量呈较为明显的下降趋势；同时，苜蓿产量、再生速度、分枝数、粗蛋白含量、相对饲用价值整体上也随着年限的增长而呈下降趋势，杂草、病虫害等危害呈严重趋势。因此，苜蓿利用一定年限后需要进行轮作，以解决上述问题。

本技术是在苜蓿生长利用 5～6 年后翻压种植冬小麦和夏玉米 1 年，然后再种植苜蓿。按照该程序进行苜蓿与冬小麦和夏玉米的轮种。

二、技术特点

本技术主要适用于黄淮海平原区，本区域苜蓿每年刈割 4～5 茬。苜蓿—冬小麦—夏玉米轮作模式 6 年周期内的单位面积纯收益比常规的冬小麦—夏玉米轮作模式提高了 71.08%；同时苜蓿—冬小麦—夏玉米轮作模式土壤有机质、土壤全氮含量显著提高，土壤物理性状明显改善，但土壤全磷、全钾含量呈下降趋势（表 1）。本技术应用需要加强地下害虫防治与磷钾养分补充。

表 1 不同轮作模式土壤理化性状变化（第 6 年）

处理	含盐量（%）	全氮（%）	全磷（%）	全钾（%）	土壤容重（g/cm³）	土壤有机质（g/kg）	土壤含水率（%）
冬小麦—夏玉米轮作	3.15	0.11	0.14	2.78	1.46	27.40	16.8
苜蓿—冬小麦—夏玉米轮作	2.43	0.18	0.10	2.76	1.40	28.59	14.2

三、技术流程

苜蓿地一般在利用5～6年之后，生产力会明显下降，冬小麦播前2个月进行翻耕，尽量深翻以彻底切断苜蓿根系同时施用杀虫剂防治地下害虫并及时灌水。种植耐旱、喜肥、丰产、抗倒伏的优质冬小麦，播种时用药剂拌种，翻耕后的苜蓿地属于高氮低磷，施肥则应减氮增磷（图1）。

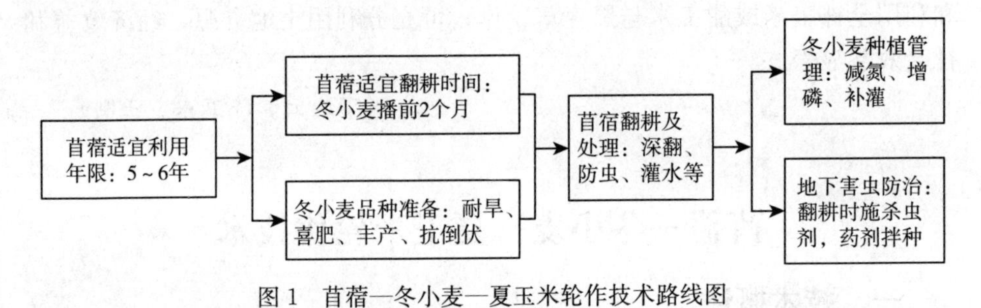

图1　苜蓿—冬小麦—夏玉米轮作技术路线图

四、技术内容

（一）苜蓿适宜利用年限的确定

紫花苜蓿随着生长利用年限的延长，草地生产力呈现持续下降的趋势，由图2可看出，苜蓿产量高峰期集中在2～5年，第6年后苜蓿产量开始明显下降。

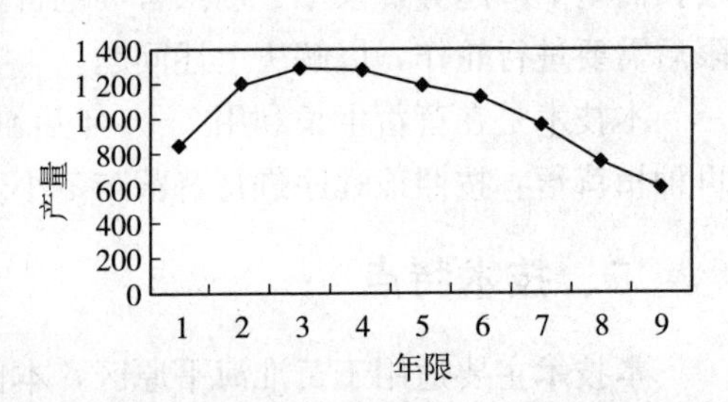

图2　不同种植年限苜蓿年季干草产量分布

由图3可看出，随着苜蓿种植年限的延长，土壤含水率呈较为明显的下降趋势，达到第6年时土壤含水率降到最低。因此，苜蓿对土壤水分消耗十分强烈，土壤干燥化现象普遍发生，引起苜蓿生长逐渐趋缓，产草量持续下降，最终出现严重的草地退化现

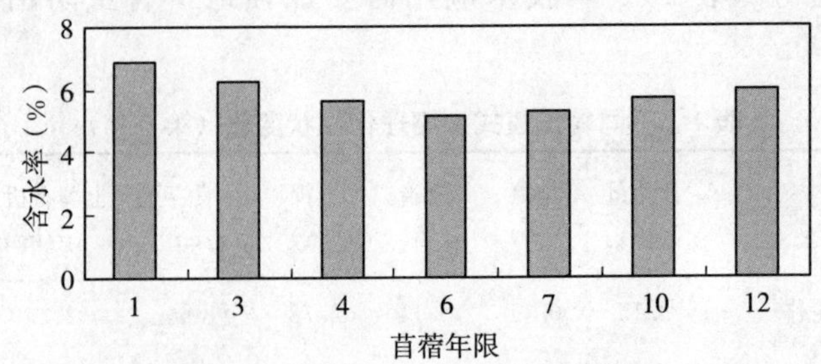

图3　不同种植年限苜蓿地土壤（0～40cm）含水率变化

象。多年利用的苜蓿草地需要通过与耗水量较小的粮食作物轮作，克服和缓解苜蓿草地高强度耗水效应，促进土壤含水量逐步提高和恢复。

从表 2 可看出，苜蓿—冬小麦—夏玉米轮作模式 6 年周期内的单位面积总收益显著（P＜0.05）高于常规的冬小麦—夏玉米轮作模式、苜蓿连作模式。

表 2　不同种植模式的经济效益比较（6 年周期）

	小麦总产（kg/亩）	玉米总产（kg/亩）	苜蓿总产（kg/亩）	总生产成本（元/亩）	总产值（元/亩）	总纯收益（元/亩）
苜蓿—冬小麦—夏玉米轮作	343.5	427.9	4 525.6	2 487	7 570.2	5 083.2
小麦—夏玉米轮作	1 873.2	2 416.8		5 232	9 268.2	4 036.2
苜蓿连作	—	—	5 188.3	2 010		4 215.3

注：计算效益为种植农户层的收益；产量均为干重；不计算种粮补贴。

苜蓿适宜翻耕年限要从经济效益和生态效益两方面考虑。因此，综合苜蓿产量变化、土壤含水量变化和单位面积土地经济效益来看，紫花苜蓿适宜利用的年限为 5～6 年。此后翻耕轮种农作物，是比较理想的。

（二）苜蓿适宜翻耕时间的确定

苜蓿根系发达，对土壤水分消耗量较大，3 年以上苜蓿地耕层土壤干旱明显，秋季缺雨，气候干燥，蒸发量大，尤其是淡水资源短缺地区和旱地，此时耕翻苜蓿后轮种冬小麦，冬小麦墒情不足，对获得全苗、壮苗和越冬均不利。最佳翻耕时间应在雨季。根据 2012—2015 年连续 4 年的研究，黄淮海农区随着苜蓿翻耕时间的延迟，冬小麦播前土壤含水量显著降低，冬小麦出苗率和小麦籽粒产量显著下降。因此，为保障冬小麦出苗和获得高产，降低地下淡水资源开采灌溉量，黄淮海平原轮种冬小麦的苜蓿翻耕时间以 8 月 10 日前为宜，即冬小麦播前 2 个月（表 3）。

表 3　苜蓿不同翻耕时期对冬小麦出苗的影响比较（河北黄骅）

苜蓿翻耕时间	小麦播前 0～20cm 土壤含水率	小麦出苗率	小麦单产（kg/hm^2）
08.01	16.96%	85.70%	5 499.8
08.10	16.23%	80.89%	5 356.7
08.20	14.15%	68.99%	4 687.6
09.01	11.79%	55.29%	3 966.0
09.10	11.00%	49.23%	3 585.8
09.20	9.85%	33.65%	3 151.9
10.01	9.22%	31.69%	1 789.5

注：数据为 2012—2015 年平均数据。

(三) 苜蓿翻耕及处理技术

苜蓿地上部刈割完后，利用翻耕机械将地上部剩余植物体及根系一同深翻埋到土壤里，翻耕深度一般在 30cm 以上。

苜蓿翻耕过程每亩施用 20～25kg 药剂（75%辛硫磷以 1∶2 000 的比例拌土），用于防治地下害虫。水浇地翻耕时采取先翻耕后灌水（每亩灌水量 40～50m³），再施入适量石灰（每亩 4～5kg）。旱地翻耕要注意保墒、深埋、严埋，使苜蓿残体全部被土覆盖紧实。

再生紫花苜蓿处理：冬小麦播种前，一般在再生紫花苜蓿苗期喷施 75%二氯吡啶酸可溶性粉剂 1 500～2 500 倍液，同时结合冬小麦播种整地进行旋耕。

(四) 轮种冬小麦种植管理技术

多年利用的苜蓿地土壤干旱比较明显，而且肥力较高，接茬轮种的冬小麦须选用耐旱、喜肥、丰产稳产和抗倒伏的品种。翻耕后的苜蓿地多属于高氮、低磷土壤，在这种氮磷失调的耕地上种冬小麦，容易秀而不实、贪青晚熟，不但不增产，反而大幅度减产，而增施磷肥可避免上述问题，实现成倍增产。根据研究（表 4、表 5），轮种冬小麦氮肥可减施 30%～100%、磷肥增施 40%～60%。从灌溉来看，由于苜蓿根系发达，对土壤水分消耗量较大，3 年以上苜蓿地耕层土壤干旱明显，根据研究（表 6），轮种冬小麦苗期一般需要补灌 300～450m³/hm²、越冬水补灌 225～300m³/hm²。

表 4　氮肥减量对冬小麦籽粒产量和和经济效益的影响（其他肥料常规）

处　理		籽粒产量 (kg/hm²)	较对照增 (±%)	纯收益 (元/hm²)
夏玉米—冬小麦常规模式	常规施肥	4 516.1	—	9 495.5
苜蓿轮作模式	常规施肥	5 008.9	10.9	10 584.7
	减氮 30%	5 434.6	20.3	11 555.5
	减氮 70%	5 502.4	21.8	11 745.3
	不施氮	5 101.5	12.9	10 890.1

表 5　磷肥增施对冬小麦籽粒产量和经济效益的影响（其他肥料常规）

处　理		籽粒产量 (kg/hm²)	较对照增 (±%)	纯收益 (元/hm²)
夏玉米—冬小麦常规模式	常规施肥	4 516.1	—	9 495.5

（续）

处　　理		籽粒产量 (kg/hm²)	较对照增 (±%)	纯收益 (元/hm²)
苜蓿轮作模式	常规施肥	3 965.2	－12.2	8 037.3
	增磷 40%	5 122.9	13.4	10 398.3
	增磷 60%	5 636.6	24.8	11 151.5
	增磷 80%	5 203.8	15.2	10 381.5

表 6　轮作条件下补灌对冬小麦籽粒产量和经济效益的影响

处　　理		籽粒产量 (kg/hm²)	较对照增 (±%)	纯收益 (元/hm²)
对照	常规灌溉	5 018.9	—	10 232.8
苗期补灌 (m³/hm²)	150	5 114.5	1.9	10 390.2
	300	5 301.7	5.6	10 734.4
	450	5 598.7	11.6	11 302.4
	600	5 677.4	13.1	11 225.4
越冬水补灌 (m³/hm²)	150	5 068.3	1	10 296
	225	5 111.7	1.8	10 365.8
	300	5 279.6	5.2	10 689.3
	375	5 308.7	5.8	10 629.9

（五）地下害虫防治技术

苜蓿生长期长而繁茂，且多没有对地下害虫进行过农业和药剂防治，在苜蓿根茬腐烂过程也容易带来一些害虫，特别是蛴螬、蝼蛄显著比冬小麦—夏玉米轮作农田多，对小麦和玉米危害较大，需加强地下害虫防治。一是在苜蓿翻耕过程施入杀虫剂，另外在播种时采用 40%甲基异柳磷乳油进行拌种，根据实际研究与生产调查，黄淮海平原区苜蓿—冬小麦—夏玉米轮作农田地下害虫主要是蛴螬、蝼蛄。

五、注意事项

（1）多年苜蓿地土壤干旱明显，与冬小麦接茬轮种时，在冬小麦播前至少 2 个月进行翻耕，以给冬小麦播种出苗创造较好的土壤水分条件，保证苜蓿残茬部分腐烂分解，以利于小麦播种。

（2）翻耕时要尽量彻底切断苜蓿根系，翻耕深度要掌握在 30cm 以上。

（3）苜蓿翻耕时，注意加用杀虫农药，以减少地老虎等害虫对后续作物的危害。

（刘忠宽、冯伟、刘振宇、谢楠、秦文利、智健飞）

青藏高原饲草料生产结构

青藏高原位于我国西南部，包括西藏自治区和青海省，甘肃省的甘南及祁连山东段，四川省的西部和云南省的西北部。西与克什米尔地区接壤，南与缅甸、印度、不丹、尼泊尔等国毗邻，北与新疆及内蒙古高原饲草栽培区相接，东与黄土高原及西南饲草栽培区相连。青藏高原地域辽阔，按地貌特征分藏南高原河谷、藏东川西滇西北河谷山地、藏北青南川西北、环湖甘南、柴达木盆地和青海东部河谷山地六类不同地区。由于气候、地形地貌的差异，栽培的饲草品种、生产模式、草产品形式及利用方式也有所不同。青藏高原牧区主要采用单播与混播相结合的方式建立人工草地。单播人工草地主要以禾本科为主要优势草种，混播人工草地主要是高、矮禾草混播和豆、禾混播。在农区及半农半牧区主要以粮（经）草实施轮作、间作或套作。饲草料产品形式主要有青干草、干草捆、草粉、草颗粒、青贮等，利用方式主要为冬季牲畜补饲和夏季育肥。其中青干草和青贮是利用最广、效益最好的饲草产品形式。

一、适宜栽培的主要饲草

不同地区适宜种植的草种差异较大，青藏高原适宜栽培的主要饲草见表1。

表1　青藏高原适宜栽培的主要饲草

多年生饲草			一、二年生饲草		
豆科	禾本科		豆科	禾本科	十字花科
	高禾草类	中、矮禾草类			
苜蓿	老芒麦	中华羊茅		燕麦	
红豆草	垂穗披碱草	紫羊茅	箭筈豌豆	多花黑麦草	
沙打旺	藕草	冷地早熟禾	草木樨	小黑麦	莞根
扁蓿豆	无芒雀麦	草地早熟禾	毛苕子	高丹草	油菜
红三叶	鸭茅	扁茎早熟禾	豌豆	饲用玉米	
白三叶	黑麦草	小花碱茅		饲用高粱	

二、饲草料生产模式

根据土壤的翻耕与否可将饲草种植分为两大类：天然草地改良类和人工草地建植类（图 1）。

天然改良类草地又称为半人工草地，是通过对天然草地实施围栏保护、松耙、补播、施肥、排灌等辅助性措施而建植管理的草地。该类草地几乎不破坏原有天然植被，旨在恢复退化的天然草地。天然草地改良类包括：免耕补播种草、退化沙化草地种草、退化湿地植被恢复、飞播种草等。

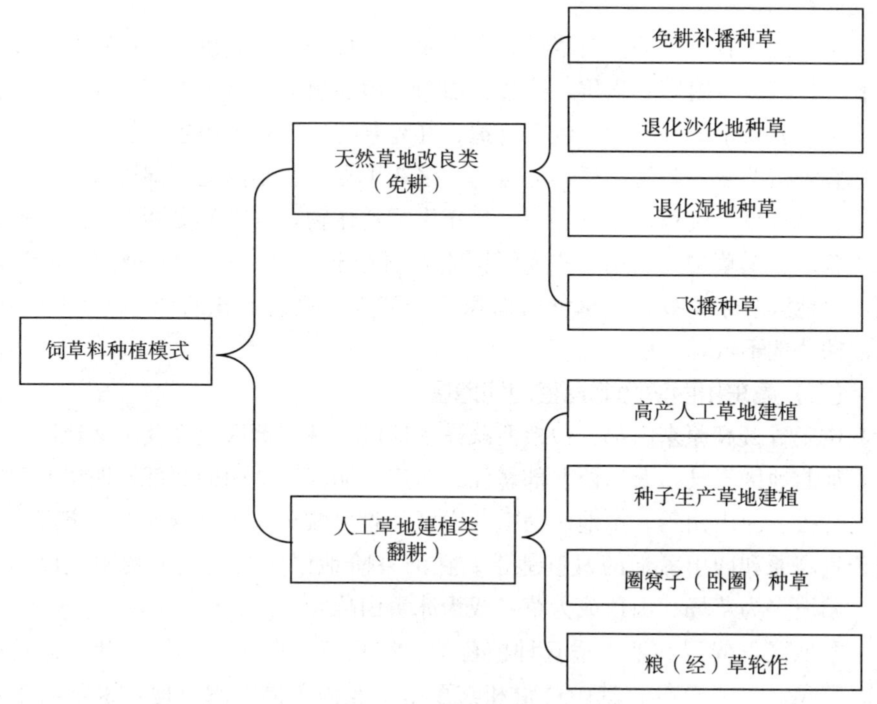

图 1　饲草料生产模式

人工草地建植，是利用综合农业技术，对天然草地进行翻耕（包括农田），通过人为播种建植人工草本群落，并实施一系列田间管理，以获取稳产、高产、优质饲草料的草地。该类型是建植管理程度最高、生产能力最强的草地，是发展草产业的基础和前提。人工草地建植类包括：高产人工草地建植、牧草种子生产草地建植、卧圈（圈窝子）种草、粮（经）草轮作等。

除按照土壤翻耕与否对人工草地进行分类之外，还可根据人工草地中饲草组分划分为单播人工草地和混播人工草地；根据利用目的和方式分为割草地、放牧地、割草放牧兼用型草地和种子生产草地等。

三、青藏高原不同地区饲草料生产结构

（一）藏南高原河谷地区

位于西藏西南部，包括日喀则（除仲巴萨嘎）、拉萨市（除当雄）和山南地（除加查）。北部为一江两河（即雅鲁藏布江、拉萨河、年楚河）谷地，海拔 3 500～4 100m，地势平缓，气候温凉。南部属喜马拉雅山地，海拔4 400～4 600m，内陆湖盆及河流上源地带主要是天然草场，河谷地为小块农田。天然草场约占土地总面积的 70%，主要牲畜是藏羊和牦牛，可以在牧区放牧，在农区补饲育肥。

本地区适宜种植的主要草种有老芒麦、垂穗披碱草、苜蓿、红豆草、无芒雀麦。拉萨、日喀则、当雄、达孜、山南等地建植的多年生人工草地均表现良好，种植方式主要为单播，也有苜蓿、红豆草与无芒雀麦混播。另外，本地区也适宜种植燕麦、箭筈豌豆、毛苕子、多花黑麦草、小黑麦、饲用玉米、饲用高粱、高丹草、豌豆、芫根等一、二年生饲料作物，其中燕麦和箭筈豌豆混播较为普遍。饲草主要利用方式为鲜饲或调制青干草和青贮，补饲牦牛和藏羊。建议该地区多年生豆科饲草种植面积应占到人工草地面积的 30%～50%，豆禾混播草地不低于 20%。

（二）藏东川西滇西北河谷山地地区

位于青藏高原东南部，包括西藏昌都地区、林芝地区全部及山南地区加查县，那曲地区索县，云南西北部怒江、迪庆、丽江三地州的西部，四川西部阿坝、甘孜、凉山州等。本地区为横断山区和雅鲁藏布江大拐弯处，是青藏高原向云贵高原和四川盆地的过渡地带。在河谷阶地以农为主，山腰阴坡以林为主，阳坡多为草场、山顶或为草场或为冰雪山峰。

本地区气候温和地带适宜种植苜蓿、红豆草、白三叶、红三叶、无芒雀麦、鸭茅、黑麦草等，其中苜蓿和红豆草主要为单播刈割草地，也常与无芒雀麦建混播刈割草地，用于鲜饲或调制青干草；黑麦草常与鸭茅、白三叶或红三叶建混播放牧草地。多花黑麦草、光叶紫花苕等一、二年生饲草皆宜种植，光叶紫花苕主要与烟草、土豆、玉米轮作、间作或套种，在四川凉山地区成为主要的粮（经）草种植模式。在寒冷地区宜种植老芒麦、垂穗披碱草和各种中、矮多年生禾草以及燕麦、箭筈豌豆、芫根等一、二年生饲草作物。建议该地区温和地带豆科饲草应占人工草地的 50%～60%，其中一年生豆科饲草在 20%以上；在寒冷地区豆科饲草应占人工草地的 10%～20%，其中一年生豆科饲草不低于 10%，一年生禾本科、豆科混播草地不低于 5%。

（三）藏北青南川西北地区

包括西藏西部、北部，青海南部的玉树、果洛两州，川西甘孜、阿坝两州的西北部。该地区是青藏高原的主体，属纯牧区，土地总面积约占青藏高原总面积的54.8%，是全国人烟最稀少地区。藏北地区南接草原带，北枕荒漠源，气候由南向北逐渐变得更冷更干燥；青藏高原南部地势高耸，多大山，平均海拔4 000m以上；川西的阿坝以西为丘状高原，海拔3 800～4 500m，丘间多陷落盆地。阿坝以东为典型的高平原，海拔3 400～3 600m，其间有沼泽广为分布，南部切割较深，逐步过渡到山原。

该地区主要适宜栽培草种是老芒麦、垂穗披碱草、虉草、红豆草以及表1中的各种中、矮禾草类，用于建植人工草地和种子基地，尤其适合补播恢复天然草场或建植高、矮禾草混播草地。此外，也适宜种植燕麦、箭筈豌豆、芫根等一、二年生饲草，其中燕麦和箭筈豌豆混播在牧区圈窝子（卧圈）种草中应用广泛。该地区主要草产品为青干草，用于冬春补饲牦牛和藏羊。建议该区域多年生禾本科饲草地面积占到人工草地面积的80%以上，燕麦和箭筈豌豆等一年生混播草地应不低于10%。该区域也是牧草种子生产的主要区域，已建立了较为完善的牧草育繁推体系和产加销体系，形成集中连片的机械化和标准化"川草1"、"川草2号"老芒麦种子生产基地5万亩。

（四）环湖、甘南地区

地处青藏高原东北边缘，黄土高原与柴达木盆地之间，北面是祁连山东段，南接青南高原东部，包括青海海北、海南、黄南三州全部和海西州天峻县、甘肃甘南州（舟曲除外）及祁连山东段。本地区北部祁连山区，海拔3 000～4 600m以上；海南及甘南大多地区海拔3 000～3 400m；东部边缘森林资源丰富，为洮河、大夏河、白龙江上游林场，河谷地多辟为农田，种植青稞、大麦、春小麦、蚕豆、豌豆、油菜等，油菜面积尤大，在门源、天祝等县最为集中。油菜籽可榨油，茎叶可作饲草，油渣可作精饲料。

本地区是青藏高原最适宜大面积连片种植和机械化作业的地区，也是青藏高原最重要的牧草种子生产基地。因滩大平坦，交通较方便，宜建立人工刈割草地。表1中所列，除多年生豆科牧草难以越冬外，其他多年生禾本科牧草和一、二年生饲草（料）作物几乎都适宜或可以在本区栽培。多年生禾本科牧草中以老芒麦种植面积最大，其次是无芒雀麦和垂穗披碱草；一、二年生饲草中以燕麦栽培面积最大，其次是箭筈豌豆和毛苕子。箭筈豌豆和毛苕子多同燕麦混播，但与农作物复种时多单播。本区天然草场退化严重，人工补播的任务大。建议该地区多年生禾本科饲草地面积占人工草地面积的70%～80%，一年生禾本科饲草地占10%，一年生禾本科、豆科混播草地占5%～10%。

（五）柴达木盆地

位于青海省西北部，包括海西州都兰、乌兰两县，格尔木市、德令哈市和大柴旦、冷湖、茫崖等镇。本地区是没有灌溉就没有种植业的地区，有灌溉条件的地区多已垦为绿洲农业区，约有耕地 4.4 万 hm^2。该地区土地连片，机械化程度高，因灌水量不足和次生盐渍化严重，有大片退耕地。

本地区适宜种植苜蓿和耐盐碱牧草。苜蓿灌水量较春小麦少，时间上可以与春小麦错开。目前，盆地大部分退耕地已辟为枸杞种植园，其高产、优质、收益大。沙打旺和碱茅都具有耐盐碱、适应性强的特点，也适宜在盆地种植。在草田轮作系统中，表 1 中所列一、二年生饲草（料）作物也可在盆地种植。

（六）青海东部河谷山地地区

位于日月山以东至甘肃省边界，包括西宁市（及市辖大通、湟源和湟中三县），海东地区的平安、乐都、民和、互助、化隆、循化等 6 县，黄南州的同仁、尖扎二县以及海南州的贵德县。本地区属黄土高原沟壑地貌，向日月山以西过渡到青藏高原。本区由湟水河谷和黄河河谷及其两侧的山地丘陵组成，是青海省的主要农业基地，故称东部农业区。本区是青藏高原海拔最低、耕地面积最多最集中的地区。河谷地带土地肥沃，暖和，降水少而有灌溉条件，俗称川水地区，海拔多在 2 500m 以下，最低处为 1 650m。

川水地区人多地少，是青海省粮、油、果、蔬、饲料主产区，饲养业以猪、鸡、奶牛为主，还有绵羊、肉牛等；熟制为一季有余，两季不足，适宜复种饲草、饲料作物。表 1 中所列一、二年生饲草（料）作物均可栽培，还可以种植饲用甜菜、胡萝卜等多汁饲料类。复种饲草只能收获营养体，种子难以成熟，要繁殖种子需留出专门用地。

浅山地区人少地多，土壤贫瘠，产量低，宜以草田轮作方式生产饲草(料)。杂花苜蓿、红豆草、沙打旺、老芒麦、垂穗披碱草、无芒雀麦等多年生牧草皆可用于草田轮作系统，燕麦、莜麦、豌豆、箭筈豌豆、毛苕子以及白花草木樨、黄花草木樨等均宜种植。草田轮作系统中建议一、二年生豆科饲草应占到 70%以上，还应根据低位、中位、高位浅山的具体情况选用不同草种及品种。

脑山地区天然草场面积较大，以饲养牛、羊为主，人工生产的饲草主要用于冬春补饲和部分舍饲家畜，老芒麦、垂穗披碱草、无芒雀麦、中华羊茅、早熟禾等，以及燕麦、莜麦、箭筈豌豆、毛苕子、莞根等皆宜种植，局部地区杂花苜蓿、红豆草也能越冬。

建议该地区多年生豆科饲草面积应占到人工草地面积的 20%～30%，豆科、禾本科混播草地不低于 10%。

（闫利军）

第二章　建植管理

青贮玉米—多花黑麦草季节轮作技术

一、技术概述

国外开展“青贮玉米—多花黑麦草季节轮作”是相当普遍的，国内种植多花黑麦草已经推广许多年了，近年来也在大面积种植青贮玉米，“青贮玉米—多花黑麦草季节轮作”种植技术也从试验示范进入规模推广应用。应用草地农业系统的理论，改传统以籽实生产为目标的“水稻—小麦轮作”种植模式为营养体生产的“青贮玉米—多花黑麦草季节轮作”种植模式，在同一块田地上按一定的季节顺序轮换种植优良牧草多花黑麦草与饲用玉米，通过品种筛选和搭配、丰产栽培技术优化，“青贮玉米—多花黑麦草季节轮作”种植系统生产的干物质产量、粗蛋白质产量和干物质成本分别是“稻谷—小麦”种植系统的 4 倍、3 倍和 27%左右，而且其营养价值高，在添加很少精料的情况下，就能满足生产肉牛和奶牛的营养需要。

在全国长江流域及以南牛羊数量多的地区，试验、示范、推广“青贮玉米—多花黑麦草轮作”种植技术，目的是在单位土地面积上获得营养全面、产量高的饲草干物质，降低饲养牛羊的成本，增加饲养牛羊的收入。通过开展“青贮玉米—多花黑麦草季节轮作”种植系统的实施，为全国粮改饲找出一条切实可行的路子，为农民增加收入作出贡献，为推动全国牛羊的发展做出贡献。

二、技术特点

（一）季节、资源配置高效

在南方，多花黑麦草在 4 月底 5 月初进入孕穗、初穗期，其最后一次刈割利用在 5 月 15 日左右结束，然后移植在 5 月前育苗的青贮玉米。青贮玉米生长 120 天左右，9 月 20 日左右收获，青贮玉米在蜡熟期（水分含量 65%～70%）刈割收获后，9 月下旬至 11 月中下旬种植多花黑麦草，有条件的地方可于 9 月下旬免耕种植多花黑麦草（可多收一次牧草）。这一种植系统发挥了多花黑麦草、饲用玉米的生物学特性，最大程度地利用了长江流域及以南地区冬春、夏秋季节气候资源特点，以获得高效的光合转化效率，实现高产。

（二）干物质产量高

四川试验研究和洪雅县等地大面积示范表明，9 月底种植的多花黑麦草至翌年 5 月 15 日左右最后一次刈割，然后种植饲用玉米，饲用玉米生长 120 天左右，9 月 20 日收获，玉米收获后再种植多花黑麦草。青贮玉米蜡熟期（水分含量 65%～70%）刈割利用，全株干物质产量 25 500kg/hm^2 左右；多花黑麦草年可刈割 4～5 次，年干物质产量为 15 000kg/hm^2；二者年总干物质产量 40 500kg/hm^2，是水稻、小麦轮作系统可利用干物质产量的 4 倍左右。

（三）蛋白质产量高

发达国家将单位面积土地每年生产生物量和蛋白质量作为评价种植业生产效率的重要标志。青贮玉米（蜡熟期干物质含量 35%）粗蛋白含量 7.9%，粗蛋白产量为 1 995kg/hm^2；多花黑麦草粗蛋白含量 16%，粗蛋白产量 2 400kg/hm^2，二者合计平均粗蛋白含量为 10.9%，粗蛋白产量 4 395kg/hm^2。该种植系统不仅可以为牲畜提供大量、稳定、优质的蛋白质来源，而且通过养殖业能够建立粪污消纳循环系统，有利于保护农田生态系统。

（四）适用区域广，牲畜转化效率好

长江流域及以南地区，可以开展推广“青贮玉米—多花黑麦草轮作”种植系统。其生产的饲草用于育肥肉牛，可达到平均 6.76kg 饲料干物质转化 1kg 牲畜活重，每亩地可转化肉牛活重 399.4kg。肉牛饲养日粮平均需粗蛋白含量 11.8%，而实际这个系统生产的饲草平均粗蛋白含量为 10.9%，只需添加 0.9%的粗蛋白，就能够满足肉牛的日粮需要。以现阶段肉牛活重 24 元/kg 计价，牛增重产值 9 586 元；以母牛饲养和肉牛育肥各 1hm^2 地计算，每公顷产值 71 895 元。

三、技术流程

选择并确定好牧草、青贮玉米的品种，选择种植地整地后播种多花黑麦草，同时加强田间管理，适时刈割后种植青贮玉米，施基肥并整地播种，加强田间管理并适时刈割青贮。

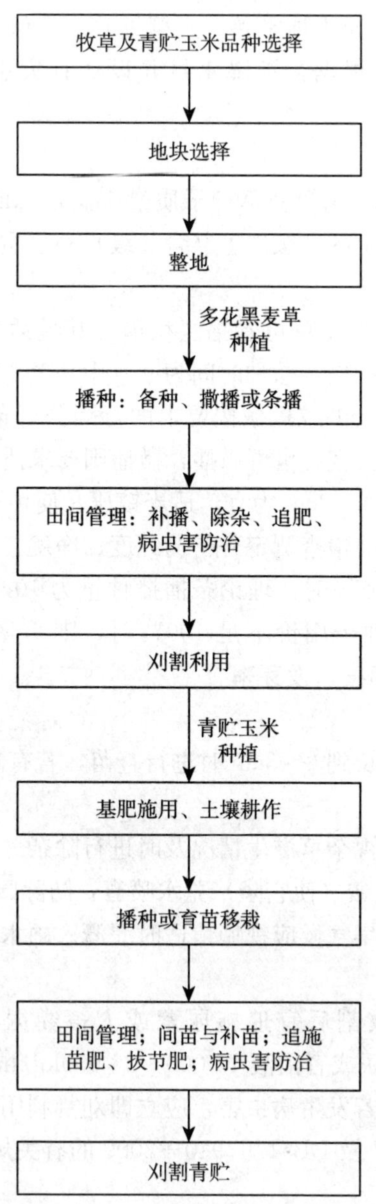

图1　青贮玉米—多花黑麦草季节轮牧技术流程

四、技术内容

（一）多花黑麦草种植技术

1. 整地

播种前喷施除草剂，尽可能除去种植地中的杂草。一周后，深翻土地，不小于 20cm。精细整地，使土地平整，土壤细碎。为保持良好的土壤墒情，在降水量过多的地区，应根据当地降水量开设适宜大小的排水沟，便于雨后排水。

2. 播种

（1）备种。播种的多花黑麦草种子质量应满足 GB 6 142—2008《禾本科草种子质量分级》中划定的 2 级以上（含 2 级）种子质量要求。按照每亩播种量及地块面积计算用种量。

（2）播种期。多花黑麦草可春播、秋播，其最适发芽温度为 20～25℃。长江流域及以南地区宜秋播，播种时间为 9 月中旬至 11 月中下旬。

（3）播种方法。用人工或机械按要求的行距分行条播播种，行距以 15～20cm、播深以 2～3cm 为宜。也可撒播，撒播则要求播种均匀。播种后用细土覆盖，覆土厚度一般以 1～2cm 为宜。适当镇压，使种子与土壤紧密结合。

（4）播种量。播种前检查测定种子的纯度、净度、发芽率，确定适宜的播种量。当种子用价为 100%时，理论条播播种量为 10～15kg/hm^2，撒播播种量为 18～22kg/hm^2。种子用价不足 100%时，则实际播种量＝理论播种量（100%种子用价）/纯净度×发芽率。

3. 田间管理

（1）补播。当幼苗长到 2～3cm 时进行查苗，若有缺苗 20%以上斑块，应及时补播。

（2）除杂。苗期应视杂草滋生情况及时进行除杂。可使用内吸传导型苗后除草剂 20%氯氟吡氧乙酸（使它隆）兑水喷雾，防除阔叶杂草。

（3）排灌水。遇干旱气候应视墒情适时灌溉。雨水较多的季节应开设排水沟，便于排水。

（4）追肥。每次收割后宜追施尿素或人畜粪尿或者沼液。尿素 75～112.5kg/hm^2，人畜粪尿或者沼液 15 000～25 000kg/hm^2。

（5）病虫害防治。若发生病虫害，应立即刈割利用。若需用农药控制的应符合 NY/T 1276—2007 及 DB51/T 940—2009 的有关规定。

4. 刈割利用

多花黑麦草刈割时期，因饲喂的对象而异。饲喂牛羊，一般在初穗期刈割；饲喂兔、鹅、鱼、猪，通常在拔节期至孕穗期株高 30～60cm 时刈割。刈割时，应注意留茬 5～10cm。除直接鲜喂外，也可晒制成干草或青贮。

（二）青贮玉米种植技术

1. 品种选择

一般要求生育期 130～150d，植株高大、叶量丰富、叶片肥厚、茎秆粗

壮、籽粒饱满，收获期全株干物质中粗蛋白含量达 8%左右，抗病虫、抗倒伏性强的品种。

2. 基肥施用及土壤耕作

（1）基肥施用。在耕作前应施基肥。基肥多为人畜粪尿、沼液等，农家肥用量为 45 000～60 000kg/hm^2，或根据土壤肥力状况而定。其基肥施用也可参考《GB 1353—2009 玉米》。

（2）土壤耕作。精细整地，耙平地面，犁翻、耙碎、整平，耕翻深度20～30cm，做到土层深厚、土壤疏松，地平土碎、无残根苗茬。

3. 播种

（1）备种。采用经法定质量检验机构检验合格的种子，要求籽粒饱满整齐且发芽率 95%以上。标准参见《GB 4404.1—2008 粮食作物种子第 1 部分禾谷类》。按照每亩播种量及地块面积计算用种量。

（2）播种期。在土壤含水量达田间持水量的 70%以上时即可播种。多花黑麦草收获在 5 月 15 日左右结束，然后移植于 5 月前育苗的青贮玉米，可以提前青贮玉米收割时间。

（3）种植密度和播种量。青贮玉米播种密度一般为行距 80cm，株距 15cm，或行距 60cm，株距 40cm，每穴一株，保苗 82 500～97 500 株/hm^2 来确定。

（4）播种方法。人工或机械穴播，穴播时间四川一般是 4 月下旬至 5 月底。

4. 田间管理

（1）间苗与补苗。当玉米叶片达到 3～4 片叶时应及时间苗。在达到 4～6 片可见叶时，根据是单株种植还是双株种植进行定苗。做到“四去四留”，即去弱留壮、去小留齐，去病留健，去杂留纯。苗不足的要及时补苗。

（2）中耕除草。在 6 片～7 片叶时结合追肥，中耕除草和培土。一般定苗后进行 2～3 次中耕除杂。

（3）追肥。

苗肥：用人畜粪尿、沼液 15 000～25 000kg/hm^2 或尿素 75～90kg/hm^2。做到小苗浅施，距苗 5～6cm；大苗深施，距苗约 17～20cm 处。

拔节肥：6 片全展叶后开始拔节，用人畜粪尿、沼液 15 000～25 000kg/hm^2 或尿素 200～300kg/hm^2，距植株 10～17cm 处挖窝深施，同时浅中耕培土盖窝。

（4）灌溉。较干旱地区视墒情适时灌溉。

（5）病虫害防治。为了确保畜产品安全，种植青贮玉米防治病虫害使用农药时应选择低毒、低残留的农药或生物农药，有条件的采用生物防治或物理防治。其病虫害防治办法参见有关玉米栽培病虫害防治手册或请求当地有关技术部门解决。农药具体使用可参照 NY/T 1276—2007 执行。

5. 刈割青贮

青贮玉米整株含水量在 65%～70%时，青贮损耗最小，消化率高，故应将刈割时间确定在腊熟期后刈割。同时，选择晴好天气，植株露水干后，以人工或机械的方式齐地刈割，及时切碎青贮。

（三）注意事项

（1）施药时，在使它隆药液中加入喷药量 0.2%的非离子表面活性剂，可提高药效。

（2）应在气温低、风速小时喷施药剂，空气相对湿度低于 65%、气温高于 28℃、风速超过 4m/s 时停止施药。

（3）在果园施药，避免将使它隆药液直接喷到果树上；避免在茶园和香蕉园及其附近地块使用使它隆。

（4）喷过使它隆的喷雾器，应在彻底清洗干净后方可用于阔叶作物田喷施其他农药。

五、引用标准

（1）《禾本科草种子质量分级》（GB 6142—2008）；

（2）《农药安全使用规范》（NY/T 1276—2007）；

（3）《草原有害生物防治农药安全使用规范》（DB51/T940—2009）；

（4）《玉米》（GB 1353—2009）；

（5）《粮食作物种子第 1 部分禾谷类》（GB 4404.1—2008）。

（李元华）

黄土高原地区百里香栽培技术

一、技术概述

野生百里香（*Thymus mongolicus* Ronn）俗称地椒草，为唇形科半灌木，有强烈香气，饲喂羊可有效改善羊肉品质。延安市位于陕西省北部，属典型的陕北黄土高原丘陵沟壑区，地形复杂，水热适中，土地资源丰富，拥有天然草原 113 万 hm^2，饲草种质资源丰富，有百里香野生植物资源分布。在各级政府支持下，围绕新农村建设和农民增收、产业发展，开发野生植物资源进行功能性植物饲料添加剂生产，优化种养结构，解决放牧改为舍饲后羊肉品质下降的问题。因此建立稳固持久的百里香示范基地，给家畜提供功能性植物添加剂，提高种草和养羊附加值，对草畜业经营方式转变、产业结构调整和可持续发展

具有重要意义，同时加快转变经济发展方式，迫切需要培育壮大新兴草业、现代草食畜牧业。

二、技术特点

（一）适用范围

国内外均有百里香小范围人工种植的历史，最早可追溯到波斯国的早期，主要用于园艺观赏。我国福建、安徽、东北、内蒙古、甘肃、上海、河南、北京等省市区也有人工栽培种植历史，并进行过相应试验研究，主要作为香料用于医药、食品、化妆、园林花卉等领域，但未见规模化种植。百里香用于饲料添加剂，提升产业价值，增强肉质风味等作用研究很少。

生物特性：百里香（图1）属唇形科，百里香属，多年生草本或亚灌木，多分枝，匍匐或向斜上方生长。株高40cm左右，花枝2～8cm，叶片小而稀疏，叶缘反卷状，略带肉质，或有短绒毛。轮伞花序顶生，花淡紫色或粉红色。据报道，全株具有香气和温和的辛味，防暑，温中散寒，健脾消食，滋胃润肺，提神醒脑，醒酒等功效，并含有大量有益于人体吸收的维生素E，具有良好的抗氧化、抗癌、抗衰老和美容作用。

图1　百里香种子和植株

百里香多生于山坡、砾石地或草地、河岸、沙滩、山谷、斜坡，喜凉爽气候，耐寒，尤耐瘠薄；对土壤要求不严，在林区边缘瘠薄的沙质土、黄土丘陵沟壑区的干旱山地、土壤侵蚀严重的地区均能正常生长；沙质、石灰质生长更为适宜。适宜生长温度是20～25℃，具一定耐寒能力，抗热性较差（以30℃为分界线），生长喜光照，全日照、半日照均可。

（二）同类技术对比

黑龙江、内蒙古、新疆、甘肃等地都有百里香种植栽培的相关报道，主要用于香料、药用与观赏植物，而用于饲料添加剂，建立人工种植百里香基地的相关栽培技术不完善。

（三）技术效益、效果分析

种植百里香第一年成本 1 300 元/亩，其中：整地 300 元/亩，种子 500 元/亩，肥料、灌溉、收割、管理等费用为 500 元/亩。以后每年成本 800 元/亩。当年种植可收割两茬，以后年收割三茬，一年按收割两茬计算，亩产鲜草 2 557kg，折合干草 852kg，按当地香料价格 10 元/kg 计算，亩产值 8 523 元；若用于养殖业，在羊饲料中添加，每亩草添加到饲料中可养殖 200 只羊，添加百里香饲料后的羊肉，每只羊可增加产值 40 元，共计增加产值 8 000 元。

三、技术流程

（一）育苗移栽技术流程

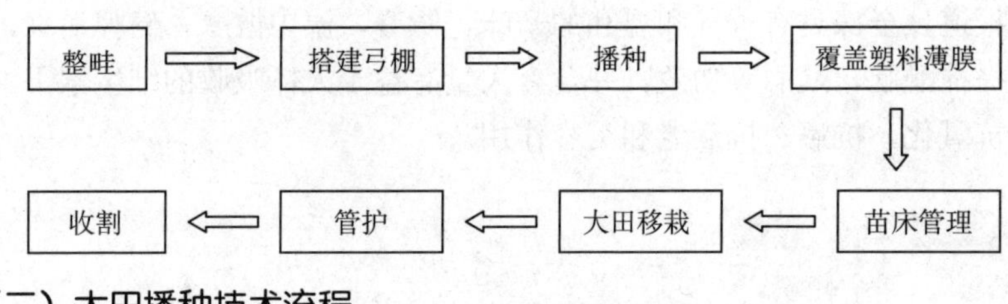

（二）大田播种技术流程

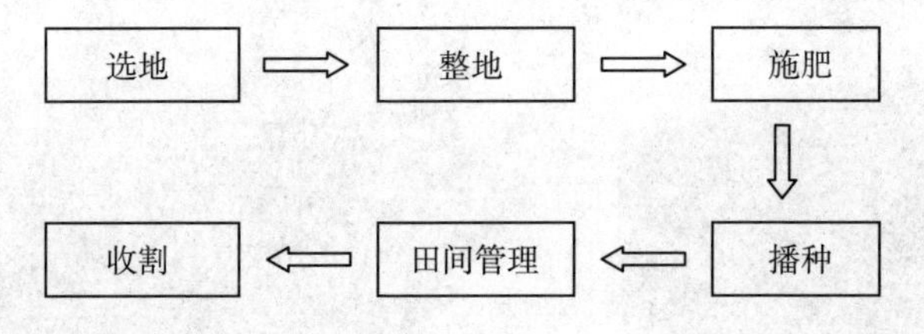

四、技术内容

育苗移栽和大田栽培两种方式。

（一）育苗移栽

1. 育苗

（1）整畦。百里香种子细小，育苗地一定要细耕细耙，将苗床 20cm 厚的土挖出，将腐熟过的适量土和肥掺入土挖出的表土中。苗床先铺一层约 5cm 厚的有机肥，然后再填入混肥表土，耧细整平，略低于地面，畦面细整后，浇底水，灌足水，待土壤手指压湿润但无水渍时，将土壤耙松（浅耕），深度 3～5cm，然后喷水一遍。

（2）苗床盖棚。选择地势高、平坦、避风、较干燥的地方搭建小拱棚；拱棚的规格可根据育苗和场地的需要灵活调整，为方便管理，一般 20m 长、1～1.5m 宽为宜（图 2）。

小拱棚支架材料可选择小树枝、竹片、铁丝及小钢筋等；支架上覆盖材料可选择防虫网、塑料薄膜、遮阳网等，简易的小拱棚，用稻草覆盖即可。

图 2　苗床盖棚

（3）适时播种。播种时间以 3 月 5—15 日为宜，下籽前在畦面上撒一层过筛细土，作为底土，有利于种子发芽，称为“撒好底土不粘芽”，亩用种量 20～50g（每克种子粒数为 1 500～2 000 粒），为保证撒籽均匀，把种子掺入过筛细土中，再进行撒播，覆土厚度掌握在 1～2mm 左右。

（4）覆盖塑料薄膜。拱棚上面覆盖塑料薄膜，四面用土封闭严实，晚间加盖草帘，白天揭开。此措施可以暖苗床。待地温升高至 15℃以上即可揭膜（图 3）。

（5）苗床管理。8～12d 种子开始露头，15d 出齐苗；幼苗适宜的生长温度为 27℃左右，出齐苗后当温度达到 30～35℃时，要注意通风、降温、炼苗，先在拱棚一头放小口，逐步加大，切不要猛然大口放风，造成闪苗，出苗期间和苗幼小时不能浇水，可到 4 月 15 日后浇小水，切不可大水漫灌，要及时拔除苗床各类杂草。

及时间苗，去除小苗、病苗、杂苗，苗子密度不要过大，以保证足够的营养面积，苗子出齐后，可适时喷施春雨 1 号（复硝酚钠）、优质磷酸二氢钾等叶面肥，掌握低浓度小剂量的原则。4 月中下旬当外界温度与棚内温度相差不

图 3　苗床覆膜

大时，应逐步揭去棚膜。

2. 大田移栽

在育苗棚中当幼苗长出 4～5 片叶时，减少灌水频率，8～10 片叶时，可移栽。大田移栽行距 30cm，株距 30cm，栽后，露地灌足一茬定根水，如遇酷暑未雨，视其土壤土质灌二、三茬水；移栽后正常管理即可。

3. 水肥管理

百里香叶片厚带肉质的特性，使它不耐潮湿，所以可稍干一些再浇水，不要一直使其保持潮湿状态，使根系无法强壮伸展并发挥正常功能，影响植株生长。百里香生长速度慢，不需要太多肥料，育苗大约加入 5%～10%的腐熟有机肥即可，夏季生长势弱，此时施肥易导致植株败根死亡。

4. 病虫草害的防治

（1）苗期的病害主要为猝倒病和立枯病，可用杀毒矾或百菌清，掺入苗床土中或叶面喷施。

（2）苗期的主要害虫为蝼蛄和蛴螬，可用 3%辛硫磷颗粒剂防治。

（3）苗床除草剂可用先正达 95%金都尔，苗床使用应选择低浓度小剂量。大田除草可以施用施田补。

（二）大田播种

百里香种植可按照 YDB/T 005—2004《延安市人工种草技术规范》要求，在各种类型的土壤中生长，且均能获得一定的产量，但因其种子细小，生长喜光照，抗热性较差，喜凉爽气候，耐寒，耐瘠薄，因此，在选择地块、灌溉条件、播种技术、田间管理等措施上要掌握以下要点：

1. 选择地块

（1）选地。选择土壤肥力较好、水利设施完善的一二类土地种植，瘠薄土壤、无水利设施的地块种植产量产值较低。

（2）整地。百里香是多年生牧草，一般轮作期为5～6年较为合理。因而播前要深翻、耙磨、压实，达到各种要求，以利于播后出苗。

平整好土地，要求地面平整，无杂草、无土块，不然影响出苗。

对于杂草生长严重的地块在播前7～10d用氟乐灵（100ml/亩）进行地面喷洒，以减轻杂草危害，对多年生不易杀死的根蘖型杂草播前用百草枯、草甘膦、2,4－D进行防治。

百里香根系发达，具有直根和须根，因此在种植前结合整地，每亩深施农家肥1 000kg，过磷酸钙50～100kg做底肥，或30kg二铵和20kg尿素。

对于没有喷灌设施的水浇地，应结合整地起垄并打埂，便于今后的田间灌溉浇水。

2. 适时播种

（1）播期。我国乡土种3月下旬至5月春播，也可9月至10月上旬秋播。欧洲种类，因耐低温能力稍逊，故春播于4月至6月中旬，秋播于8月下旬至9月。播种区夜间温度在5℃以上时就可播种，温度在18～25℃时，出苗快且较为整齐。温度在20～25℃适合百里香生长，盛夏30℃左右时播种虽然出苗快，但苗长势弱、有徒长现象，我国原生种更为明显。

（2）播种方法。一般采用撒播和穴播。

（3）播量。一般为0.3～0.5kg/亩。为了便于控制播量，可用过筛的细土或沙子与种籽混播。

（4）播种深度：一般为0.2～0.4cm，百里香属植物种子有喜旋光的特性，播种时不覆土。

3. 田间管理

（1）中耕除草。为保证百里香的产量和经济效益，中耕除草的田间管理尤为重要，应在其生长的各个阶段及时进行中耕除草，做到地无荒草。

（2）追肥。每年返青和收割一次后，根据土壤肥力和底肥量，每亩追施尿素2.5～5kg，氯化钾2～4kg，磷肥10kg，以保证下一茬百里香生长的需要和产量要求。

（3）浇水。为了提高百里香产量，达到优质高产高效的目的，根据降水和田间水分情况，结合追肥及时浇好越冬水和返青水，每收割一次后，也要及时浇水，以促进再生。灌溉用水符合GB 5084—1992《农田灌溉水质标准》。

（4）病虫害防治。百里香常见的害虫主要有蚜虫、蓟马、地老虎、棉铃虫等，但一般年份不会造成危害。特殊自然条件下，如有虫害发生，将针对实际情况对症防治。鼠害可结合浇水和投药堵洞的方式防治，防治用药使用GB 4285—1989《农药安全使用标准》。

4. 适时收割

当年五月播种的百里香，到 7 月中旬，株高 25～30cm 左右，收割第一茬，9 月中旬收割第二茬，留茬高度 5cm 左右，留茬过高影响产量，留茬过低，影响以后的生长；收割后，要及时施肥浇水（图 4）。

图 4　百里香田间生长状况

五、注意事项

利用小拱棚育苗可起到防虫、防雨保温、促进幼苗生长等作用，但由于塑料薄膜等覆盖物会使棚内光照减弱、湿度加大等，所以要采取以下管理措施加以避免：

（1）在无雨、有光照的情况下白天可掀开塑料薄膜，若风较大则只掀开背风的一面。

（2）阴雨天气的情况下，白天要注意通风。

（3）如果气温很低，夜间可在苗地里燃放烟雾；有条件的还可采取电灯泡加温、DV 电热线加温、酿热物加温、热水管加温等措施。

（4）注意喷施一些保护性的药剂及抗寒剂等。

（5）注意开沟排水，不能让苗地积水。

六、引用标准

（1）《延安市人工种草技术规范》（YDB/T 005—2004）；

（2）《农田灌溉水质标准》（GB 5084—1992）；

（3）《农药安全使用标准》（GB 4285—1989）。

（李海燕、魏建民）

“一季休耕、一季雨养”高丹草旱作技术

一、技术概述

华北农区突出的特点是干旱缺水，水资源匮乏已成为限制该区农业可持续发展的重要因子之一。由于长期超采地下水，河北省黑龙港地区（沧州、衡水、邢台等地）已成为整个华北地区最大最深地下水漏斗，地下水开采已亮起红灯。

华北农区饲草主要以禾本科、豆科两类为主，实际生产利用中以禾本科饲草和玉米秸秆为主，占到了80%～90%。由于玉米秸秆本身的能量低、蛋白质少和不可消化纤维含量高，主要作为饱腹填充物。牲畜能量的补充大多依靠消耗玉米，不但造成了粮食的浪费，而且还容易诱发草食动物代谢病的发生。从国际上看，畜牧业发达的国家和地区均具有完备的饲草供应体系，没有靠农作物秸秆来支撑的。优化种植结构，加快开发抗逆、优质能量型饲草在华北地区势在必行。

因此，考虑到华北农区干旱缺水的生态实际，并结合当地草食畜牧业对优质饲草的客观需求，提出选用暖季型优质饲草高丹草来替代“冬小麦—夏玉米”种植技术，实现“一季休耕、一季雨养”，应用前景广阔。

高丹草（*Sorghum bicolor*×*Sorghum sudanense*）是高粱（*Sorghum bicolor*（L.）Moench）与苏丹草（*Sorghum sudanense*（Piper）Stapf）的远缘杂交种。为禾本科一年生暖季型饲草，属高光效 C_4 作物，营养生长时间长，植株高大，茎秆粗壮，根系发达，具有抗旱、节水、耐盐、耐瘠、高产等特点，再生性强、可多茬利用。作为一种抗逆性强、优质、能量型饲草，高丹草可充分利用旱薄盐碱地种植，又可充分利用夏、秋两季的光温资源进行生长，已深受广大种养户的青睐。

二、技术特点

（一）适用区域、范围

本技术适用于华北以及气候、自然条件相近的地区适宜高粱、苏丹草种植的其他地区可参考推广应用。

（二）技术要点

本技术主要包括：品种选择、播种、田间管理、病虫害防治、收获、轮作模式、青贮加工、饲喂利用等环节。

三、技术内容

（一）种子准备

1. 品种选择

立足华北农区干旱缺水的实际，选择抗旱性强、优质、高产的高丹草新品种，如河北省黑龙港地区可选择冀草 1 号等品种（图 1、图 2）。

2. 种子质量

种子质量一般应符合 GB 6142—2008《禾本科草种子质量分级》中二级种子的标准。

3. 种子处理

播前种子晾晒 3～4d。采用 40％甲基异硫磷乳油 500ml，兑水 50L，拌种 500～600kg，可防治蛴螬、蝼蛄等地下害虫。

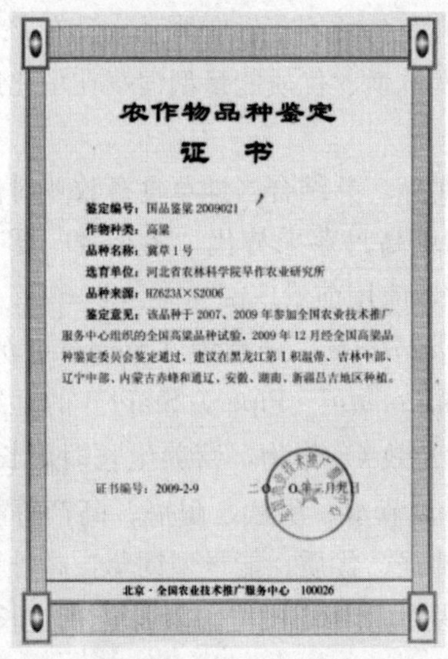

农作物品种鉴定

证　书

鉴定编号：国品鉴粱 2009021

作物种类：高粱

品种名称：冀草 1 号

选育单位：河北省农林科学院旱作农业研究所

品种来源：HZ623A×S2006

鉴定意见：该品种于 2007、2009 年参加全国农业技术推广服务中心组织的全国高粱品种试验，2009 年 12 月经全国高粱品种鉴定委员会鉴定通过，建议在黑龙江第 1 积温带、吉林中部、辽宁中部、内蒙古赤峰和通辽、安徽、湖南、新疆昌吉地区种植。

证书编号：2009-2-9

北京・全国农业技术推广服务中心　100026

图 1　国家鉴定高丹草新品种冀草 1 号

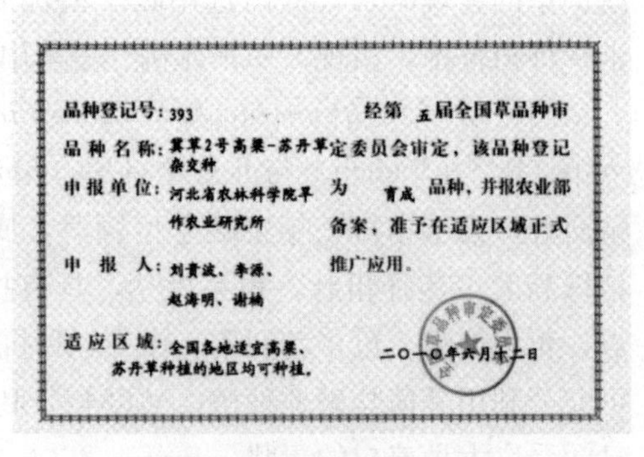

品种登记号：393

品种名称：冀草2号高粱-苏丹草杂交种

申报单位：河北省农林科学院旱作农业研究所

申报人：刘贵波、李源、赵海明、谢楠

适应区域：全国各地适宜高粱、苏丹草种植的地区均可种植。

经第五届全国草品种审定委员会审定，该品种登记为育成品种，并报农业部备案，准予在适应区域正式推广应用。

二〇一〇年六月十二日

图 2　国家审定高丹草新品种冀草 2 号

（二）整地与施肥

1. 整地

清除地面杂物，先旋耕，然后镇压、耙平，达到地面平整，土块细碎。

2. 施肥

结合整地施足基肥。中低肥力的地块，纯 N 每公顷 150～225kg，P_2O_5 每公顷 150～225kg，K_2O 每公顷 75～100kg；中高肥力的地块，可减施，或隔年、隔季施肥。

肥料的使用应符合 NY/T 496—2010 的规定。有条件的地方可底施农家肥或厩肥每公顷 45m³。

(三) 播种技术

1. 播种期

河北省黑龙港地区高丹草春、夏播均可。一般 4 月中旬后等雨播种。

2. 播种方式

采取直播或地膜覆盖播种，以垄播、条播为主，行距 40～50cm。

3. 播种量

每公顷播种量 7.5～15kg，实际播种可根据种子发芽率及土壤墒情及时调整。

4. 播种深度

播种深度 3～5cm，播后及时镇压。

(四) 管理技术

1. 除草

人工或化学除草。化学除草一般在播后苗前采用 38%莠去津（阿特拉津，atrazine）悬浮剂均匀喷施地表的方式进行，用药量为 1.8～2.25kg/hm²，兑水 450L，充分混匀后喷施地表。

2. 追肥

拔节期或第一茬草刈割后追施氮肥 1 次，纯 N 为 110～150kg/hm²，追肥最好结合降雨进行。

3. 病、虫害防治

病害主要有褐斑病、靶斑病两种，发病时期集中在雨季高温季节。在黄淮海地区，高丹草病害一般发生较轻，无需防治；严重时可通过及时刈割进行防治。全生育期虫害防治应坚持“预防为主，综合防治”的方针，使用化学农药时，应执行 NY/T 1276—2007 和 GB/T 8321.1－7 中农药安全使用标准。

不同时期虫害防治方法见表 1。

表 1 虫害化学防治时期与方法

名称	防治时期	防治方法
蛴螬	种子	40%甲基异硫磷乳油稀释 100 倍的药液拌种
蝼蛄	种子	40%甲基异硫磷乳油稀释 100 倍的药液拌种
麦二叉蚜	苗期	10%吡虫啉可湿性粉剂 2 000～2 500 倍液喷施，7～10d 酌情补防一次
高粱蚜	拔节期	10%吡虫啉可湿性粉剂 2 000～2 500 倍液喷施，7～10d 酌情补防一次

（五）收获技术

1. 刈割时期

根据利用目的确定合理的刈割期。青饲利用一般在株高 120cm 以上至抽穗期刈割，抽穗期刈割青饲利用最好；青贮利用一般在开花后期或株高为 250cm 左右刈割。刈割时尽量避开雨天，防止茎叶霉烂变质。

2. 刈割次数

河北省黑龙港地区高丹草抽穗期刈割时，春播全年可刈割 2～3 次，夏播可刈割 1～2 次。

3. 留茬高度

为保证刈割后快速分蘖、再生，建议每次刈割时留茬高度为 15～20cm。

4. 收获机械

采用轮盘式玉米青贮收获机收获，机械碾压一般不影响第二茬草生长。适当晚收可直接青贮，也可与其他干草混贮（图 3、图 4）。

图 3　轮盘式青贮收获机收获高丹草

图 4　轮盘式青贮收获机收获高丹草后再生情况

5. 刈割后管理情况

一般刈割后 3～5d 可萌发再生芽 4～7 个；若拔节期没有及时追肥，应在第一茬草刈割后追施氮肥 1 次，纯 N 每公顷为 110～150kg；追肥一般结合降雨进行。

（六）轮作与复种

高粱属作物忌连作，一般连续种植三年后与玉米实行轮作；秋季出现有效降雨条件下，也可与饲用黑麦、小黑麦进行复种，或与豆科牧草轮作；第二年春季降雨后将饲用黑麦、小黑麦灭茬作绿肥，然后播种高丹草。

（七）青贮技术

高丹草收获时可直接青贮，但应植株体内水分较高，直接青贮发酵品质一般；添加乙酸、丙酸、丙酸+尿素、乳酸菌可使高丹草青贮的发酵品质和营养价值得到改善；配合干草混贮效果非常好，以添加 37.5kg/t 小麦秸秆的混贮效果为佳。青贮方式可采用青贮窖贮、拉伸膜裹包青贮。

（八）饲喂技术

饲喂奶牛时，青贮高丹草可代替 1/2～2/3 的青贮玉米，效益好，能提高乳脂率、乳蛋白率；饲喂肉羊时，青贮高丹草代替青贮玉米可显著提高肉羊的 TMR 日采食量，净收入增加 16.6%。初次饲喂时，鲜草先添加三分之一（以日粮干重折算），一周后变为各半，再一周后可增加到三分之二，以防止生理不适应造成应激反应，导致腹泻（图 5、图 6）。

图 5 高丹草青贮饲喂奶牛

图 6 高丹草青贮饲喂肉羊

（九）成本产出分析

经济效益。河北黑龙港地区春播高丹草在雨养条件下与“冬小麦—夏玉米”纯收入相当。按产青贮鲜草 90 000kg/hm^2，鲜草价格以 0.3 元/kg 计算，毛收入达 27 000 元/hm^2。以 2013—2015 年价格计算，纯收入较“冬小麦—夏玉米”高 930 元/hm^2，详细测算见表 2。

节水、肥、药。节水，全生育期较“冬小麦—夏玉米”模式节水，节水可达 2 250～3 000m^3/hm^2。种植高丹草（饲草高粱）肥料投入与冬小麦相当，节省了玉米一季的肥料投入。生长期间无需农药防治病虫害，比“冬小麦—夏玉米”省药，如在非耕地种植效益更高。

生态效益。10 月中旬前收获后，冬前形成的再生草，在冬春季节可覆盖地面，降低土壤水分蒸散，防止风沙扬尘。或在秋季降雨充足年份，种植饲用黑麦、小黑麦作绿肥，培肥地力。

表 2 “一季休耕、一季雨养”高丹草旱作模式效益分析（河北衡水）

项目			高丹草雨养种植模式	小麦—玉米一年两作模式	
				小麦	玉米
投入	种子费（元/hm²）		600	1 050	600
	灌水	灌水量（m³/hm²）	0	2 250	750
		费用（元/hm²）	0	1 125	375
	施肥	施肥量（kg/hm²）	复合肥 750kg，尿素 450kg	复合肥 750kg，尿素 450kg	复合肥 750kg，尿素 300kg
		费用（元/hm²）	2 850	2 850	2 550
	农药费（元/hm²）		除草剂 225 元	杀虫剂 450 元，除草剂 75 元	杀虫剂 225 元，除草剂 225 元
	机械费（元/hm²）		3 300	2 250	1 350
	人工费（元/hm²）		750	1 500	1 500
	总投入（元/hm²）		7 725	9 300	6 825
	模式总投入（元/hm²）		7 725	16 125	
产出	产量（kg/hm²）		90 000	7 500	9 750
	价格（元/kg）		0.3	2.36	1.72
	产出（元/hm²）		27 000	17 700	16 770
	模式总产出（元/hm²）		27 000	34 470	
	纯收入（元/hm²）		19 275	18 345	
效益比较	经济效益		纯效益与“冬小麦+夏玉米”相当，每公顷增收 930 元。		
	节支总额	节水（元/hm²）	每公顷节水共 2 250～3 000m³，节水 1 125～1 500 元。		
		节肥（元/hm²）	每公顷节省复合肥 750kg，尿素 300kg，节肥 2 550 元。		
		节药（元/hm²）	无病虫害防治，每公顷节药 675 元。		

四、引用标准

(1)《禾本科草种子质量分级》(GB/T 6142—2008)；

(2)《肥料合理使用准则通则》(NY/T 496—2010)；

(3)《农药安全使用规范总则》(NY/T 1276—2007)；

(4)《农药合理使用准则（一）》(GB/T 8321.1)；

(5)《农药合理使用准则（二）》(GB/T 8321.2)；

(6)《农药合理使用准则（三）》(GB/T 8321.3)；

(7)《农药合理使用准则（四）》(GB/T 8321.4)；

(8)《农药合理使用准则（五）》(GB/T 8321.5)；

(9)《农药合理使用准则（六）》(GB/T 8321.6)；

(10)《农药合理使用准则（七）》(GB/T 8321.7)。

（李源、游永亮、赵海明、武瑞鑫、刘贵波）

秋冬闲田复种饲用黑麦（小黑麦）技术

一、技术概述

北方地区有大面积种植的棉花、春花生、果树以及经济林，形成大量秋冬闲田。以河北为例，河北省棉花种植面积常年在60万hm^2左右，果树以及林地面积66.7万hm^2以上，自20世纪80年代至2014年，河北省花生种植面积一直稳居全国第三位。如何利用大面积秋冬闲田发展牧草，即能解决农区粮草争田问题，又可为农区畜牧业发展提供大量优质饲草供应，有效缓解冬春季节饲草短缺矛盾，促进农区畜牧业健康快速发展，是农区草业的发展方向之一。

饲用小黑麦、饲用黑麦为一年生越冬性饲草作物，为冷季型饲草，可与多种春播作物形成一年两作种植模式。饲用小黑麦和饲用黑麦很适合低温生长，整个冬季保持青绿，覆盖冬季裸露土地，起到一定的生态防护作用。收获期在春季，此时正值饲草最缺乏的季节，收获的饲用小黑麦和饲用黑麦正好为奶牛提供能量和蛋白质含量高、维生素丰富的青绿饲料，既防止了奶牛的维生素缺乏症，又促进了奶牛等家畜的健壮生长，奶牛的奶量、奶质也得到大幅度提高，同时减少对粮食的消耗，有利于保证粮食安全。另外，饲用小黑麦和饲用黑麦整个生育期无病虫害发生，是天然的无公害饲草，为无公害畜产品的发展奠定了物质基础，在农区发展前景广阔。

二、技术特点

（一）适用范围

本技术适用于我国黄淮海平原区。

（二）经济效益比传统生产模式高

秋冬闲田饲用黑麦与棉花复种比单作棉花总投入增加6 600元/hm^2，但总产出提高10 425元/hm^2，纯收入提高3 825元/hm^2；饲用小黑麦与花生复种比单作花生总投入增加6 600元/hm^2，但总产出提高11 625元/hm^2，纯收入提高5 025元/hm^2。田间管理费用收支见表1。

三、技术流程

（一）棉花秋冬闲田复种饲用黑麦技术流程

10 月 15 日左右收获棉花及时腾茬平整土地后播种饲用黑麦，饲用黑麦在 11 月上旬停止生长，经 12 月至明年 2 月越冬之后，于 3 月开始返青，3 月底 4 月初进行一次灌溉，4 月底饲用黑麦抽穗期一次性刈割，并及时整地播种棉花，经 5 个多月的生长后于 10 月 15 日左右收获棉花（图 1）。

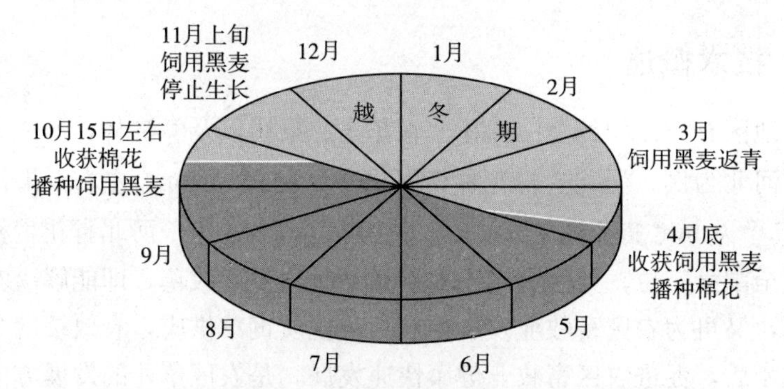

图 1　棉花秋冬闲田复种饲用黑麦技术流程图

注：图中浅色代表饲用黑麦生长期，深色代表棉花生长期。

（二）春花生秋冬闲田复种饲用小黑麦技术流程

10 月 15 日左右收获花生平整土地后播种饲用小黑麦，饲用小黑麦在 11 月上旬停止生长，经 12 月至明年 2 月越冬后，于 3 月开始返青，返青期至拔节期之间需灌水 1 次，5 月 15 日左右饲用小黑麦乳熟期一次刈割，刈割后立即灌溉待墒情合适后及时施肥整地播种春花生，经 4 个多月的生长后于 9 月下旬收获春花生，并准备种植饲用小黑麦（图 2）。

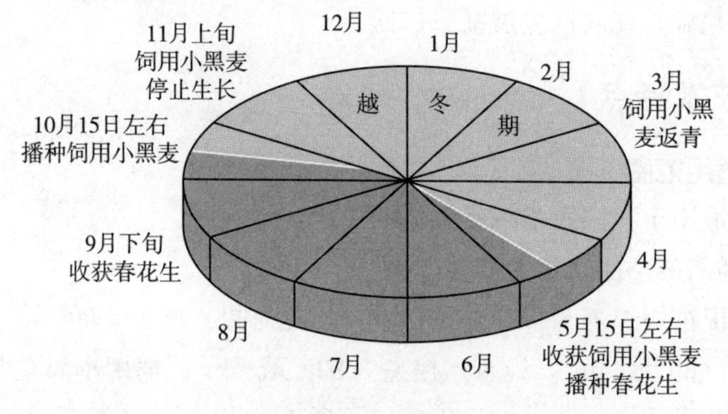

图 2　春花生秋冬闲田复种饲用小黑麦技术流程图

注：图中浅色代表饲用小黑麦生长期，深色代表春花生生长期。

四、技术内容

（一）棉花秋冬闲田复种饲用黑麦技术

1. 饲用黑麦栽培技术

（1）合理调节造墒用水。播种饲用黑麦的造墒水也可提前10d灌在即将收获的棉田里，墒情合适后马上收获棉花、播种饲用黑麦，可有效缩短倒茬时间。

（2）整地。饲用黑麦对土壤质地要求不严，所有棉花地均可。进入霜降前，须将棉花植株清除腾茬。而且要平整土地、提高播种质量，保证出苗整齐健壮。

（3）底肥。整地施复合肥375kg/hm^2。

（4）播种。饲用黑麦播期自10月初始，每错后一天，每公顷播量由150kg增加1.5kg。播种机采用小麦播种机即可，播种行距20cm，播深3～5cm。

（5）浇水追肥。饲用黑麦春季3月底至4月初浇水一次，追施尿素225kg/hm^2，最晚须在清明节前完成。

（6）刈割利用。与棉花复种的饲用黑麦需在抽穗期一次性刈割，时间较短，一般3～5d。一次性刈割收获机械用苜蓿割草机或玉米青贮机均可。

2. 棉花栽培技术

（1）品种选择。选用生育期105～115d的棉花品种，如石早1号、石早2号等。

（2）整地。饲用黑麦收割后直接耕耙，达到上虚下实。

（3）化学除草。耙地前，用48%氟乐灵乳油1.5～1.8L/hm^2，兑水600～675kg，均匀喷洒于地表。

（4）播种。收获饲用黑麦后及时整地播种，一般在4月底至5月初播种棉花。

（5）田间管理。参考河北省地方标准DB13/T 2424—2016《早熟棉花与饲草小黑麦复种技术规程》执行。

（6）棉花采收。10月15日左右收获完毕。

（二）春花生秋冬闲田复种饲用小黑麦技术

1. 饲用小黑麦栽培技术

主要参照河北省地方标准DB13/T 2188—2015《饲用小黑麦栽培技术规程》执行。

（1）种子准备。选用国家或省级审定的冬性饲用小黑麦品种，种子质量符合 GB/T 6142—2008 的规定。播前将种子晾晒 1～2d，每天翻动 2～3 次。地下虫害易发区可使用药剂拌种或种子包衣进行防治，采用甲基辛硫磷拌种防治蛴螬、蝼蛄等地下害虫。

（2）整地。收获春花生后及时整地精细整地应达到地面平整。播前墒情要求，0～20cm 土壤含水量：黏土 20%为宜，壤土 18%为宜，沙土 15%为宜。结合整地施足基肥。肥料的使用符合 NY/T 496—2010 的规定。有机肥可于上茬作物收获后施入，并及时深耕；化肥应于播种前，结合地块旋耕施用。化肥施用量 N 105～120kg/hm^2、P_2O_5 90～135kg/hm^2、K_2O 30～37.5kg/hm^2。施用有机肥的地块增施腐熟有机肥 45～60m^3/hm^2。实施秸秆还田地块增施化肥 N 30～60kg/hm^2。

（3）播种。播种时间一般在 10 月上旬，一般采用小麦播种机播种，条播为主，行距 18～20cm，播种深度控制在 3～4cm，播后及时镇压。播种量为 150kg/hm^2。

（4）田间管理。春季返青期至拔节期之间需灌水 1 次。结合灌溉进行追肥。每次灌水量 450～675m^3/hm^2。结合春季灌水追施尿素 300～375kg/hm^2。返青后及时防除杂草和病虫害。农药使用须符合 GB 4285—1989 和 GB/T 8321.1 - 7 的规定。蚜虫一般在抽穗期发生危害，防治优先选用植物源农药，可使用 0.3%的印楝素 90～150mL/hm^2；或 10%的吡虫啉 300～450g/hm^2。在刈割前 15d 内不得使用农药。

（5）收获。和春花生复种的饲用小黑麦需在乳熟期一次刈割，做青贮或调制干草。刈割收获机械用苜蓿割草机或玉米青贮机均可。

2. 春花生栽培技术

（1）品种选择。选用适宜当地种植的高产、优质并通过国家或省审定的春花生品种。

（2）整地造墒。饲用小黑麦收获后立即灌溉造墒，灌水量 750～900m^3/hm^2。待墒情合适后及时进行整地，整地前施足底肥，底肥施用量和施肥方式参照 NY/T 2404—2013《花生单粒精播高产栽培技术规程》执行。

（3）播种。饲用小黑—春花生复种模式下春花生播种期一般在 5 月中旬，播种方式为直播，行距 30cm，株距 16cm，播深 5cm，种植密度150 000 穴/hm^2 左右。

（4）田间管理。参照 NY/T 2404—2013《花生单粒精播高产栽培技术规程》进行。

（5）适时收获。当 70%以上荚果果壳硬化，纹理清晰时及时收获。收获后整地种植饲用小黑麦。

五、棉花、春花生等秋冬闲田复种饲用黑麦（小黑麦）与棉花、春花生单作经济效益比较

表1 各模式经济效益比较

项目	饲用黑麦与棉花复种模式		单作棉花	饲用小黑麦与花生复种模式		单作花生
	饲用黑麦	棉花		饲用小黑麦	花生	
投入 种子费（元/hm^2）	1 050	450	450	1 050	4 200	4 200
投入 灌水量 m^3/hm^2	1 500	1 800	1 800	1 500	2 250	2 250
投入 灌水量 元/hm^2	750	900	900	750	1 125	1 125
投入 施肥量 kg/hm^2	复合肥375kg，尿素300kg	复合肥750kg，尿素450kg	复合肥750kg，尿素450kg	复合肥375kg，尿素300kg	花生专用肥375kg	花生专用肥375kg
投入 施肥量 元/hm^2	1 575	2 850	2 850	1 575	1 950	1 950
投入 农药、地膜使用情况	防治地下害虫225元/hm^2	杀虫剂等1 500元/hm^2、地膜费750元/hm^2	杀虫剂等1 500元/hm^2、地膜费750元/hm^2	防治地下害虫225元/hm^2	防治蚜虫、红蜘蛛、防治叶斑病、控旺增产综合药剂600元/hm^2	防治蚜虫、红蜘蛛、防治叶斑病、控旺增产综合药剂600元/hm^2
投入 机械费（元/hm^2）	2 100	1 500	1 500	2 100	1 500	1 500
投入 人工费（元/hm^2）	900	4 500	4 500	900	2 250	2 250
投入 总投入（元/hm^2）	6 600	12 450	12 450	6 600	11 625	11 625
投入 合计总投入（元/hm^2）	19 050		12 450	18 225		11 625
产量（kg/hm^2）	干草11 250	3 900	4 500	干草11 250	4 950	5 550
价格（元/kg）	1.3	7	7	1.3	5	5
产出（元/hm^2）	14 625	27 300	31 500	14 625	24 750	27 750
合计总产出（元/hm^2）	41 925		31 500	39 375		27 750
纯收入（元/hm^2）	22 875		19 050	21 150		16 125

六、引用标准

（1）《早熟棉花与饲草小黑麦复种技术规程》（DB13/T 2424—2016）；

（2）《饲用小黑麦栽培技术规程》（DB13/T 2188—2015）；

（3）《禾本科草种子质量分级》（GB/T 6142—2008）；

（4）《肥料合理使用准则通则》（NY/T 496—2010）；

（5）《农药安全使用标准》（GB 4285—1989）；

（6）《农药合理使用准则（一）》（GB/T 8321.1）；

（7）《农药合理使用准则（二）》（GB/T 8321.2）；

（8）《农药合理使用准则（三）》（GB/T 8321.3）；

（9）《农药合理使用准则（四）》（GB/T 8321.4）；

（10）《农药合理使用准则（五）》（GB/T 8321.5）；

（11）《农药合理使用准则（六）》（GB/T 8321.6）；

（12）《农药合理使用准则（七）》（GB/T 8321.7）；

（13）《花生单粒精播高产栽培技术规程》（NY/T 2404—2013）。

（游永亮、李源、赵海明、武瑞鑫、刘贵波）

苜蓿地切根追肥一体化复壮技术

一、技术概述

该技术核心是利用破土切根施肥机在苜蓿行间实施老苜蓿地破土切根，同时追施苜蓿专用肥、喷洒农药（杀虫剂、除草剂），以促进新根系的发生和植株健壮生长，实施杂草和虫害的普防，达到老苜蓿地复壮和健康生长。采用老苜蓿地破土切根复壮技术，示范区 7 年的苜蓿地复壮后 3 年内的生产力水平仍维持在 10 500kg/hm^2 左右的干草产量，复壮效果显著。

二、技术特点

本技术主要适用于黄淮海平原区，同时可供西北地区、东北地区参考应用。与对照（未进行切根追肥施药）相比，7 年苜蓿地实施切根追肥施药后，全年干草产量平均提高 18.54%～37.82%，同时苜蓿品质也有明显改善，主要表现在茎叶比下降。本技术应用需要配套苜蓿地破土切根施肥机，主要适用于 5 年以上的老苜蓿地。

三、技术流程

选择三年以上的苜蓿地作为试验地，在黄淮海平原区使用配有追肥装置、喷药装置的中小型破土切根机于第二茬和第三茬苜蓿刈割后进行切根，切根深度 10～15cm，切根同时每公顷追施 225～300kg 苜蓿专用肥为或者每公顷 150～225kg 追施磷钾复合肥，补施 45～75kg 尿素，同时施以广谱性的除草剂和低毒高效的化学杀虫剂进行杂草及害虫的防治（图 1）。

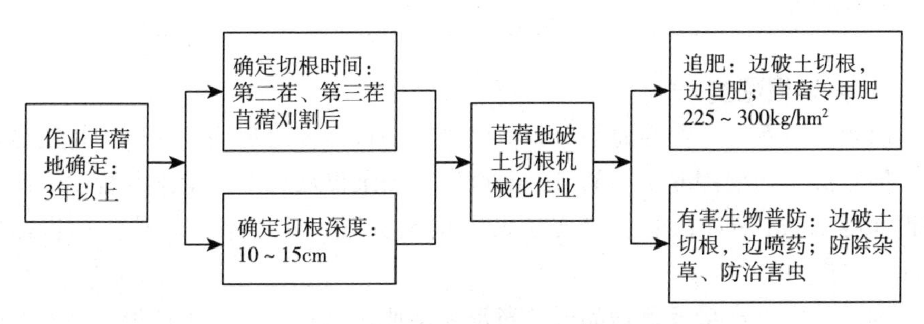

图 1　苜蓿切根追肥技术流程图

四、技术内容

（一）切根时间

由表 1 可看出，黄淮海平原区苜蓿破土切根时间以第二茬苜蓿刈割后最佳，其次为第三茬苜蓿刈割后；而第一茬苜蓿刈割后、最后一茬刈割后破土切根均较对照产量明显下降。从茎叶比指标来看，不同破土切根处理间茎叶比也表现了一定差异，基本上是合理的破土切根时间处理茎叶比均较对照有所下降，即合理的破土切根一定程度上提高了苜蓿草的营养品质。

表 1　苜蓿切根追肥处理对 7 年苜蓿地全年干草产量的影响（2014—2016 三年平均）

		茎叶比	平均株高（cm）	鲜干比	干草产量（kg/hm^2）	增产（%）
切根时间	第一茬刈割后	0.91	109.6	3.4	7 470	−11.10
	第二茬刈割后	0.83	118.9	3.7	11 358	35.17
	第三茬刈割后	0.87	114.0	3.6	10 795.5	28.47
	第四茬刈割后	0.95	103.9	3.6	6 178.5	−26.47

（续）

		茎叶比	平均株高（cm）	鲜干比	干草产量（kg/hm²）	增产（%）
切根深度（第二茬刈割后）	5cm	0.88	114.8	3.7	10 701	27.35
	10cm	0.83	117.9	3.7	11 052	31.52
	15cm	0.82	119.3	3.7	11 481	36.63
	20cm	0.84	118.1	3.7	10 657.5	26.83
CK		0.89	111.3	3.7	8 403	

（二）切根深度

由表 1 可看出，黄淮海平原区苜蓿破土切根深度处理均较对照产量明显增加，但以破土切根深度 10cm、15cm 最佳。如果仅从追求产量角度看，以破土切根深度 15cm 最佳；如果综合考虑产量及机械作业成本，以破土切根深度 10cm 最佳。

因此，综合产量及苜蓿品质，黄淮海平原区老苜蓿地破土切根的适宜时间为第二茬苜蓿刈割后和第三茬苜蓿刈割后，切根深度为 10～15cm。

（三）追肥

边破土切根，边追肥。一般以追施苜蓿专用肥为宜，每公顷追施量为 225～300kg；也可以追施磷钾复合肥，每公顷 150～225kg，同时每公顷补施 45～75kg 尿素。

（四）有害生物普防

苜蓿刈割后，杂草容易滋生，影响苜蓿再生与生长；同时害虫容易快速繁殖，对再生苜蓿带来严重为害，导致苜蓿再生困难、生产缓慢。

边破土切根，边喷药。在破土切根过程中，利用喷药装备实施除草剂、杀虫剂的喷施，达到对杂草与害虫的较有效普防。除草剂一般采用广谱性的除草剂，如豆草特、苜草净、普施特；杀虫剂一般选择低毒高效的广谱性化学药剂，如高效氯氰菊酯、高效溴氰菊酯等。

（五）破土切根追肥施药方式

采用专用机械，一般采用中小型破土切根机，机上同时安装有追肥装置、喷药装置。采用专用设备作业质量好、作业效率高。

五、成本效益分析

根据应用示范，7 年苜蓿地一次切根追肥复壮作业后，苜蓿干草产量持续 3 年可以维持在 10 500kg/hm² 左右。经与新播苜蓿比较，5～7 年的苜蓿地切根追肥一体化复壮技术经济效益显著（表2）。

表2 苜蓿地切根追肥一体化复壮技术经济效益比较分析

类型	耕种管理成本（元/hm^2）	3年干草总产量（kg/hm^2）	3年总产值（元/hm^2）	3年纯效益（元/hm^2）
新播苜蓿地（秋播）	3 510	36 150	43 380	39 870
5年苜蓿地复壮	2 565	35 850	43 020	40 455
6年苜蓿地复壮	2 325	35 400	42 480	40 155
7年苜蓿地复壮	2 115	35 100	42 120	40 005
8年苜蓿地复壮	1 965	31 350	37 620	35 655

注：所有苜蓿地施肥、灌溉、收割成本一样；此处只核算耕种、有害生物防治成本。复壮苜蓿地按照3年利用年限、新播苜蓿地按照5年利用年限核算。

六、注意事项

（1）本技术主要适用于5年以上的老苜蓿地，幼龄苜蓿地不宜采用。

（2）老苜蓿地破土切根时间很关键，一定选在水热条件好的季节进行，有利于根系再生和植株快速生长。

（3）破土切根深度不宜过浅，也不能过深，过深容易破坏主根，一般以10～15cm为宜。

（4）破土切根同时最好结合追施肥料和喷洒农药，实施杂草与虫害普防，以加速根系和植株快速再生和生长。

（谢楠、刘忠宽、冯伟、刘振宇、秦文利、智健飞）

饲用燕麦种植技术

一、技术概述

燕麦是一年生禾本科作物，主要种植区为华北、西北。燕麦饲用价值很高，是牲畜喜食的饲料。近年来，燕麦在牧区大量种植，成为枯草季节的重要饲料来源之一。也有饲草企业将燕麦草调制成干草捆或青贮提供给养殖企业或出口国外，效益良好。饲用燕麦可以和优质苜蓿、青贮玉米进行营养和成本上的互补，从而建立完善的粗饲料体系。我国干旱、半干旱地区属于生态环境脆弱地带，而燕麦在这些地区具有很强的适应力，发展燕麦饲草产业不仅有利于促进畜牧业发展，而且有利于解决地区生态环境问题。

二、适用范围

燕麦是长日照、喜冷凉植物，成株能耐受－4～－3℃低温，不耐高温，喜肥耐瘠，根系发达，吸水力强。我国燕麦栽培主要地区是内蒙古的阴山南北、山西省的太行山和吕梁山、河北省的阴山和燕山余脉，种植面积占全国的75%左右，青海省、陕西省、甘肃省、宁夏回族自治区的六盘山、贺兰山地区、四川省的大小凉山以及云南省、贵州省种植面积约全国的25%左右。

三、技术流程

饲用燕麦中种植技术包括选择中等肥力种植地，深耕、施肥后将处理过的种子适时播种，配备一系列精细的田间管理，壮苗、除草、灌溉水、追肥、病虫害等，在最佳收获期收割（图1）。

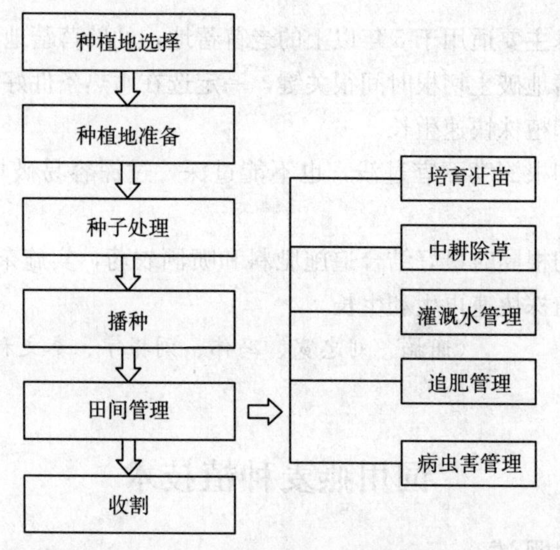

图1　饲用燕麦种植技术流程图

四、技术内容

（一）种植地选择

1. 土壤及肥力水平

60cm 土层中有效氮含量低于 80kg/hm^2 的中等肥力地块比较适宜种植燕麦。燕麦生长初期，过多的氮会导致纤维素和木质素积累增多，可溶性碳水化合物含量降低和纤维含量提高会导致牧草品质下降，植株太高容易发生倒伏。

因此，燕麦生长初期，不宜使用大量的氮肥。燕麦不宜连作，最好以大麦、豆类、胡麻、马铃薯或山药等为前茬作物。

2. 坡向

东西和南北坡向的不同，会导致燕麦成熟时间和遭受风灾时的损失程度不同。阳面接受更多的太阳辐射，作物成熟快。实际生产中，需要根据坡向选择不同的品种或调整收割时间。易于发生霜降和雨夹风的坡面，细菌性枯萎病会更严重，应该选择抗病性更强的品种。

3. 土壤酸碱度

燕麦对土壤的酸碱度适应性较广，在 pH 5.5～8.0 的土壤上均可生长良好，最低可耐的 pH 4.5。

4. 避免除草剂残留

降水量、土壤 pH 和土壤微生物活动都对除草剂的降解有影响。对于 pH 偏高的土壤，残留的磺酰脲类除草剂通常会对燕麦有毒害作用。小麦和油菜上使用的 B 族除草剂也对燕麦有影响。

（二）种植地准备

1. 深耕

整地应做到早、深、细，最好在前一年的秋天进行，形成松软、上虚下实的土壤条件。播种前耕深要超过 20cm，耙耱后清理干净各种污染物及作物残茬。

2. 基肥

施腐熟的农家肥 30 000kg/hm^2 左右，过磷酸钙 375～750kg/hm^2，氧化钾 37.5kg/hm^2。

（三）种子处理

用占种子重量 0.2%的拌种双或多菌灵拌种，可防防治燕麦丝黑穗病、锈病等。用甲拌磷原液 100～150g 加 3～4kg 水拌种 50kg，或用占种子重量 0.3%的乐果乳剂拌种，可防治燕麦黄矮病。地下害虫严重的地区，也可用辛硫磷拌种。农药种类的选择应严格按照农药管理的有关规定执行。

（四）播种

1. 播种期

北方燕麦一般在 3 月底到 5 月下旬播种，对于早熟品种最晚播期在 6 月下旬。根据降水情况，抢墒播种很关键。收割季节多雨的地区最好选择早熟品种，以提前收割，避开雨季。北方大麦复种燕麦应在 7 月上旬大麦收割后播种燕麦。

2. 播种量

燕麦播种量一般为 120～150kg/hm²，旱地的播种量可低一些。盐碱地种植燕麦，播种量应适当增加。

3. 行距

条播行距为 15～20cm，覆土深度为 3～5cm。土壤干旱时可适当深播，播后镇压以保墒。

4. 播种方向

播种时要考虑将来割草的方向，播种燕麦时可以采用转圈播、往复播或对角播。转圈播种最理想的刈割方向是与播种方向垂直；对角播种采用转圈刈割或是往复刈割，割草与播种方向呈 45°角。

（五）田间管理

1. 除杂草

苗后除杂草应在燕麦第二个茎节出现时喷除草剂，可用 72％的 2,4-D 丁酯乳油 900ml/hm² 或 75％的巨星干悬浮剂 15～30g/hm² 于无风、无雨、无露水的天气喷施。农药种类的选择应严格按照农药管理的有关规定执行。

2. 灌溉管理

灌水充足时，除苗期建议适当蹲苗促进根系发育外，最好保证燕麦的各个生长期不缺水。如果播种后只能灌溉一次，在燕麦孕穗早期进行灌溉产量最高。如果可以灌溉 2～3 次，最好安排在分蘖期、拔节期和抽穗早期进行。

（1）早浇分蘖水。应在 3～4 片叶时进行，此时燕麦植株进入分蘖期，决定燕麦的群体结构。在这一阶段燕麦需要大量水分，宜早浇，小水浇。

（2）晚浇拔节水。拔节期是燕麦生长的重要时期，水肥需要量较大。拔节水一定在燕麦植株的第二节开始生长时再浇，且要浅浇轻浇。如果浇水过早，燕麦植株的第一节就会生长过快，容易造成倒伏。

（3）浇好孕穗水。孕穗期也是燕麦大量需水的时期。此时燕麦底部茎秆脆嫩，顶部正在孕穗，如果浇水不当往往造成严重倒伏。因此必须将孕穗水提前到顶心叶时期，并要浅浇轻浇。燕麦抽穗后不建议进行灌溉，防止倒伏。

3. 追肥管理

由于燕麦生长快，生育期短，所以要及时结合灌水追肥。第一次追施氮肥应该在分蘖中期到第一个茎节出现，每公顷追施尿素 180～240kg，或硫酸铵、硝酸铵 112～115kg/hm²；第二次在孕穗期，施硫酸铵或硝酸铵 75kg/hm² 左右，并搭配少量的磷、钾肥。

4. 病虫害管理

燕麦草常见病虫害有锈病、坚黑穗病、蚜虫、黏虫、金针虫、土蝗等。

（1）农业防治。选用优良抗病品种的优质种子，实行轮作，加强土、肥、水管理。燕麦收获后及时清除前茬宿根和枝叶、病株、杂草，冬季深翻灭茬，减轻病虫基数。

（2）化学防治。

a. 蚜虫防治：孕穗抽穗期百株蚜量达500头以上时，每公顷用50%抗蚜威可湿性粉剂60～120g，兑水40～50kg均匀喷雾，残留期7d，可灭蚜虫。

b. 黏虫防治：用90%的敌百虫1 200倍液，或50%敌敌畏2 000倍液喷雾，750kg/hm² 药液。

c. 对地下害虫可用75%甲拌磷颗粒剂15～22.5kg/hm²，或用50%辛硫磷乳油3.75kg/hm² 配成毒土，均匀撒在地面，耕翻于土壤中防治。

农药种类的选择应严格按照农药管理的有关规定执行。

（3）生物防治。保护和利用田间害虫天敌或使用生物制剂防治虫害。

（六）收割

选择在无露水、晴朗的天气进行。

调制干草时，一般在乳熟至蜡熟期收割，留茬高度10cm左右，收割后需要翻晒2次，然后搂草、打捆。也可在拔节至开花期2次刈割作青饲料，第一次在株高50～60cm时刈割，留茬5～6cm，隔30～40d刈割第二次，不留茬。

调制青贮时一般在乳熟期至蜡熟期收获，如需用带有成熟籽的燕麦全株青贮，可在完熟初期收获。

五、成本效益分析

以乌兰察布市燕麦干草生产为例，每公顷的成本效益计算如表1：

表1　乌兰察布市饲用燕麦生产效益分析（干草）

土地及管理水平利润估算	成　本	产量	售价	纯收入
肥水较好的土地，管理投入中等，产量较高，干草质量较好。	租地费5 250元/hm² 种子费450元/hm² 耙地、播种费600元/hm² 肥料费700元/hm² 收割打捆费800元/hm² 水电费200元/hm² 人工费1 500元/hm² 病虫害防治350元/hm²	7 500kg/hm²	1 400元/t	650～1 000元/hm²

（续）

土地及管理水平 利润估算	成　本	产量	售价	纯收入
肥水较差的土地，管理投入较高，产量一般，干草质量一般。	租地费 3 000 元/hm² 种子费 525 元/hm² 耙地、播种费 800 元/hm² 肥料费 900 元/hm² 收割打捆费 800 元/hm² 水电费 300 元/hm² 人工费 1 500 元/hm² 病虫害防治 350 元/hm²	6 000kg/hm²	1 300 元/t	225～575 元/hm²

（黄晓宇）

披碱草栽培技术

一、技术概述

牧草是发展畜牧业的前提，是草食动物的主要饲料来源。在牧区，牧民基本上仍沿袭“逐草而居、靠天养畜”的传统生产方式，90％以上的饲草料来自天然草原。由于青藏高原 90％草地不同程度退化，生态功能减弱，生产力下降，牲畜长期处于“夏饱、秋肥、冬瘦、春死亡”的恶性循环。每年因饲草料缺乏造成牦牛掉膘死亡损失严重，草畜矛盾尖锐已成为严重制约青藏高原牧区草地畜牧业可持续发展的瓶颈问题。据报道开展人工种草，建立人工优质牧草和打贮草基地，不仅能显著提高草原生产力，而且通过加工优质草产品进行冬草贮备，保障牲畜饲草有效供给，可破解牧区日趋尖锐的草畜矛盾，有利于促进高寒草地生态恢复，保障青藏高原畜牧业可持续发展，还能显著增加农牧民的收入。

披碱草是禾本科披碱草属多年生草本植物，属旱中生牧草，特耐寒抗旱，在冬季－41℃的地区能安全越冬，是青藏高原高寒草地和高寒草甸的重要组成物种。披碱草是中等寿命的优良饲草，其营养成分较为丰富，在抽穗期干草中粗蛋白质含量 8.43％、粗脂肪 2.82％、粗纤维 36.82％、氨基酸的含量略低于羊草，调制好的干草颜色鲜绿、气味芳香，适口性好，可供牛、羊、马等家畜饲用。并且披碱草还具有较强的适应性、易栽培等特点，因此披碱草长期以来作为优质牧草被广泛栽培，在草地畜牧业生产和生态建设中发挥了重要的作用。

二、技术特点

（一）适用范围

披碱草栽培适宜在无灌溉条件下年降水量 400mm 以上，青藏高原东部海拔 3 800m 以下、西部海拔 4 200m 以下的河谷阶地、撂荒地、退化草地等。

（二）技术优势

披碱草人工草地因对地块进行了全面除杂、翻耕，再播种，并适时适量施肥、除杂等田间管理，投入了高的建植和管理成本，草地的生产能力显著，草产量达天然草地的 3～6 倍。

披碱草改良天然草地几乎不破坏原有天然植被，仅选择中轻度退化天然草地对表层进行松耙，再补播，围栏封育并适期适量追肥。改良后草地生产力较天然草地提高 2～3 倍。

三、技术流程

披碱草的栽培技术主要有选择栽培地、除杂施肥等整地后适时播种、进行除杂、施肥、灌溉、病虫害防治等田间管理、收获利用等方面（图 1）。

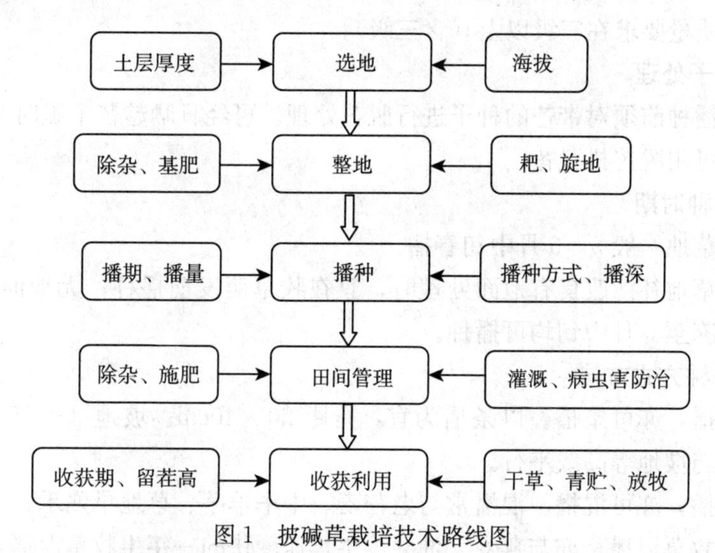

图 1　披碱草栽培技术路线图

四、技术内容

（一）选地与整地

1. 地块选择

（1）人工草地。选择地势较高，相对平坦开阔、土层厚度 30cm 以上、肥力中等、相对集中成片、交通方便的重度退化草地、撂荒地或其他宜翻耕作业的草地。

（2）改良天然草地。选择地势较平坦开阔、植被覆盖度低于60%的中轻度退化草地。

2. 整地

（1）人工草地。土地翻耕前，清除地面的石块等杂物，宜在秋季深翻25cm左右。翌年杂草返青后全面喷洒草甘膦等灭生性除草剂，当所有植株脱水枯黄后，用重耙耙耱。同时视土壤肥力情况，施腐熟牛羊粪15 000～30 000kg/hm^{2}或氮磷钾复合肥150～225kg/hm^{2}作基肥，然后用旋耕机把土壤耙细、耙平。

（2）改良天然草地。播种前半个月，选择晴朗天气对毒害草较多区域喷洒高效、低毒、低残留的阔叶除草剂（如阔极，2,4－D丁酯），有针对性地清除草地中的毒害草或人工挖除毒害草，再用钉耙或重耙划破表土层5～10cm；或者采用免耕播种机的开沟器在播种时直接疏松播种层土壤。

（二）播种

1. 选种

种子质量要求在三级以上（含三级）。

2. 种子处理

机械播种前须对带芒的种子进行脱芒处理。可经日晒趁芒干脆时及时碾压断芒，也可用脱芒机脱芒。

3. 播种时期

人工草地一般5—6月中旬春播。

天然草地补播改良有地面处理时，宜在牧草萌发前播种；无地面处理时，从土壤解冻至6月中旬均可播种。

4. 播种方式方法

可撒播，亦可条播。以条播为宜，行距20～40cm。坡地（<25°）条播，其行向应与坡地等高线平行。

多单播，亦可混播。混播常与老芒麦、中华羊茅、草地早熟禾、紫花苜蓿等多年生牧草混播；亦与燕麦、油菜等生长速度快的一年生牧草混播，以提高草地播种当年的牧草产量。

5. 播种量

按种子用价100%计，人工草地条播22.5～30kg/hm^2、撒播30～37.5kg/hm^2。天然草地补播，视补播地段的具体情况而定，一般不少于其人工草场的单播量。用燕麦、油菜保护播种时，燕麦、油菜的播种量是其单播的

20%～30%。与老芒麦、中华羊茅、草地早熟禾、紫花苜蓿混播时，披碱草的播量不低于其单播量的60%～70%。大面积撒播应以10～20亩为单元分区划片播种；要求播种量与播种面积对应一致，以控制播种的均匀度。播种后要做出苗检测，缺苗或漏播地段应及时补播。

6. 播种深度

播后覆土1～2cm。有条件时宜适当镇压。

（三）田间管理

1. 草地围栏建设

在地块选择后或播种后，使用水泥桩刺丝网围栏或菱形网围栏，进行围栏建设，以免牛羊践踏处于生长期的牧草。

2. 杂草防除

披碱草播种当年，幼苗生长缓慢，易受杂草危害。三叶期后若阔叶杂草严重，应选用高效、低毒、低残留的化学除莠剂（如2,4－D丁酯乳油或阔极）人工除草1～2次。披碱草和豆科的混播草地宜人工拔除毒杂草。栽培第四、五年的草地草丛密集，根系絮结，可在早春用轻耙松土，改进土壤通透性，增强牧草生机。

3. 施肥

披碱草对水肥反应敏感，产量高峰期过后，应结合松耙追施有机肥15 000～22 500kg/hm^{2}或分蘖—拔节期除杂后，追施尿素5～8kg/hm^2。牧草刈割后追施氮磷钾复合肥3～5kg/hm^2。利用五、六年的草地可延迟割草，采用自然落粒更新复壮草丛，也可人工播种达到更新的目的。

4. 灌溉

在降水量低于400mm的地方，最好适当灌溉。披碱草全生育期总耗水量需要5 700～7 200m^3/hm^2。其中返青—分蘖期、分蘖—拔节期、拔节—抽穗期、抽穗—开花期、开花—成熟期需水量分别占总需水量的11.8%、24.4%、25.4%、26.3%、12.1%。

5. 病虫害防治

若发现锈病、白粉病等病害和黏虫等虫害宜立即刈割，或选用国家允许的高效、低毒、低残留药物防治。

（四）收获与利用

播种的当年可以在冬季土壤封冻后，有控制地轻度放牧。晚秋与早春严禁放牧，以免因牲畜贪青啃食造成破坏。

播种第二年后，人工草地牧草一般于盛花期留茬5～6cm刈割，晾晒成青干草或调制成青贮料贮藏，用于冬季补饲；刈后再生草放牧利用。改良天然草地于盛花期留茬 5～6cm 刈割调制成草产品冬季补饲，或待牧草长至 15～20cm 时直接放牧利用，高度下降到 5cm 时停止放牧。

五、成本效益分析

（一）人工草地

1. 成本 340～530 元/亩

土地整治：120～200 元/亩，包括播前除杂、耕耙施肥。

种植：40～60 元/亩，包括草种、播种等费用。

田间管理：100～150 元/亩，包括除杂、施肥等。

收获：80～120 元/亩，包括割草、翻晒、搂草、打捆、运输等。

2. 收益

收获青干草：300～480kg/亩×单价 1 800 元/kg=540～864 元/亩。

3. 利润 200～334 元/亩

在不考虑土地成本，并且有耙、耕、播管收等全套农机设备条件下，建植披碱草人工草地可获利 200～334 元/亩。

（二）改良草地

1. 成本 235 元/亩

土地整治：50 元/亩，包括播前除杂、耙地；

种植：35 元/亩，包括草种、播种等费用；

田间管理：50 元/亩，包括除杂、施肥等；

收获：100 元/亩，包括割草、翻晒、搂草、打捆、运输等。

2. 收益

收获青干草：200～250kg/亩×单价 1 600 元/kg=320～400 元/亩。

3. 利润 85～165 元/亩

在不考虑土地成本，并且有耙、耕、播管收等全套农机设备，用披碱草改良草地可获利 85～165 元/亩。

六、注意事项

披碱草具有较长的芒，播种尤其是机械播种前最好脱芒处理，否则种子的流动性差，难以播均匀。在牧草生长期内注意防止牲畜践踏和采食。

（游明鸿）

盐碱旱地浅层微咸水苜蓿安全补灌技术

一、技术概述

黄淮海苜蓿几乎全部为旱作，春季干旱和淡水资源短缺成为限制本区域苜蓿生产的至关因素。黄淮海地区浅层微咸水资源非常丰富，矿化度一般在2.0～9.0g/L，合理开发利用丰富的浅层微咸水，进行春季干旱期苜蓿安全补灌，可以显著提高苜蓿草产量、改善苜蓿草品质，对保证苜蓿丰产稳产具有重要意义。

二、技术特点

本技术主要适用于河北省、天津市、山东省、辽宁省、河南省等黄淮海地区的滨海盐碱区。与对照（不进行任何补灌）比较，采用 2.5～4.0g/L 微咸水进行春季一次补灌，苜蓿全年干草产量平均提高 22.1%～33.8%；苜蓿干草品质也有明显改善，其中粗蛋白质含量平均提高 8.3%～10.7%；平均纯增收 4 500～6 750元/hm^2。本技术应用需要配置浅井及灌溉设施，要有一定的前期投入。

三、技术流程

采用的补灌水微咸水矿化度低于 5.5g/L，补灌量为 1 200～1 800m^3/hm^2，每年补灌次数 1～2 次，1 次最佳。采取畦灌或管灌的方式进行，补灌苜蓿地第一茬刈割后进行中耕处理，同时补灌苜蓿地最后一茬刈割后追施有机肥既可改善土壤理化性状、增强土壤肥力、降低盐分危害又有利于越冬（图 1）。

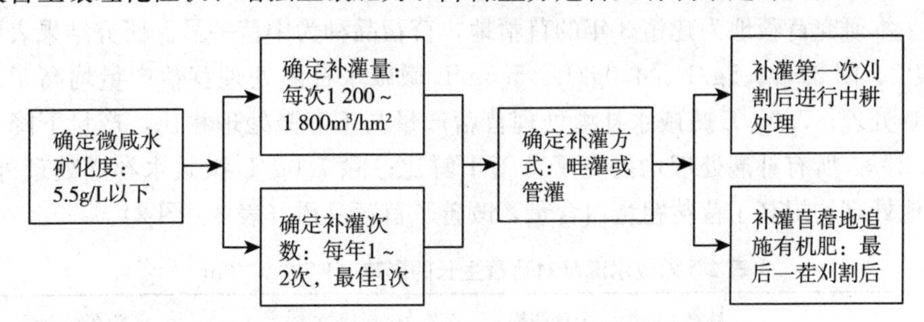

图 1 盐碱旱地浅层微咸水苜蓿安全补灌技术路线

四、技术内容

（一）微咸水矿化度的确定

为保证微咸水补灌对苜蓿及土壤质量的安全，补灌采用的微咸水矿化度要低于 5.5g/L。

1. 微咸水灌溉对当季土壤盐分的影响

微咸水补灌后，6 月 10 日耕层土壤盐分除不灌溉和 2.5g/L 微咸水补灌处理外，其他处理都显著增加（$P<0.05$），特别是 7.0g/L 微咸水灌溉处理，土壤耕层盐分增加到 5.51g/kg，与对照相比增加了近 1.49 倍；1m 土体土壤盐分各处理都有所增加，特别是 7.0g/L 微咸水灌溉的处理尤为明显（$P<0.05$）（表 1）。

表 1 微咸水灌溉前后土壤盐分含量变化

单位：g/kg

处理（1 500m^3/hm^2）	0～20cm 土层			0～100cm 土层		
	3 月 20 日	6 月 10 日	10 月 10 日	3 月 20 日	6 月 10 日	10 月 10 日
2.5g/L 微咸水	2.11	2.20	1.35	1.05	1.25	0.79
4.0g/L 微咸水	2.20	2.80	1.46	1.12	1.46	0.88
5.5g/L 微咸水	2.32	3.24	1.70	1.19	1.56	0.93
7.0g/L 微咸水	2.28	5.51	2.24	1.13	2.08	1.32
不灌溉（CK）	2.23	2.21	1.40	1.17	1.23	0.77

2. 微咸水灌溉对周年土壤盐分平衡的影响

从表 1 可看出，除 7.0g/L 微咸水灌溉处理外，秋季（10 月 10 日）其他各处理耕层和 1m 土体土壤盐分都降低到 2g/kg 和 1g/kg 以下，大都在 0.8～1.7g/kg 范围，完全消除了盐分危害，充分说明经过 7、8、9 月的雨季自然降水，能有效淋洗土壤盐分，保证了微咸水补灌后周年土壤盐分的安全平衡。

3. 微咸水灌溉对苜蓿生长的影响

本研究苜蓿地为建植 3 年的苜蓿地，苜蓿品种为中苜一号。研究结果表明（表 2、图 2），2.5g/L、4.0g/L、5.5g/L 微咸水补灌处理苜蓿产量均高于不灌溉处理；7.0g/L 微咸水补灌处理苜蓿产量与不灌溉处理相比，产量下降达 25.2%。所有补灌处理均提高了苜蓿干鲜比；除 7.0g/L 微咸水补灌处理外，其他处理均提高了苜蓿粗蛋白含量，改善了苜蓿品质（表 2、图 2）。

表 2 微咸水灌溉对苜蓿生长的影响（1 500m^3/hm^2）

处理	株高（cm）	干草产量（kg/hm^2）	茎叶比	干鲜比	粗蛋白含量（%）
2.5g/L	70.8	1 322.5	1.01	0.25	22.8
4.0g/L	67.2	1 206.7	1.04	0.25	22.3
5.5g/L	64.9	1 153.8	1.09	0.26	21.5
7.0g/L	50.8	745.9	1.20	0.27	20.3
对照	59.6b	988.7	1.16	0.24	20.6

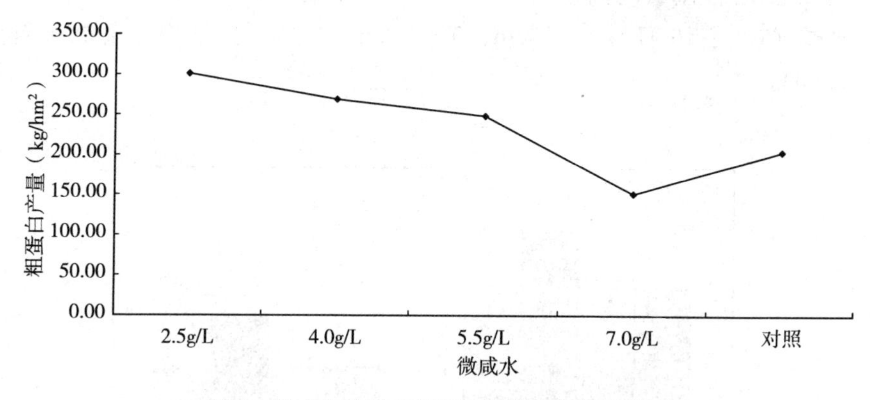

图 2 微咸水补灌对苜蓿地粗蛋白产量的影响

（二）微咸水补灌量

为保障微咸水中的盐离子充分下渗到耕层以下，同时也避免田间产生积水，一般每公顷每次灌溉量在 1 200～1 800m^3/hm^2 为宜。

表 3 研究显示，采用 4g/L 微咸水进行补灌（3 月 20 日），耕层土壤含盐量整体上随着补灌量增加而呈降低趋势，其中补灌量 1 200～2 100m^3/hm^2 各处理耕层土壤含盐量均低于对照，但 2 100m^3/hm^2 补灌量处理农田产生积水问题。因此，微咸水补灌一般每公顷每次灌溉量在 1 200～1 800m^3/hm^2 为宜。

表 3 微咸水补灌量对土壤耕层盐分及农田积水的影响（4g/L）

处 理	0～20cm 土壤含盐量（%）	农田积水情况
	3 月 25 日	3 月 20 日
900m^3/hm^2	2.30	无积水
1 200m^3/hm^2	2.23	无积水
1 500m^3/hm^2	2.21	无积水
1 800m^3/hm^2	2.13	无积水
2 100m^3/hm^2	2.19	局部少量积水
对照（不补灌）	2.24	无积水

（三）补灌次数

微咸水补灌主要在春季干旱期进行，一般每年以 1 次补灌较好，最多不超过 2 次，以免给土壤带来盐分过度积累。

图 3 研究结果显示，全年补灌 1～2 次，秋季（10 月 10 日）0～20cm、

0～100cm 土壤含盐量均高于对照，但差异不显著（$P>0.05$）；全年补灌 3 次，秋季（10 月 10 日）0～20cm、0～100cm 土壤含盐量均显著高于对照（$P<0.05$）。

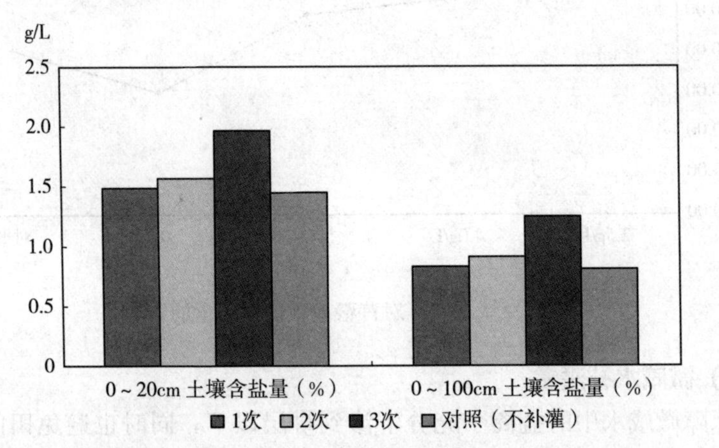

图 3　不同微咸水补灌次数对土壤含盐量的影响（4g/L，1 500m³/hm²）

（四）补灌方式

微咸水含有丰富的矿物离子，为避免对滴灌、喷灌设备的腐蚀及堵塞，微咸水补灌一般以畦灌或管灌为宜。

（五）微咸水补灌地中耕处理

进行微咸水补灌的苜蓿地，在刈割完第一茬苜蓿后，应采用中耕机械进行一次中耕，既达到疏松土壤、保墒、减少盐分上移，又可以实现中耕灭草的作用。

（六）微咸水补灌地增施有机肥

进行微咸水补灌的苜蓿地，每年最好追施一次腐熟的有机肥，其中以最后一茬刈割后追施为好，既可以改善土壤理化性状、增强土壤肥力、降低盐分危害，又可以增强苜蓿越冬能力，一般每公顷追施 15 000～22 500kg。

五、注意事项

（1）浅层微咸水补灌次数不宜过多，一般控制在 2 次以内。

（2）浅层微咸水每次灌溉量不宜过小，以免造成盐分在耕层积累，一般每亩每次灌溉量不低于 1 200m³/hm²。

（秦文利、刘忠宽、冯伟、刘振宇、谢楠、智健飞）

草坪建植基本技术

一、技术概述

草坪建植是建造和种植草坪的过程。草坪建造包括草坪建植设计、规划和造型。草坪种植包括草坪播种材料、播种方法和前期的养护。利用人工的方法建立起草坪地被的综合技术，简称“建坪”。在草坪开始建植前，最好进行实地考察、准确测量，根据草坪用途、当地的自然环境条件、土壤状况、降水量等因素进行设计，对专业性较强的部分的设计最好请专业人员，如排灌系统，并且估量种子、草皮或栽植材料所需的数量多少，确定最佳的建坪时期。

普通绿地草坪建植通常包括场地（坪床）的准备、草坪草种的选择、建植过程和建植后的养护管理四个主要环节。对专业性较强的草坪还需要进行草坪的规划设计，如高尔夫球场草坪、运动场草坪等，而一般普通绿化草坪根据情况而定。

草坪的建植技术是伴随草坪业的发展而发展的，我国草坪建植技术有了长足的进步，已从移栽为主的单一建植方法，发展成为各种建植方法并举的新局面。种子直播、草皮移植、喷播或植生带建植等方法已广泛应用于草坪的建植中，草坪建植材料的更新与生产以及建植方法的多样化为草坪产业的发展奠定了很好的基础。目前，我国很多城市郊区已建成大规模的草皮生产基地，草坪植生带、草茎生产已经规模化、批量化。基础条件的改善和技术的突破，显示了我国草坪建植技术的成熟。

二、技术流程

本技术的一般流程为：场地与坪床准备、草坪草种（品种）的选择、播种与建植、新坪的养护（图 1）。

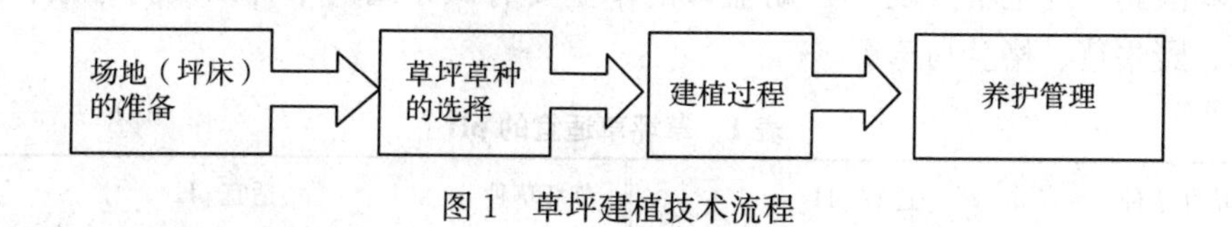

图 1　草坪建植技术流程

三、技术内容

（一）坪床的准备

坪床是用于建植草坪的基质层面，高质量的坪床才能为草坪草生长提供必需的良好生长条件。无论何种情况，建坪的成败在很大程度上取决于坪床准备的质量，坪床的准备一般包括以下步骤和技术环节（图 2）。

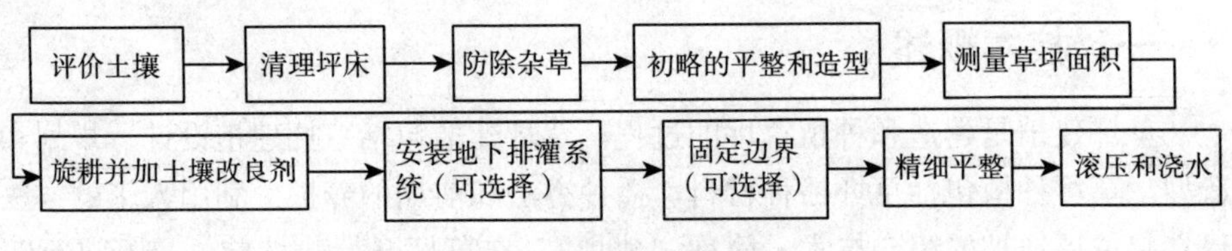

图 2　坪床准备技术流程

（二）草坪草种的选择

选择草种应考虑对草坪质量的要求和可提供的养护水平。密度、质地、色泽是审美考虑的基本项目。但最重要的是要考虑所选择的草种要适应当地的环境条件。要根据所处的地理环境、土壤条件、使用目的、草坪草的特性及资金等条件来选择。草种的选择是建植成功的关键。不同的生态条件下适应草种不同。

1. 气候因素

气候因素是影响草种建植成功的关键因素之一，如气候因素中夏季最高气温、气温超过 32℃的天数、冬季最低温度、无霜期、夏季相对湿度、年均降水量等都是重要的影响因子。冷季型草坪草抗寒而不耐热，而暖季型草坪草抗热而不抗寒，所以温度是限制因子。根据温度不同选择相应的草种或品种。土壤的质地、结构、酸碱度及土壤肥力也是草坪草选择的主要影响因子，如盐碱地或含盐碱水灌溉地区，应选用海滨雀稗、碱茅等耐盐碱草种。

2. 土壤因素

草坪草的选择要根据土壤的质地、结构、酸碱度及土壤肥力来选择。草坪草在质地疏松，团粒结构的土壤上生长最好，黏性土壤中生长不良。土壤孔隙为 25%，对草坪草有利。土壤酸碱度对草坪草的影响很大，大多数草坪草适宜弱酸到中性土壤（表 1）。耐盐碱的草主要有碱茅属的草种以及狗牙根、冰草、野牛草、格兰马草等。

表 1　草坪草适宜的 pH

草坪草种	适宜 pH	草坪草种	适宜 pH
普通狗牙根	5.7～7.0	一年生早熟禾	5.5～6.5
改良狗牙根	5.7～7.0	草地早熟禾	6.0～7.0
巴哈雀稗	6.5～7.5	普通早熟禾	6.0～7.0
野牛草	6.0～7.5	加拿大早熟禾	5.5～6.5

（续）

草坪草种	适宜 pH	草坪草种	适宜 pH
地毯草	5.0～6.0	一年生黑麦草	6.0～7.0
假俭草	4.5～5.5	多年生黑麦草	6.0～7.0
结缕草	5.5～7.5	细羊茅	5.5～6.8
沟叶结缕草	5.5～7.5	苇状羊茅	5.5～7.0
钝叶草	6.5～7.5	细弱翦股颖	5.5～6.5
格兰马草	6.5～8.5	匍匐翦股颖	5.5～6.5
冰草	6.0～8.0	绒毛翦股颖	5.0～6.0
猫尾草	6.0～7.0	无芒雀麦	6.0～7.5
海滨雀稗	3.6～10.2	碱茅	6.5～8.5

（三）建植方法

方法的选择应根据建坪时间、成本投入、草种特性、建植场地等而定。通常种子繁殖的方法成本低，建坪时间长；营养繁殖成本高，建坪时间快。草坪的建植（即建坪）方法包括：种子繁殖法、营养繁殖法、植生带铺植法、喷播法等。冷季型草坪草种子易获得，多采用种子繁殖方法；而暖季型草坪草种子不易获得，多采用营养繁殖方法。

1. 种子直播

种子繁殖方法主要是种子直播法，种子直播是用草籽直接播种建植草坪的方法。种子植生带和种子喷播也是种子繁殖的一种特殊技术。

（1）播种期的确定。冷季型草坪草发芽温度为 10～30℃，最适发芽温度为 20～25℃。所以冷季型草坪草适宜播种期为春季、夏末与秋季。但以夏末与初秋季最佳（在北京地区为从 8 月末至 9 月末），此时气温适宜，杂草发生相对少，对种子发芽和幼苗生长是有利的；春季播种气温比夏末低，生长发育相对要慢，杂草发生严重，而且春季风多，易干旱，土壤易板结，所以春季播种要注意加强防除杂草和经常灌溉，确保抓苗。播种最不适宜的时期是仲夏，此时气温高，最不适宜冷季型草坪草的生长，草坪草易感病虫害。北方冬季一般 0℃以下，不能播种。

暖季型草坪草发芽温度相对较高，一般为 20～35℃，最适温度为 25～30℃。所以暖季型草坪草一般在春末或夏初（6—8 月）播种最适宜。在夏末或秋季（除南方外），由于温度太低，不利于种子发芽。

种子能够发芽至最终成坪决定于多种因素，如：水分、草种、发芽率、最初生长率、每日的温度等。一般草坪草 4～30d 发芽，平均 14～21d。见表 2

主要草坪草发芽所需的天数，随后大约需 6～10 周成坪（表 2）。

表 2　主要草坪草发芽所需的天数（15～25℃）

草坪草种	发芽所需天数（d）	草坪草种	发芽所需天数（d）
匍匐翦股颖	4～12	普通狗牙根	10～30
草地早熟禾	14～28	野牛草	14～30
普通早熟禾	10～20	假俭草	14～20
加拿大早熟禾	10～28	格兰马草	15～30
苇状羊茅	7～14	巴哈雀稗	21～28
细羊茅	7～21	百脉根	5～12
多年生黑麦草	7～14	小冠花	7～14
一年生黑麦草	7～14	白三叶	5
小糠草	7～10		

（2）播种量的确定。播种量取决于各种因素，如种子纯净度、种子的大小、种子发芽率、种子特性、草坪的使用目的、环境条件、是否混播等。

种子的纯净度是种子的有效成分，当然是确定播量的首选因素。种子的大小相差很大，野牛草种子最大，每克只有 100 粒左右；绒毛翦股颖种子最小，每克约有 26 000 粒。表 3 列出主要草坪草种每克粒数与播种量（表 3）。

表 3　草坪草种子克粒数与单播播种量

草坪草种	克粒数（粒/g）	播种量（g/m^2）
高羊茅	500	25～35
草地羊茅	500	25～35
匍匐紫羊茅	1 203	17～20
羊茅	1 167	17～20
草地早熟禾	4 795	8～10
普通早熟禾	5 595	8～10
加拿大早熟禾	5 496	8～10
多年生黑麦草	500	30～40
一年生黑麦草	500	30～40
匍匐翦股颖	17 532	5～7
绒毛翦股颖	25 991	4～6
细弱翦股颖	19 214	7～7
小糠草	10 991	6～8

（续）

草坪草种	克粒数（粒/g）	播种量（g/m²）
猫尾草	2 498	4.9～9.8
冰草	714	18～20
碱茅	1 754	25～35
无芒雀麦	250	18～22
狗牙根	3 936	5.0～7.3
野牛草	110	25～30
格兰马草	1 978	7.3～12.2
结缕草	3 015	8～12
地毯草	2 474	10～12
巴哈雀稗	365	29～39
假俭草	900	18～20
白三叶	1 429～2 000	3～4.5
小冠花	19	15
百脉根	814	8～10

草坪的使用目的也决定播种量，一般运动场草坪播量是普通草坪播量的2～3倍。土壤条件恶劣或播期不适宜均应加大播量，以保证苗的整齐度。

总之，要根据实际情况，采用适宜的播量，播量太大，造成浪费，过小，降低成坪的速度，增加管理难度。从理论上讲，每 1cm² 有一株存活苗就行，也就是每平方米要有 1 万株存活苗。播种量的确定的最终标准，是以足够数量的活种子确保单位面积上的额定株数，即 1 万～2 万株/m² 的幼苗。种子即使发芽出苗，苗期还有 20%～50%或高于 50%的苗死亡。因此，实际有效的种子数/g=每克粒数×种子纯净度×种子发芽率×(80%～50%)。

播种量的计算公式为：

$$\text{实际播种量}(\%)=\frac{\text{理论播种量}\times(\text{种子纯净度}\times\text{种子发芽率})}{\text{播种面积}}\times 100\%$$

（3）播种深度。结缕草与狗牙根和其他不敏感的种子，直接播种在地表，很少埋入土中，大多数草坪草种子需要均匀掺和在 1.5～4mm 土壤中，大些种子可以忍受更深些厚土，播种过深，由于草坪草种子小，很难出苗。在干旱地区没有灌溉条件，种子播种深度较常规灌溉地区播种深度深。

（4）播种。当坪床准备好，草种选定后，就能计算草种的用量，然后播种。播种方法有人工播种和专门的机械播种。小面积可用手撒播或利用人工手摇播种机播种，大面积必须用专门播种机播种。用手播种不如机械播种均匀，为了手播均匀些，可在坪床上划分成若干等面积的块（$1m^2$）或条（每 2～3m 为一条），把种子按划分的块数分开，再在每一块上进行手撒播。不论是手播还是机播，在播后都要轻轻地耙平，使种子与表土均匀掺和，然后再用轻碾压一遍，以确保种子与土壤接触。

（5）喷播。喷播法是近几年来出现的方法，主要用于面积特别大或斜坡草坪的种植。所谓喷播技术是以水为载体，将经过技术处理的植物种子、纤维覆盖物、黏合剂、保水剂及植物生长所需的营养物质，经过喷播机混合、搅拌并喷洒到所需种植的地方，从而形成初级生态植被的绿化技术。喷播的优点：①播种后能很好地保护种子与土壤接触，比常规播种成坪快。②在坡地不易施工的地方也能播种，同时可抗风、抗雨、抗水冲。③播种均匀，节省种子。④效率高，播种的同时，肥料、保水剂、浇水等一次成功且均匀。

喷播的主要配料，一般包括草坪草种子、水、肥料、覆盖物（纤维材料）、其他添加剂（黏合剂、染色剂、保水剂、松土剂、活性钙、生长激素，微生物和有益细菌等），根据情况的不同也有另加其他材料。水是作为主要溶剂，把纤维、草籽、肥料、黏合剂等均匀混合在一起。覆盖物主要是纤维材料，纤维在水和动力作用下形成均匀的悬浮液体，喷后能均匀地覆盖地表，具有包裹和固定种子、吸水保湿、提高种子发芽率及防止冲刷的作用。这种纤维覆盖物是用木材、废弃报纸、纸制品、稻草、麦秸等为原料，经过热磨、干燥等物理的加工方法加工成絮状纤维，纤维覆盖物一般在平地少用坡地多用，纤维用量为 $60～120g/m^2$。其他添加剂主要包括黏合剂、染色剂、保水剂等。黏合剂是以高质量的自然胶、高分子聚合物等配方组成，水溶性好，并能形成胶状水混浆液，具有较强的黏合力、持水性和通透性，平地少用或不用，坡地多用，黏土少用，沙地多用。一般用量占纤维重的 3%左右。为了提高润滑性和黏合力还需加入一定量的纤维素物质。染色剂使水和纤维着色，用以指示界限和提示人们，染色剂一般采用绿色，使覆盖物染成绿色，喷播后很容易检查是否漏播。保水剂为一种无毒、无害、无污染的水溶性高分子聚合物，具有强烈的保水性能。湿润地方少放或不放，干旱地方用量多些，有利于草种发芽生长的前期土壤 pH 平衡。

2. 移植与营养繁殖

包括草皮移植、塞植、栽植、匍匐茎植等方法。草皮植生带和匍茎喷播也是营养繁殖的一种特殊技术。其中除草皮移植外，其余几种方法只适于具有匍匐茎和根状茎的草坪草种。

（1）草皮移植。草皮移植方法优于种子播种法表现在：草皮移植不受时间的限制，它能在一年的任何有效时间内，提供“速成”草坪，而用播种法需养护一年方可形成一种同样密度的草坪，并可消除铺植地上杂草的竞争。在陡坡上，由于土壤侵蚀，用种子很难建植却可采用草皮移植法。理想的草皮移植时间是冷季型草坪草在夏末、秋初和春初；暖季型草坪草在春末、初夏。传统的销售的草皮幅宽 30～60cm，大型草皮卷可达 1～1.2m，草皮卷一般采用机械收获和铺植，应用于大面积铺植草坪的地方，如高尔夫球场的球道、运动场、道路中线等处。

草皮移植的步骤如下：

①草皮的选择。首先要选择适合当地环境、土壤条件、草种和品种组合适宜的草皮；其次要选择高质量的草皮，即质地均一、稠密、无病虫害和杂草。

②场地的准备。参照坪床准备。但要注意，最后精细整地的高度要比所需的高度低 1.3cm，因为草皮有一定的厚度，这样可保证铺后的草皮能和喷灌系统等的水平适宜。在土壤准备中若已施肥，在铺后的 6 周就不用再施肥，否则就得施含高磷的肥料，利于草皮生根。在草皮移植前要灌水，使土壤湿润。

③铺植。草皮收获后必须在 24～48h 内铺上，若堆放时间太长会伤害草皮，如果在购买后不能立即铺植，则必须放置在凉爽处，并保持湿润。铺植分人工与机械铺植两种，无论是选择人工还是机械方法铺植，最好选择以最长的直边作始端开始铺植，人工铺植操作时，操作人员站在新草皮移植上，或在草皮上放一个长条木板，站在木板上操作。如果站在未铺的一边会使坪床不平而使新铺设草皮的根系无法与坪床土壤充分接触，导致铺设不成功。铺植有密铺法、间铺法和条铺法。密铺法是切取草皮宽 25～30cm，草皮长不宜超过 2cm，或 30cm×30cm 的方块，厚 2～3cm，力求均匀一致，用铲子或铲草机铲下。长条状的草皮可卷起绑扎，以利于装车运输。铺后的草皮缝处留有 1～2cm 的间距。铺后用 0.5～1.0t 的滚压平。铺植后应即刻浇水，确保不缺水，检查草皮角下的土壤是否水湿透至土壤。一般铺植后 2～3d 后需要修剪，修剪必需使用刀片锋利的修剪机，若修剪机刀片不锋利，会将新铺草坪连根拔起。修剪应遵循 1/3 原则，或大于 1/3。

（2）塞植。塞植是用草塞建植草坪的方法。也就是先在备草区取得小柱状草皮，后移植在所需区域的一种建植方法，多用于修补被破坏的草坪。塞植一般适用于暖季型草坪草，如野牛草、结缕草、假俭草、钝叶草。塞植的关键是在塞植材料到来前准备好土壤，并尽快栽上。虽然其自身带土，但会迅速干燥，若不能马上栽，要覆盖塑料等来保持湿润，且避免阳光直晒。塞植成坪的速度与塞的大小、塞间距以及草种相关。野牛草、美洲雀稗和狗牙根扩展的较快，而钝叶草、假俭草和日本结缕草则较慢，细叶结缕草更慢。质地粗的草坪草如钝叶草和假俭草需要大塞（≥10cm），否则塞中含植株数太少繁殖慢。

①塞植前的准备。在塞植材料到来之前，先用钢的塞植刀（或移植铲或小铲子）挖穴，穴的大小通常要比塞植材料本身的直径大 5cm、比其深 2.5cm，穴之间间隔一般 15～30cm，穴间的距离要根据草坪草种类和塞植材料的大小而定。如杂交狗牙根直径 5cm 的塞，间距 30.5cm；假俭草直径 5cm 的塞，间距 15cm；钝叶草 7.6～10cm 的塞，间距 30.5cm；结缕草 5cm 的塞，间隔 15cm；野牛草直径 10cm 的塞，间隔 91～122cm。

②塞植及管理。当塞植材料到来后，使土壤轻微湿润，把塞植材料塞入穴中，固定周围的土壤，使植物的冠（叶片集中于土壤线）与土地水平。然后滚压和浇水，根据气候降水情况，一般头两周每天浇一次，以后可以每隔一天浇一次水，持续一个月或直到生根并与土壤牢固地紧密结合起来。如果用手很难把塞拔起，表明塞已生根并与土壤牢固结合了。

当草塞已经建立好，就应开始修剪，刺激匍匐茎的生长，使草坪草更快地扩展。一般每 6～8 周施肥一次，直到整个种植面积全部铺满。草塞种植的越近，覆盖整个草坪的速度就越快。塞植是最慢的一种建坪方法。结缕草是靠塞植繁殖的主要草种，草塞之间的裸地大约需要二年才能完全长满。

若由于塞植、灌溉、大雨等因素使土壤冲刷，产生不平的草坪，可加一些覆土，使草坪水平。此法适宜高尔夫球场、运动场及普通绿化，球场与运动场地常用。

（3）匍匐茎繁殖。匍匐茎栽植法是一种快速营养繁殖方法，建植好比其他方法可以节省一半时间，管理不好也会使匍匐茎死亡。这种方法多用于具有匍匐茎与根状茎的暖季型草坪草，如狗牙根、结缕草、钝叶草和假俭草。购买或生产出的匍匐茎应立即铺设，以免缺水干燥而死。播种量 5～15g/m^2，狗牙根匍匐茎或根状茎用量 0.186kg/m^2。

①将匍匐茎或整个植株分成单株或 2～4 株为一组，条状栽植在沟内，间距 15～30cm，沟深 5～8cm。

②把匍匐茎以一定的间隔放在土壤上，压下根茎使其与土壤牢固结合。

③把根茎撒播在土壤上，覆土并用轻磙轻轻地磙压。

不论采用哪种方法，都应保持根茎的湿润，根据土壤类型、阳光、水、草种的类型等，根茎若铺满整个场地，一般需要 2 月至 2 年。

（4）植生带法。草坪植生带是以特定的工厂化机械生产工艺将草坪草种子或草茎与添加物按一定的密度比例和排列方式均匀固定在两层载体间所制成的草坪建植材料。植生带包括草皮植生带和种子植生带（即种子带）两种。草皮

植生带是在塑料薄膜上铺一层厚 2～3cm 的培养土，然后在其上撒一层草根茎，经过 3～4 个月的培养，即形成一块新草皮。这种方法在我国广东沿海地区广泛应用。优点是运输方便，使用时切成块叠起或成捆运到工地。在生产上不占用土地，成本低，铺植的草坪也很容易压平。

草坪种子植生带法在我国北方广泛应用，生产上已经工厂化，建坪快，4～7d萌发，1 个月形成草坪。

①坪床准备。与常规草坪建植措施的坪床准备一样，清除场地的石块、瓦砾、渣土等杂物，防治杂草及病虫害。要精心整地，进行翻耕，一般翻土 20～30cm，若土壤质地极差，就应换土、施肥，把翻松的土壤耙平，并浇足底水，然后滚压一下（当土壤潮湿时滚压，即土壤用手能捏成团但落地又散开为宜）。

②铺植生带。首先挖出 5cm 深的槽，将植生带边缘埋下加固。顺序打开植生带卷，平铺在坪床上，边缘交接处要重叠 1～2cm，在种子带上均匀覆土 0.5～1cm，为防止日晒后龟裂，所用覆盖的土壤要掺些沙子，覆土可用铁筛子（网孔面积 0.5cm×0.5cm）筛土均匀覆盖，以不漏出种子带为宜，然后用磙子镇压。

③苗期管理。植生带铺植完毕后，即可浇水，浇水一般采用微喷或水滴细小的设备浇水，以免冲走覆土，每天浇 2～3 次，保持土表湿润，至苗全部出齐后，可减少灌水次数，视降水情况来灌溉，每次以浇透为宜。当草坪长至 12cm 高，进行第一次修剪，修剪要遵循 1/3 原则。一般 40d 左右就可成坪。

④成坪后的管理。与常规草坪相同。

（四）新建草坪初期养护

播种后根据土壤墒情、降水等情况，适时喷洒浇水，从草坪草种子发芽、出苗到幼苗期，必须保持土壤湿润，及时浇水，成坪后减少浇水次数。根据草坪草的生长情况和草坪的用途，适量追施肥料或叶面喷施叶肥，若杂草严重，及时用化学或人工方法除草，直到形成自身稳定群落，才不需要特别养护。

有条件可以覆盖，覆盖可以防止温度过高或过低损害已萌发的种子或幼苗；稳定种子，防止暴雨或喷灌的冲刷，防风；减少土壤水分蒸发，减少地面板结的形成，提供一个较湿润的小生镜。覆盖材料有如专门生产的地膜、纤维、无纺布等和一些农副产品如农作物秸秆、刨花、锯末等。

浇水是新建草坪管理的关键措施之一。尤其在比较干旱地区或炎热的季节浇水就更为重要。在新播坪床上，第一次浇水应浇透，使土壤湿润至 15cm 深；以后，土壤表层 1.3cm 必须保持不干燥，因土壤发芽种子根系浅，需要经常给以水分，若土壤干燥就会脱水死亡。要避免大水灌溉，浇水应少而慢。

在炎热干旱期，每天至少灌溉 3～4 次，播种后，至少 3 周内要经常浇水。对于新铺设的草皮，滚压后应浇一次透水，草皮底下土壤应湿 15～20cm 深。草皮的交接边缘或过道边缘是最易干燥部位，可能需要每天特殊点浇。新铺草皮需每天进行浇水，保持底下土壤湿润。一旦草皮与土壤紧密结合（大约需要 10～14d），就开始减少浇水次数，按成熟草坪正常的浇水计划进行浇水。总之，初期的草坪浇水应掌握均匀、少量、多次的原则。

当幼苗有 50%达到高于应修剪的高度时，一般冷季型草发芽后一个月，就应修剪，铺设的草皮一般在铲起之前已修剪一遍，铺完后一个月以后可修剪。修剪应遵循 1/3 原则，剪草机的刀片要锋利，否则伤害幼苗。

在坪床准备时，若基肥施的较多，新播的草坪一般在 2 个月内不用追肥，如果幼苗出现不健康的黄绿色，就开始追肥；若基肥施的较少，可在幼苗出土后，施少量的复合肥，氮肥的比例稍高为宜。施肥总的原则是均匀、少量、多次。施肥时必须保证均匀，因为肥料不能平行转移，没有洒到的地方就不会有肥料，施肥不匀，会引起草坪草生长不均匀，致使叶色深浅不一，影响外观。为了保障均匀，最好用施肥机或手推式播种机施肥，采用横向施一半，纵向施一半的方法。施肥用量一般 $10g/m^2$，施肥后通常需要浇水，以防叶片灼伤。在降雨较大时不要施肥，以防肥料流失。

幼苗对除草剂很敏感，易受伤害，所以，幼苗至少生长 1 个月后或草已经修剪两次后再使用除草剂。如果杂草比较严重，必须防治时，可用人工拔草或选用对幼苗无伤害的除草剂，如溴苯腈和环草隆；其他如 2,4 - D 除草剂，也可按半标准浓度使用。发现病虫害应及时喷洒杀菌剂和杀虫剂，药量应严格按照药品说明书配制。

（孙彦）

第三章　绿色植保

温带苜蓿虫害防治技术

一、技术概述

我国温带苜蓿害虫主要有蚜虫类、蓟马类、盲蝽类、蛾类、金龟甲类、苜蓿象甲类等 6 大类 100 多种，目前，常发性、危害性较大的有苜蓿斑蚜、豌豆蚜、牛角花齿蓟马、苜蓿盲蝽、苜蓿叶象甲、蛴螬等。近年来，黏虫、棉铃虫、草地螟等鳞翅目迁飞性害虫的突发性和危害性增强，8—9 月对苜蓿造成严重危害。据统计，苜蓿害虫危害面积高达 50%以上，造成苜蓿产量损失 20%以上，严重时减产 50%以上，每年虫害造成的经济损失可达数十亿元。苜蓿虫害防治应采用多元化的综合防治技术策略，以预测预报为基础，应用抗性品种，充分保护和利用天敌的自然控制作用，结合农艺措施，辅以药剂防治，防止不当的化学防治造成抗药性、农药残留和害虫再猖獗的恶性后果，最大限度地保证牧草产品安全和保护天敌的生存环境。

二、技术特点

该技术是通过多年的试验研究和示范推广，表现出了技术的成熟性和稳定性，在生产中防治效果显著，技术具备较强的实用性和操作性。截至目前，已发布实施了《苜蓿主要害虫调查技术规范》《苜蓿蚜虫监测预报技术规程》《苜蓿蓟马监测预报技术规程》及《苜蓿草田主要害虫防治技术规程》一系列可行性强的技术标准，可在全国苜蓿产区推广应用。

三、技术流程

（一）苜蓿害虫种类识别

根据害虫主要特征及危害特点进行识别，也可制作标本或图片送至相关研究机构进行种类鉴定。

（二）苜蓿害虫发生动态调查

根据 DB64/T 1258—2016《苜蓿主要害虫调查技术规范》，确定典型调查样区和样点，调查害虫发生动态，确定害虫密度和危害程度。

（三）苜蓿主要害虫发生量预测

依据 DB/T951—2014《苜蓿蚜虫监测预报技术规程》、DB/T946—2014《苜蓿蓟马监测预报技术规程》地方标准进行预测，制订防治方案。

（四）苜蓿害虫防治技术方法

根据制定的防治指标，重点保护和利用天敌的自然控制作用，结合农艺措施，辅以药剂防治的多元化综合防治技术，具体防治技术执行 NY/T 2994—2016《苜蓿草田主要害虫防治技术规程》地方标准。

四、技术内容

（一）主要害虫种类及其发生特点

1. 苜蓿蚜虫

全国普遍分布的常发性害虫，常见豌豆蚜（图 1）、苜蓿无网长管蚜、苜蓿斑蚜和苜蓿蚜（图 2）四种，主要在苜蓿生长早中期危害，严重时造成苜蓿产量损失达 50%以上，排泄的蜜露引起叶片发霉，影响草的质量，导致植株萎蔫、矮缩和霉污以及幼苗死亡。蚜虫通常以雌蚜或卵在苜蓿根茎部越冬，春季温度升至 10℃以上苜蓿返青时成蚜开始出现，随着气温升高，虫口数量增加很快，每个雌蚜可产生 50～100 个胎生若蚜，在整个苜蓿生育期蚜虫发生 20 多代。蚜虫的虫口数量同降水量关系密切，5—6 月如降雨少，蚜量则迅速上升，对第一茬和第二茬苜蓿造成严重危害，重者百枝条蚜量可高达 1 万头以上。

2. 苜蓿蓟马

全国普遍分布的最具危险性的害虫，主要有牛角花齿蓟马、苜蓿齿蓟马、普通蓟马、烟蓟马、花蓟马和大蓟马等十余种，以牛角花齿蓟马为优势种的混合种群危害；对苜蓿干草产量造成 20%以上的损失，种子产量减少 50%以上。从苜蓿返青开始全生育期持续为害，发生 10 多代，对第一茬和第二茬苜蓿危害尤为严重，通常在初花期达到为害高峰，有趋嫩习性，主要取食叶芽和花，危害初期上部叶片有小枯点，叶片扭曲皱缩，叶尖干枯；严重时叶芽坏死，叶片和花干枯、脱落，成片苜蓿早枯（图 3）。

3. 盲蝽

广泛分布于我国苜蓿、小麦、棉花、胡麻等农田中，在苜蓿田发生是苜蓿盲蝽（图 4）、牧草盲蝽（图 5）、三点盲蝽、赤斑盲蝽等组成的多食性混合种

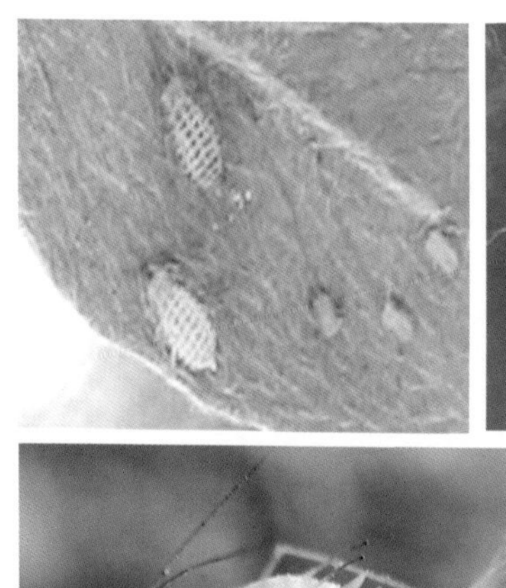

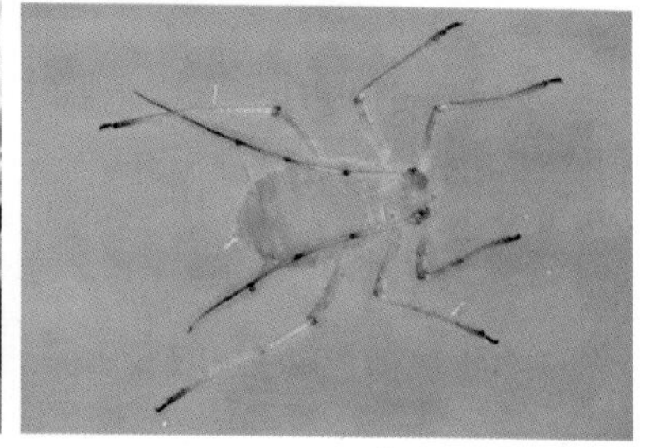

图1　豌豆蚜

图2　苜蓿蚜

图3　苜蓿蓟马成虫

群。苜蓿盲蝽是优势种，吸食嫩茎叶、花芽及未成熟的种子，对苜蓿草产量影响较大，可造成种子减产 30%～50%。盲蝽寄主较为广泛，苜蓿是盲蝽最为喜好的寄主植物，因其飞行能力较强，很容易从成熟的杂草、牧草或其他作物上迁移到苜蓿地。盲蝽一年发生 3～4 代，完成一个世代需 4～6 周（图 6），以卵在苜蓿地残茬中越冬，5 月上中旬为孵化盛期，通常在 5 月下旬初花期前成虫开始大量出现，花期虫口达到高峰，主要取食花芽、花、种子、嫩梢等，同时注入有毒的唾液，引起植株矮缩、芽枯、落花以及种子畸形、皱缩。在苜蓿整个生育期盲蝽各虫态可重叠发生，对每茬苜蓿都可造成危害，严重时种群数量+复网量可达近百头。

图 4　苜蓿盲蝽

图 5　牧草盲蝽

图 6　盲蝽若虫

4. 苜蓿叶象甲

主要分布于新疆、内蒙古、甘肃等地区，是一种危害重、毁灭性强的害虫，在美国是苜蓿最重要的害虫。多以幼虫（图 7）对第一茬苜蓿危害，受害苜蓿一般减产 10%～20%，严重时减产 50%以上，甚至绝收。苜蓿叶象甲通常一年发生 3 代，以成虫（图 8）形式在苜蓿地残株落叶下或裂缝中越冬，4 月苜蓿开始萌发时，成虫出现取食为害，雌虫将苜蓿茎秆咬成圆孔或缺刻，将卵产在茎秆内，用分泌物或排泄物将洞口封闭；初孵幼虫在茎秆内蛀蚀，形成黑色的隧道；至 2 龄时，幼虫自茎秆中钻出并潜入苜蓿叶芽和花芽中为害，造成生长点坏死和花蕾脱落，幼虫危害盛期在 5 月下旬至 6 月上旬，主要以 3 龄、4 龄幼虫危害最为严重，大量取食苜蓿枝叶，严重时叶片只残留主要叶脉，致使苜蓿的长势和产量大大降低，甚至绝收。

5. 草地螟

草地螟是我国东北、华北和西北草原地区的周期性迁飞害虫。幼虫（图 9）暴食多种植物，寄主有 35 科 200 余种植物，多以大规模迁入苜蓿地造成危

图 7 苜蓿叶象甲幼虫

图 8 苜蓿叶象甲成虫

害，大面积成片苜蓿易为草地螟暴发提供条件。在我国北方一年发生 2～3 代，因地区不同而不同，多以第一代为害严重。老熟幼虫在滞育状态下土中结茧越冬，幼虫共 5 龄，有吐丝结网习性，1～3 龄幼虫多群栖网内取食，4～5 龄分散为害，遇触动则作螺旋状后退或呈波浪状跳动，吐丝落地。成虫（图 10）白天潜伏在草丛及作物田内，受惊动时可近距离飞移，有远距离迁飞的习性，随着气流能迁飞到 200～300km 以外，在迁飞过程中完成性成熟。

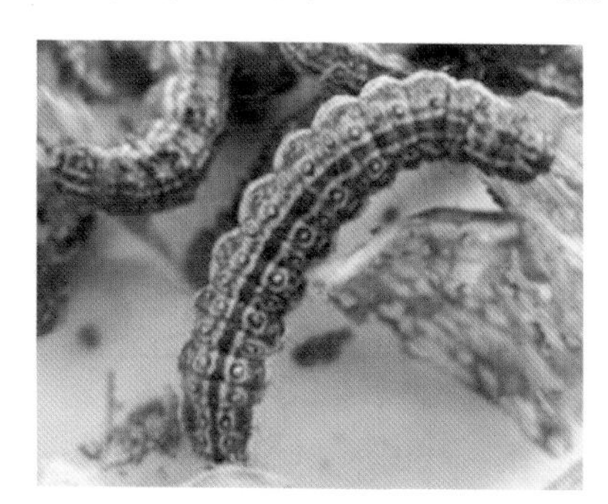

图 9 草地螟幼虫

图 10 草地螟成虫

6. 苜蓿夜蛾

我国广泛分布的杂食性害虫，在苜蓿地夜蛾类害虫中最为常见，具偶发性，年度间发生轻重差别较大，常以二代幼虫在 8—9 月局部暴发，幼虫暴食叶片，造成较大损失。一年发生 2 代，以蛹在土中越冬，第一代成虫 6 月在田间出现，第二代成虫 8 月出现；1～2 龄幼虫有吐丝卷叶习性，常在叶面啃食叶肉，2 龄以后常在叶片边缘向内蚕食，形成不规则的缺刻和孔洞（图 11）。

7. 芫菁类

全国广泛分布，种类有中华豆芫菁（图 12）、豆芫菁、绿芫菁（图 13）、苹斑芫菁（图 14）、腋斑芫菁、暗头芫菁、丽斑芫菁等，常见中华豆芫菁、豆

图 11　苜蓿夜蛾

芫菁、绿芫菁、苹斑芫菁四种。属偶发性害虫，具有群聚性、暴食性，暴发可造成严重减产；干草捆内遗留虫体所含毒素斑蝥素能引起采食家畜中毒，应予重视。一年发生 1～2 代，均以 5 龄幼虫在土中越冬，成虫通常在 6—8 月发生，有群集危害的习性，喜欢取食花器，将花器吃光或残留部分花瓣，使种子产量降低，也食害叶片，将叶片吃光或形成缺刻。幼虫生活在土中，以蝗卵为食，通常每头可取食蝗卵 45～104 粒，是蝗虫重要的天敌。

图 12　中华豆芫菁

图 13　绿芫菁

图 14　苹斑芫菁

8. 地下害虫

地下害虫常发生在西北、华北、东北地区种植年限较长的旱作苜蓿及新建植苜蓿田，金龟甲类和拟步甲类中的黑绒金龟、黑皱鳃金龟（图 15）、华北大黑鳃金龟、皱纹琵甲、克氏侧琵甲等分布较广。主要以幼虫取食苜蓿根部，导致苜蓿生长不良、枯黄，甚至死亡，成虫也取食苜蓿叶片和茎，是旱地苜蓿为害最为严重害虫类群之一。金龟甲幼虫蛴螬（图 16）通常体乳白色，头黄褐色，弯曲呈“C”状。金龟甲类害虫一年或两年发生 1 代，以幼虫在土中越冬，成虫寿命较长，飞行能力强，昼伏夜出，具有假死习性和强烈的趋光性、趋化性。金龟甲类害虫危害随着苜蓿种植年限的延长成指数增加，种植 7 年后

病害调查和防控技术水平。

三、技术流程

青贮玉米病害调查技术可由业主和植保专家或技术人员进行病害调查和诊断，采集病害照片，确定主要病害种类、分布及危害情况，进一步确定病害发生规律及发病条件，提出并采取相关防治措施，对防治效果进行调查并提出后续防治策略（图 1）。

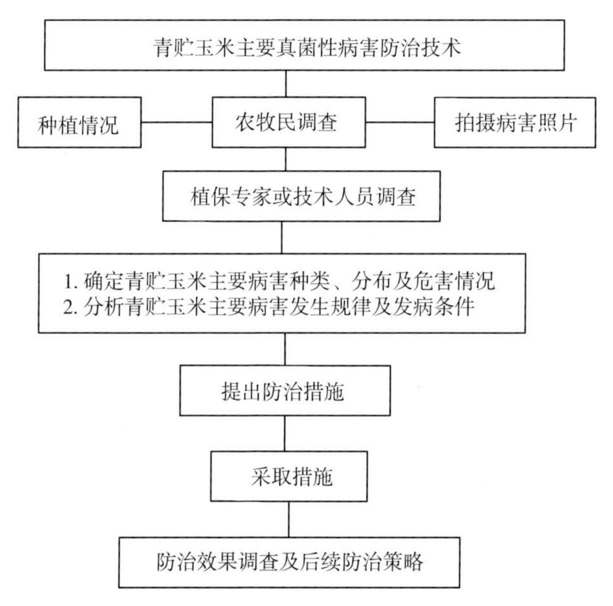

图 1 青贮玉米主要真菌性病害防治技术流程

四、技术内容

（一）主要病害发生特点

1. 玉米大斑病

（1）危害症状。主要为害玉米的叶片、叶鞘及苞叶，下部叶片先发病；发病叶片先出现水渍状青灰色斑点，然后沿叶脉向两端扩展，形成边缘暗褐色、中央淡褐色或青灰色的大斑；后期病斑常纵裂，严重时病斑融合，叶片变黄枯死，潮湿时病斑上有大量灰黑色霉层（图 2 左）。

（2）发病条件。病原菌以菌丝和分生孢子附着在病残组织内越冬，成为翌年初侵染源，种子也能带少量病菌，田间侵入玉米植株，经 10～14d 在病斑上可产生分生孢子，借气流传播进行再侵染；温度 20～25℃、相对湿度 90％以上利于病害发展；气温高于 25℃或低于 15℃、相对湿度小于 60%持续几日，病害发展受到抑制。

2. 玉米小斑病

（1）危害症状。发病初期，在叶片上出现半透明水渍状褐色小斑点，后扩大为 5～16mm×2～4mm 大小的椭圆形褐色病斑，边缘赤褐色，轮廓清楚，上有二、三层同心轮纹。病斑进一步发展时，内部略褪色，后渐变为暗褐色（图 2 中）。

（2）发病条件。初侵染菌源主要是上年收获后遗落在田间或玉米秸秆堆中的病残株，其次是带病种子，分生孢子借风雨、气流传播，在病株上产生分生孢子进行再侵染。发病适宜温度 26～29℃。产生孢子最适温度 23～25℃。孢子在 24℃下，1h 即能萌发。遇充足水分或高温条件，病情迅速扩展。

3. 玉米褐斑病

（1）危害症状。叶片上初侵染病斑为水渍状褪绿黄斑，以后变为圆形、椭圆形黄褐色或紫褐色病斑，中间隆起，内有黄褐色粉末状物。叶片中脉病斑中褐色到紫褐色（图 2 右）。

（2）发病条件。玉米褐斑病一般从喇叭口期开始发病，抽穗至乳熟期为发病高峰期。孢子囊在病残体和土壤中越冬，翌年病菌随气流和雨水传播到玉米植株上，遇到合适条件孢子囊释放出大量游动孢子，侵入玉米幼嫩组织。气温 23～30℃、相对湿度 85%以上，连续阴雨天气利于褐斑病发生与流行。

左：玉米大斑病典型梭形病斑

中：玉米小斑病典型病斑

右：玉米褐斑病叶部症状

图 2

4. 玉米锈病

（1）危害症状。初期仅在叶片两面散生浅黄色长形至卵形褐色小脓疱，后小疱破裂，散出铁锈色粉状物，即病菌夏孢子；后期病斑上生出黑色近圆形或

长圆形突起，开裂后露出黑褐色冬孢子（图3左）。

（2）发病条件。菌源来自病残体或来自南方的夏孢子及转主寄主——酐浆草，成为该病初侵染源。田间叶片染病后，病部产生的夏孢子借气流传播，进行再侵染，蔓延扩展。生产上早熟品种易发病，高温多湿或连阴雨、偏施氮肥发病重。

5. 玉米弯孢霉叶斑病

（1）危害症状。病斑初期为水渍状淡黄色透明小点，逐渐扩大为圆形、椭圆形或梭形淡黄色病斑，中央有黄白色或灰白色坏死区，边缘淡红褐色或暗红褐色，外围有褪绿晕圈（图3中）。

（2）发病条件。分生孢子随气流和雨水传播到玉米叶片上，遇适宜条件萌发出芽管和菌丝侵入叶片。穗位以上叶片易感病。高温高湿条件有利于弯孢霉叶斑病的流行，一般低洼积水田块和连作地块发病重。

6. 玉米灰斑病

（1）危害症状。发病初期为水渍状斑点，逐渐沿叶脉扩展并受叶脉限制，形成两端较平、长方形、灰色或黄褐色病斑，田间湿度大时病斑产生灰色霉层。严重发生时病斑连片，导致叶片枯死（图3右）。

（2）发病条件。灰斑病菌主要以菌丝体和子座在病残体上越冬。翌年病菌遇到适宜条件产生的分生孢子随气流和雨水传播到叶片上，萌发产生芽管和侵染菌丝，从气孔侵入形成初侵染病斑。发病最适宜温度为25℃、相对湿度100%或叶片上布满露水。因此，田间湿度大、气温较低时利于病害发生和流行，反之，气候干旱少雨，病害发生轻。

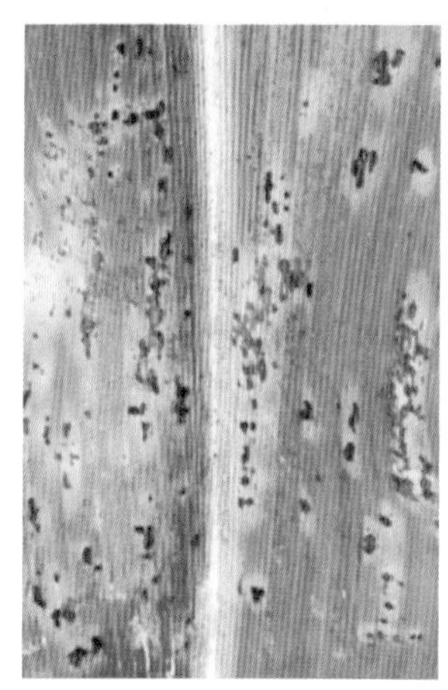
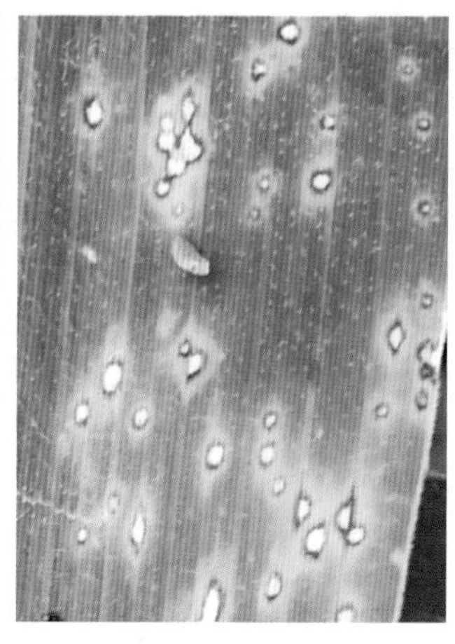
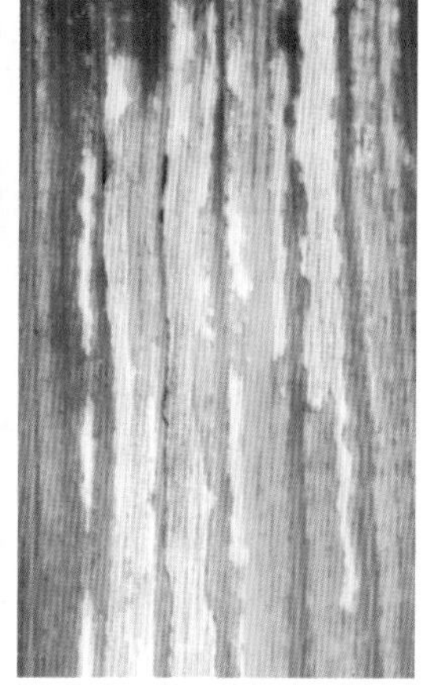

左：玉米锈病危害状　中：玉米弯孢霉叶斑病典型褐色病斑　右：玉米灰斑病叶部症状

图3

7. 玉米纹枯病

（1）危害症状。初期侵染病斑呈水渍状、椭圆形或不规则形。病斑逐渐扩大或多个病斑汇合形成中央灰褐色或黄白色、边缘深褐色云纹状斑块（图 4 左）。

（2）发病条件。玉米纹枯病以菌丝和菌核在病残体及土壤中越冬。菌核在干燥的土壤中能存活多年，遇到适宜条件，菌核萌发产生菌丝侵染玉米引起发病，气温 20～31℃、相对湿度 90％以上的高温、高湿条件有利于病害发生。一般低洼地发病重、坡地轻，连作田菌源积累多，发病重。

8. 玉米斑枯病

（1）危害症状。病斑初呈椭圆形，后扩展为不规则形，灰褐色，上生小黑点，即病菌的分生孢子器。多个病斑可汇合连片，常使叶片局部枯死（图 4 中）。

（2）发病条件。冷凉潮湿的环境利于其发病。

9. 玉米茎基腐病

（1）危害症状。多在潮湿环境下引起急性发病症状。整株叶片在短时间内突然变为青灰色，失水干枯，果穗下垂，灌浆不足；茎基部发黄变褐（图 4 右）。

（2）发病条件。高温多雨、土壤湿度大有利于病菌侵染，乳熟至近成熟期雨后骤晴利于发病。玉米连作发病重。

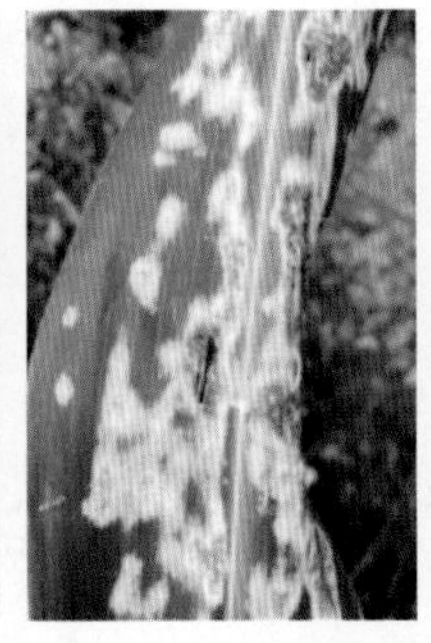

左：玉米纹枯病茎部发病症状　　中：玉米斑枯病病斑　　右：玉米茎基腐病症状

图 4

（二）病情调查方法

在春、夏、秋玉米或当地主栽季节玉米发病稳定期调查 1 次。

1. 关键术语

（1）真菌性病害。由病原真菌侵染引起的病害。主要有玉米大斑病、玉米小斑病、玉米锈病、玉米褐斑病、玉米纹枯病等。

（2）发病率。指发病的植株或植株器官（叶片、茎秆、穗、果实等）数占调查的总株数或总器官数的百分数，或用发病面积占调查总面积的百分比来表示。

(3) 严重度。发病的植物器官面积或体积占调查的植物器官总面积或总体积的百分率，用分级法表示，设8级，分别用1%、5%、10%、20%、40%、60%、80%和100%表示。按下式计算。

$$平均严重度(\%)=\frac{\sum(分级数值\times病叶数)}{总病叶数}\times100\%$$

(4) 病情指数。病害的发病率和严重程度的综合指标，按下式计算：

$$病情指数=发病率\times平均严重度\times100$$

2. 调查方法

(1) 业主调查。

a. 栽培模式及主要病害调查。调查当地青贮玉米轮作、套作或间作模式，栽培品种、面积、地点、规模、产量等基本情况，按病害调查和统计方法，对栽培牧草病害发生时间、发病率、病害部位等信息记录，并填写调查表格（附录1）。

b. 拍摄照片。要求使用800万以上像素的手机或相机，在光线良好的条件下进行拍摄，主要拍摄栽培地的总体景观、植株近照、发病部位等照片，保证图片清晰；编辑图片名称为“牧草品种—拍摄地点—序号”，如“雅玉8号—洪雅平乐村-1”；要求每处调查地牧草拍摄照片不少于3张，同种牧草病害拍摄照片不少于3张。

c. 调查资料处理。将调查获得的数据、图片等信息及时反映给植保专家，进行准确诊断和病情判断，获得防治措施建议。

(2) 植保专家或技术人员调查。

a. 主要病害确定。一是根据病害发生规律，定期开展田间调查；二是对农牧民或业主反映的病害发生情况及时进行抽样调查，核实有关情况；三是归纳统计，依据栽培的主要青贮玉米品种、分布区域、病害危害面积、危害等级等情况，确定主要病害和发病程度。

b. 危害等级划分。牧草病害危害等级一般分为两级，其中发病率达到30%，病情指数在10～30定为严重危害级别；发病率在30%以下定为危害级别。

c. 主要病害诊断及病原菌鉴定。选择有代表性的发病地块，按棋盘式随机确定3个样点，避免在田边取样，一般应距离田边5～10m；每7d或10d调查1次，在连续阴雨天气之后应及时调查病害发生情况。每个调查样点10m²，调查取样单位里所有青贮玉米植株的发病情况，记录病状、病症、自然条件等信息，填写调查表格（附录2）。采集感病植株样本，带回实验室镜检或分离培养进行病原菌鉴定。

d. 制定防治对策。根据主要病害发生规律和病情调查情况，结合玉米生育期特点，制定切实可行的青贮玉米主要病害防治方案和防控措施。

3. 防治措施

（1）选择抗病品种。根据当地青贮玉米病害往年发生情况，选择适宜当地生长环境的耐病和抗病品种。加强青贮玉米病害品种抗病性鉴定试验，筛选抗病品种。

（2）加强田间管理。合理施肥，减少 N 肥用量；采用不同种植模式，采用混播、轮作、套作等不同种植模式降低病害的发生；降低牧草种植密度、适度灌水和及时排水，减少牧草病害发生的环境；适时刈割和清出残茬，减少初侵染源，有效控制病害的侵染循环。

（3）适时采取药物防治。在发病初期，选用高效、低毒、低残留、广谱性药剂进行预防，选用 70%代森锰 600 倍液或 75%百菌清 500 倍液。针对玉米锈病，可用萎锈灵 20%乳油 400 倍液，或 80%或 70%代森锌或代森锰锌可湿性粉剂 500 倍液喷雾。注意在收获前 20～30d 进行。

五、注意事项

（1）病害调查时避免在田边取样，一般应离开田间 5～10 步远，排除边际影响，且应采集症状典型的标本进行深入检查，切忌以偏概全。

（2）病原菌鉴定时注意分离材料的选择，要求分离材料新鲜，症状典型，分离前表面要经过严格消毒，且整个分离培养过程都要在无菌环境中进行，无菌操作。

（3）注意把握病害调查的关键时期，定期进行调查，如每 15d 或 10d 调查 1 次，在连续阴雨天气之后应及时调查病害发生情况。

（4）当病害发生时，应及时优先采取农艺措施进行防治，尽量避免采用药剂防治。若选用药剂防治，应注意降低对植株质量、环境造成的影响，在青贮收获前 20～30d 进行。

六、引用标准

（1）《牧草病害调查与防治技术规程》（NY/T 2767—2015）；

（2）《牧草侵染性病害调查规范》（DB/T 1347—2009）；

（3）《玉米主要病虫害测报调查技术规范　第 1 部分：玉米矮缩病》（DB33/T-943.1—2014）；

（4）《玉米主要病虫害测报调查技术规范　第 2 部分：玉米大、小斑病》（DB33/T-943.2—2014）；

（5）《玉米主要病虫害测报调查技术规范 第3部分：玉米纹枯病》（DB33/T-943.3—2014）；

（6）《玉米主要病虫害测报调查技术规范 第4部分：玉米蚜虫》（DB33/T-943.4—2014）。

（周俗、刘勇）

附录1　县牧草病害野外调查与标本采集记录表（农牧民）

<table>
<tr><td>调查地点</td><td colspan="3">乡（镇）村组</td><td>记录人</td><td></td><td>调查时间</td><td>年　月　日</td></tr>
<tr><td rowspan="6">栽培情况</td><td>牧草名称</td><td></td><td>品种</td><td></td><td>栽培管理人</td><td></td><td>联系电话</td></tr>
<tr><td>栽培方式</td><td>1. 单播（ ）
混播（ ）</td><td></td><td></td><td colspan="3">2. 轮作（ ）间作（ ）套作（ ）</td></tr>
<tr><td>栽培面积</td><td colspan="3">亩</td><td>鲜草产量</td><td colspan="2">kg/亩</td></tr>
<tr><td>栽培时间</td><td colspan="3">年　月　日</td><td>收获时间</td><td colspan="2">年　月　日</td></tr>
<tr><td>利用方式</td><td colspan="6">饲喂牲畜（ ）肥田（ ）其他（ ）</td></tr>
<tr><td>图片拍摄</td><td colspan="3">栽培牧草全景图（ ）</td><td colspan="2">健康植株整株图（ ）</td><td>健康植株局部图（ ）</td></tr>
<tr><td rowspan="5">病害情况</td><td>病害名称</td><td></td><td colspan="2">症状描述</td><td colspan="3"></td></tr>
<tr><td>发病时间</td><td colspan="6"></td></tr>
<tr><td>病害部位</td><td colspan="6">根（ ）茎（ ）花（ ）叶（ ）种子（ ）</td></tr>
<tr><td>病害面积（亩）</td><td colspan="6"></td></tr>
<tr><td>图片拍摄</td><td colspan="3">病害牧草整株图（ ）</td><td colspan="2">病害部位图1（ ）</td><td>病害部位图2（ ）</td></tr>
</table>

填表说明：

(1) 牧草名称：明确牧草名称，若能明确牧草品种，请在牧草名称后加括号填写品种名称。

(2) 栽培方式：①单一播种某一类牧草，请“单播”后的括号内打√；若为两种及以上牧草混播，请在“混播”后打√，②轮作、套作、间作的填写同①。

(3) 利用方式：请在相应的括号内打√，如果是其他方式请在括号后注明具体内容。

(4) 图片拍摄：要求使用800万以上像素的手机或相机，拍摄栽培地的全景图、健康植株图、健康植株局部图，要求图片清晰，曝光适度，完成的相应拍摄和图片名称编辑后在相应括号内打√。

(5) 病害名称：若能根据经验判断病害名称，请填写名称，如“黑麦草锈病”，若不能判断，可不用填写病害名称，请在“症状描述”进行简单描述，如“叶片发黄，有黄色粉末，植株萎蔫”。

(6) 病害面积：是指栽培牧草地里发生病害的大概面积。

(7) 图片拍摄：要求同(4)，拍摄病害牧草整株图、病害部位图，并在相应括号内打√。

附录2　县青贮玉米主要病害情况调查表
（植保专家或技术人员）

<table>
<tr><td rowspan="2">调查地点</td><td colspan="3">乡（镇）村组编号：</td><td>记录人</td><td></td><td>调查时间</td><td colspan="2">年　月　日</td></tr>
<tr><td>经纬度</td><td colspan="2">东经：______E
北纬：______N</td><td>海拔高度（m）</td><td></td><td>环境特点</td><td colspan="2">温度：
地貌：</td></tr>
<tr><td rowspan="6">栽培情况</td><td>牧草名称</td><td></td><td>品种</td><td></td><td>播期</td><td></td><td>播种量</td><td></td></tr>
<tr><td>栽培方式</td><td colspan="3">1. 单播（　）混播（　）</td><td colspan="4">2. 轮作（　）间作（　）套作（　）</td></tr>
<tr><td>栽培面积</td><td colspan="3">亩</td><td>年鲜草产量</td><td colspan="3">kg/亩</td></tr>
<tr><td>刈割次数及刈割时间</td><td colspan="3">次</td><td>牧草生育期</td><td colspan="3"></td></tr>
<tr><td>利用方式</td><td colspan="7">青饲料（　）干草饲料（　）青贮饲料（　）肥田（　）其他（　）</td></tr>
<tr><td>株高</td><td colspan="4"></td><td colspan="3">植株整株图（　）</td></tr>
<tr><td rowspan="8">病害情况</td><td>病害名称</td><td colspan="3"></td><td>危害损失</td><td colspan="3"></td></tr>
<tr><td>症状描述</td><td colspan="7"></td></tr>
<tr><td>病害部位</td><td colspan="7">根（　）茎（　）叶（　）穗部（　）花（　）种子（　）</td></tr>
<tr><td>危害面积（亩）</td><td colspan="3"></td><td>生物防治措施</td><td colspan="3"></td></tr>
<tr><td>样点调查</td><td colspan="7">每个样点调查30株，每株调查5片叶</td></tr>
<tr><td>样点1：
发病率统计</td><td>发病率（%）</td><td colspan="2"></td><td>严重度（%）</td><td colspan="3"></td></tr>
<tr><td>样点2：
发病率统计</td><td>发病率（%）</td><td colspan="2"></td><td>严重度（%）</td><td colspan="3"></td></tr>
<tr><td>样点3：
发病率统计</td><td>发病率（%）</td><td colspan="2"></td><td>严重度（%）</td><td colspan="3"></td></tr>
<tr><td>备注</td><td colspan="8"></td></tr>
</table>

黄淮海地区紫花苜蓿地杂草防除技术

一、技术概述

杂草是苜蓿种植过程主要的有害生物之一，严重影响着苜蓿产量、草产品质量及草地生产力。黄淮海地区苜蓿田主要杂草有狗尾草、马齿苋、马唐、灰菜、刺菊、播娘蒿、荠菜、独行菜、反枝苋、打碗花等，主要对第二茬、第三茬苜蓿危害严重，其中第二茬苜蓿以阔叶杂草为主，第三茬苜蓿以禾本科杂草为主。

本技术在于提供一种安全、高效的杂草综合防除方法，本技术能够经济有效地防除苜蓿地杂草，提高苜蓿地生产力，改善苜蓿品质，技术效果显著。

二、技术特点

本技术主要适用于黄淮海平原地区，同时可供西北、东北、西南、华北、华南等苜蓿产区参考应用。苜蓿地合理使用除草剂防除杂草，有效提高苜蓿草产品质量，其中苜蓿干草粗蛋白含量提高 7.87%～15.37%；苜蓿干草产量提高 1.4%～10.16%。但除草剂使用不当，亦会造成对苜蓿植株的伤害，甚至引起减产。因此，必须科学合理选择除草剂种类、使用浓度、使用期。

三、技术流程

制定紫花苜蓿地杂草防除方案，可机械或人工刈割，也可以化学药剂防除。使用化学药剂时要合理选择药剂及浓度，可在土壤封闭或新播苜蓿地茎叶处或成田苜蓿地茎叶处理剂防除杂草（图 1）。

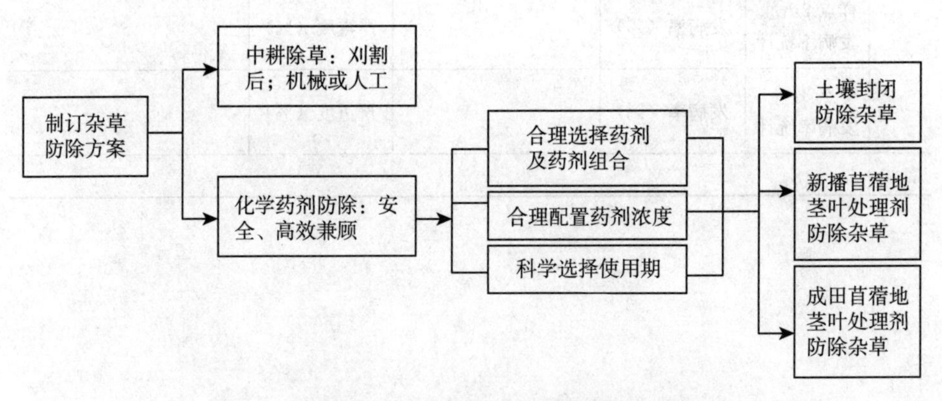

图 1　黄淮海地区紫花苜蓿地杂草防除技术路线图

四、技术内容

（一）合理选择除草剂种类

在苜蓿生长期间进行杂草防除时应根据杂草情况对两类除草剂进行配施。禾本科杂草可选用精喹禾灵、高效盖草能、烯禾啶进行防除；阔叶杂草和两类杂草均可选用普施特、苜草净进行防除，大多用于阔叶杂草的除草剂对苜蓿产量和粗蛋白含量有影响（表1）。

表1　苜蓿生长期茎叶处理各除草剂除草效果对比

单位：%

除草剂	阔叶杂草防除率	禾本科杂草防除率	与对照增产	与对照干草粗蛋白含量增加
精喹禾灵	31.33	93.02	4.81	12.81
苜草净	89.85	92.00	1.40	15.37
高效盖草能	38.18	94.71	10.16	9.68
烯禾啶	17.63	91.06	0.41	7.87
精禾草克	8.81	94.00	5.39	10.44
2,4-D丁酯	91.06	−310.96	−6.52	−15.66
普施特	89.11	92.02	0.22	11.20
苯达松	90.08	−226.68	−5.39	−14.14
阔叶枯	86.37	−172.35	−3.01	−12.15
克阔乐	84.21	−104.54	−1.59	−10.34
克秀灵	54.83	−83.00	−4.34	−12.62
嗪草酮	85.19	−111.57	−2.07	−10.72

（二）合理确定除草剂施用浓度

不仅要合理选用除草剂品种，也要控制适宜的除草剂使用浓度。例如10.8%高效盖草能施药后7d进行药效调查（表2），随着使用浓度增加，杂草防除效果整体呈提高趋势，其中对单子叶杂草防除效果在用药浓度达到500ml/hm^{2}时开始下降，对阔叶杂草防除效果随着用药浓度增加一直呈提高趋势，但对苜蓿生长呈现一定负面影响，其中以对株高、叶片及产量影响较大。综合来看，10.8%高效盖草能经济高效的使用浓度为300～400ml/hm^2。

表 2 苜蓿生长期 10.8%高效盖草能不同浓度茎叶处理效应

除草剂使用浓度（ml/hm²）	阔叶杂草防除率（%）	禾本科杂草防除率（%）	再生苗株高（cm）	再生苗叶片症状	第二茬干草产量（kg/hm²）
200	27.65	89.52	6.8	无症状	2 752.5
300	33.22	93.65	7.5	无症状	2 847
400	37.23	95.11	8.3	无症状	2 944.5
500	39.56	93.37	6.9	轻微药害	2 785.5
600	42.42	92.03	5.3	明显药害	1 933.5

（三）确定优化除草剂组合

设置 6 个兼顾防除禾本科杂草和阔叶杂草的除草剂组合，即苯达松＋高效盖草能、苯达松＋精禾草克、苯达松＋精喹禾灵、阔叶柝＋高效盖草能、阔叶柝＋精禾草克、阔叶柝＋精喹禾灵。从施药后 7d 调查结果来看，兼顾防除禾本科杂草和阔叶杂草的最佳除草剂组合为苯达松＋高效盖草能，其次为苯达松＋精禾草克、阔叶柝＋高效盖草能（表 3）。

表 3 苜蓿生长期不同除草剂组合茎叶处理效应

除草剂组合	阔叶杂草防除率（%）	禾本科杂草防除率（%）	杂草总株防除率（%）	第二茬干草产量（kg/hm²）	增产率（%）
苯达松＋高效盖草能	91.23	94.05	92.13	2 932.5	9.65
苯达松＋精禾草克	90.58	93.85	91.10	2 904	8.58
苯达松＋精喹禾灵	90.38	93.12	90.55	2 877	7.57
阔叶柝＋高效盖草能	89.68	92.87	90.23	2 892	8.13
阔叶柝＋精禾草克	88.33	92.01	89.76	2 824.5	5.61
阔叶柝＋精喹禾灵	88.18	91.86	89.12	2 797.5	4.60
对照	—	—	—	2 674.5	—

（四）播后土壤封闭处理

苜蓿播后 24～48h、苜蓿未出苗前进行。一般选用 48%地乐胺乳油 2 500～3 000ml/hm² 兑水 450～600L/hm²，或 48%氟乐灵乳油 2 500～3 000ml/hm² 兑水 450～600ml/hm² 进行地表封闭，防效均在 90%以上。

（五）新播苜蓿田杂草茎叶处理

新播苜蓿出苗后、杂草较小时（3～5 叶期），可用豆草特、苜草净等进行防治，每公顷用量 1 500ml 兑水 450L 喷雾处理，对禾本科杂草和阔叶杂草均有较好防除效果。

（六）苜蓿成田杂草茎叶处理

若只有禾本科杂草，可在禾草 3～5 叶期喷药，选用的除草剂有拿捕净、精稳杀得、精禾草克、精喹禾灵、豆草特、苜草净、盖草能等；若只有双子叶杂草，可在一年生阔叶杂草 2～4 叶期、多年生阔叶杂草 8 叶期前喷药，选用的除草剂有豆草特、苜草净等；若同时防治单子叶和双子叶杂草，最好选用豆草特、苜草净、普施特等。

（七）苜蓿田中耕灭草

二年以上苜蓿地在第一茬、第二茬、第三茬刈割后可用拖拉机带动中耕机械设备，进行纵向中耕耙地除草；小面积地块可以采取人工中耕，达到松土、保墒的目的。

五、注意事项

（1）中耕灭草适于二年以上的苜蓿地在第一茬、第二茬、第三茬刈割后进行，大面积苜蓿地宜采用专用中耕机械。

（2）施药时间应选择在下午 5 点以后或上午 9 点前最好。

（3）苜蓿种植过程杂草防除最好是播后地表封闭处理与苜蓿生长期杂草茎叶处理结合进行，尤其是春播苜蓿地。

（4）苜蓿成田杂草茎叶处理宜在苜蓿刈割后、苜蓿冬季休眠期至早春苜蓿萌动前进行。

（智健飞、刘忠宽、冯伟、刘振宇、谢楠、秦文利）

第四章 产品加工

裸燕麦半干青贮技术

一、技术概述

裸燕麦，又称莜麦，是高寒农牧交错区枯草季节的重要饲草资源，对于解决当地牲畜饲草供应，缓解畜牧业快速发展和生态保护之间的矛盾具有重要意义。我国燕麦每年种植面积在100万 hm^2 左右，主要分布在华北北部的冀、晋、蒙的高寒山区、西北的六盘山麓和云、贵、川的高纬度高海拔的高寒山区。其中内蒙古是我国历年种植面积最大的省份，约占全国总面积的35%以上。

裸燕麦调制青干草受雨季影响较大，而青贮是调制优质饲草料的重要加工方式，同时受雨热影响小，便于长期保存。但由于含水率过高、植株本身含糖量偏低、茎秆中空等问题，鲜裸燕麦常规青贮品质普遍不高，适宜采用萎蔫处理的加工方式制作半干青贮饲料，不但可以有效提高其干物质含量，且青贮品质好，饲喂效果佳。因此，建立一套相对完善的裸燕麦半干青贮技术规程，对促进当地燕麦种植、收获、加工一体化，指导冀西北地区粮改饲产业发展具有重要现实意义。

二、技术特点

冀西北农牧交错区是我国燕麦主产区之一，在推行粮改饲进程中，燕麦是冀西北农牧区主推的一个饲粮兼用作物，而如何解决燕麦饲草加工及贮藏问题，是其中最为重要的一个环节。国内现行饲草加工系列标准中，主要是针对玉米（NY/T 2696）、青贮玉米秸秆（DB13/T 215、DB13/T 217、DB13/T 708）及针对紫花苜蓿（NY/T 2697）等的饲草青贮技术规程，而缺乏专门针对裸燕麦的青贮加工技术规程。

裸燕麦新鲜幼嫩期青贮含水率高、糖分含量低，这些特点与紫花苜蓿营养特点（表1）相似，采用常规青贮很难调制优质饲草料。

表1　灌浆期全株裸燕麦与初花期紫花苜蓿营养对比（干物质基础）

单位：%

项目	含水率	干物质	粗蛋白质	中性洗涤纤维	酸性洗涤纤维	半纤维素	可溶性碳水化合物	粗灰分
裸燕麦鲜样	79.73	20.27	13.68	54.61	38.82	15.79	8.28	10.67
苜蓿鲜样	76.37	23.63	19.73	47.08	34.26	12.82	6.72	10.15
裸燕麦半干样	54.35	45.65	13.52	51.44	36.28	15.16	7.95	9.56

而采用半干青贮技术，将新鲜刈割的裸燕麦适当晾晒后，其含水率降至50%～55%，干物质含量大幅提高，较鲜样提升125.21%，这样即使青贮原料的含糖量较低（7.95%），但严格密闭条件下进行半干青贮，利用微生物的生理干燥状态，所取得的青贮效果依然很高（表2）。

由此看出，半干青贮的裸燕麦发酵品质高于鲜贮，其乙酸（AA）、丙酸（PA）含量较鲜贮分别下降32.61%、28.57%，丁酸（BA）在半干青贮饲料中含量未被检出；在营养价值上，裸燕麦半干青贮较鲜贮干物质（DM）含量提高74.64%，粗蛋白质（CP）含量提升4.28%，中性洗涤纤维（NDF）和酸性洗涤纤维（ADF）略有下降。

表2　全株裸燕麦青贮品质对比

项目	pH	LA（%鲜样）	AA（%鲜样）	PA（%鲜样）	BA（%鲜样）	NH_3-N/TN（%鲜样）
裸燕麦鲜贮	4.88	1.04	0.92	0.21	0.19	2.47
裸燕麦半干青贮	4.80	0.95	0.62	0.15	—	2.83
项目	**DM（%）**	**CP（%干重）**	**WSC（%干重）**	**NDF（%干重）**	**ADF（%干重）**	**HC（%干重）**
裸燕麦鲜贮	23.15	9.34	6.28	56.72	39.99	16.73
裸燕麦半干青贮	40.43	9.74	3.49	54.86	38.10	16.76

三、青贮方式

（一）拉伸膜裹包青贮

拉伸膜是一种具有拉伸性、黏结性、耐撕裂和耐穿刺性的青贮专用塑料薄膜，利用其裹包时的回缩性能，紧紧地包覆在草捆上，从而隔绝空气和水分，形成良好的厌氧状态，达到制备良好青贮饲料的目的。利用拉伸膜将青贮原料缠绕包裹后形成密封的厌氧环境进行青贮发酵的方法称为拉伸膜裹包青贮。

（二）窖贮

利用常规青贮窖进行厌氧青贮的一种方法。

四、操作流程

（一）刈割期及原料萎蔫处理

选择裸燕麦灌浆期或乳熟期进行刈割，经适当晾晒后含水率降至45%～50%，茎叶颜色加深，将原料攥成一团后在掌心能看到明显的水渍，但并没有水分流出，此状态适宜进行青贮操作。

（二）切段长度

裸燕麦青贮原料切短长度应控制在4～5cm，太长不宜压实，造成青贮设备内部残留空气较多，青贮发酵品质变坏。

（三）拉伸膜裹包青贮

利用拉伸膜裹包青贮时，应首先使用青贮打捆机将青贮原料进行打捆操作，草捆密度应达到500～550kg/m^{3}以上。打捆完成后利用青贮覆膜机进行拉伸膜裹包青贮操作，拉伸膜最佳的裹包层数在3～4层。

青贮包固定存放，不宜经常挪动，并经常检查有无破损，如有破损应及时用胶带密封，待青贮40～45d后即可进行取用。

（四）窖贮

窖贮时，青贮原料应及时、迅速装填入窖，边装填边进行压实操作，每装填20～30cm就需压实一次，窖的四周更应特别注意压紧。压实设备可以采用大型压窖机或轮式机械（如拖拉机等）。半干青贮由于原料含水率低，在压实操作中更需注意尽量不留空隙。青贮原料要逐层装满，高出地面0.5～1.0m呈圆顶形时封窖。封窖时，应首先用塑料薄膜围盖一层，上覆一层软干草，再填土夯实进行密封。

青贮窖密封完成后，应在距离窖口四周1m处挖一条排水沟，并经常检查窖顶部有无下陷现象。如发现下陷，应重新修复，防止空气与雨水进入。

（五）青贮感官品质评定

青贮饲料品质优劣可依据现场感官鉴定方法进行简单评定。评定标准见表3。

表 3 青贮饲料感官品质评定

质量等级	颜 色	酸味或气味	结构质地	饲用范围
优等	青绿或黄绿色，有光泽，近于原色	芳香酒酸味，给人以好感	湿润、紧密、茎叶花保持原状，容易分离	可饲喂各种家畜
中等	黄褐色或暗褐色	有刺鼻酸味，香味淡	茎叶花部分保持原状，柔软，水分稍多	可饲喂除妊娠家畜和幼畜以外的各种家畜
低劣	褐色、黑色或暗墨绿色	具有特殊刺鼻腐臭味或霉味	腐烂、污泥状、黏滑或干燥，结块或无结构	不宜饲喂任何家畜，洗涤后也不能使用

（六）注意事项

青贮饲料取用过程中要严防二次发酵，可根据家畜饲养头数和饲喂天数计算青贮饲料取用数量，青贮窖均从一端开启垂直取料，每次取料后立即在堆面使用喷雾器将二次发酵抑制剂（丙酸、露保美等）均匀地喷洒在表面，并及时用不透气的塑料薄膜封严。喷洒剂量为每平方米喷洒0.5～2.5kg。

青贮饲料初次饲喂要遵循少量多次的原则，采用限饲等手段逐渐增加饲喂量。

五、引用标准

(1)《饲草青贮技术规程玉米》(NY/T 2696—2015)；

(2)《青贮玉米秸秆技术要求及试验方法》(DB13/T 215—1994)；

(3)《玉米秸秆青贮技术操作规程》(DB13/T 217—1994)；

(4)《玉米秸秆青贮技术操作规程》(DB13/T 708—2005)；

(5)《饲草青贮技术规程紫花苜蓿》(NY/T 2697—2015)。

（葛剑、刘贵河、王铁军、张少谦）

玉米全株青贮技术

一、技术概述

随着“粮改饲”工作的推进，越来越多的养殖企业开始制作玉米全株青贮饲料。但由于未能掌握相关制作技术，导致青贮过程中损失严重，致使饲喂效果不佳，成本上升。因此，科学普及玉米全株青贮技术，可促进养殖企业青贮制作过程标准化和科学化进程，提高青贮制作技术水平。

二、技术特点

玉米全株青贮技术适用于我国北方地区，较玉米其他利用形式效益高。

与（去穗）玉米秸秆青贮相比，玉米全株青贮可显著提高牛奶乳脂率和乳蛋白率，每头奶牛日均产奶量提高 2～4kg，每千克奶按 3.5 元计算，直接经济效益增加 7～14 元，去除成本外，纯收入增加 4.5 元以上。

与籽实玉米（以玉米面和玉米秸形式饲喂）相比，饲喂玉米全株青贮，每头奶牛日均产奶量提高 2～3kg，直接经济效益增加 7～10.5 元。

与玉米黄贮相比，玉米全株青贮可提高奶牛产奶量 3～5kg/(d·头)，直接经济效益增加 10.5～17.5 元。

三、技术流程

选择全株玉米在干物质含量 30%～35%时进行收获，并在最短的时间内将切碎原料装填到青贮窖中，密封 45d 后开窖进行感官品质鉴定，划分为优质、中等、劣质青贮饲料，其中劣质饲料不能饲喂（图 1）。

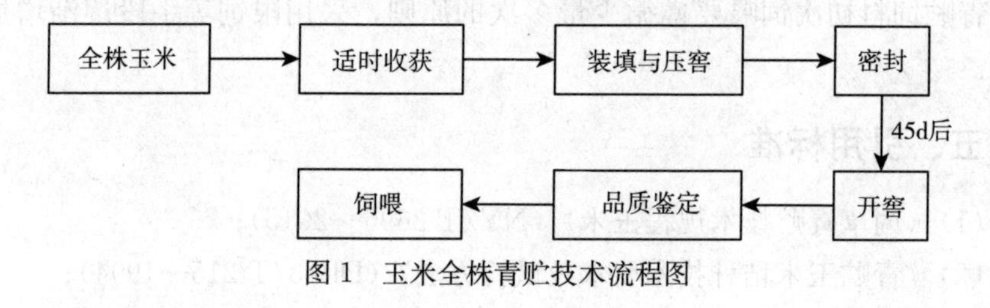

图 1　玉米全株青贮技术流程图

四、技术内容

（一）准备工作

1. 青贮机械

青贮工作开始前，要对青贮收获机械、压窖机械、青贮添加剂喷洒设备、磅秤等进行检修和清洁处理；若企业自身不具有上述机械，要提前与相关单位签署合作协议。

2. 青贮窖

制作前要将青贮窖清扫干净，并用消毒液进行消毒处理，同时在窖墙铺设塑料膜。

3. 电路及照明设备

对电路及照明设备进行检查维修。

（二）收获

干物质含量适宜（30%～35%）时进行收获，有利于提高青贮饲料品质。

1. 收获时间

蜡熟中后期，或籽粒乳线位置 1/2～2/3 时。

2. 留茬高度

一般留茬 20cm 左右，留茬过低会导致青贮饲料品质和发酵品质下降。

3. 收获持续时间

理想的收获持续时间为 1～3d，一般不能超过 7d。收获时间持续越短，青贮饲料品质越高。

4. 收获机械

收获机械必须带有籽粒破碎装置，不建议使用无籽粒破碎功能的收获机械。收获机械要能将 95%以上的籽粒破碎，同时能将株体切碎至 1～2cm。

（三）装填与压窖

装填速度与青贮饲料质量密切相关。装填时间过长使得青贮原料与氧气长期接触，导致可溶性养分丢失，为此青贮制作时要在最短的时间内将切碎原料装填到青贮窖中。

1. 装窖时间要求

小型窖当天装填完毕，大型窖 1～3d 装填完毕，至多不能超过 7d。

2. 原料入窖时间要求

原料收获后要及时运至青贮窖装填，时间不能超过 4h。

3. 推料与压窖

原料入窖后，用压窖机将原料推开，推料时厚度不能超过 15cm。推料的同时对原料进行碾压。为提高窖壁处压实效果，推料时向前侧方推进，使窖面呈“U”形，即所谓的“U”形压窖。

4. 压窖车辆行驶方式及速度

压窖车辆移位时采用 1/2 车辙移位法，即每次移动半个车辙，以提高压窖效果。车辆行驶速度不能超过 5km/h。

5. 压窖标准

以 30%干物质计，每立方米重量不低于 750kg，即每立方米装贮干物质重量不低于 225kg。

6. 装填方式

原料入窖后，要在第一时间进行推料，将料推成一个 30°的斜坡，不能呈水平状推料。

7. 装填高度

装填高度不能超过青贮取料机的工作高度。

8. 添加剂

若需使用添加剂，则在原料装填时将添加剂均匀地添加到原料中，与原料一起分层入窖。

（四）密封

密封的目的是隔绝青贮原料与氧气接触，避免氧气渗透到青贮窖内部，导致养分损失和青贮饲料腐败变质。

1. 覆膜

青贮原料装填至高出窖口 60～100cm 时，经充分压实后及时覆膜密封。覆膜时，要先铺一层透明膜，然后再铺设一层黑白膜。注意黑白膜的白色面向外，黑色面向内；膜的接缝处要重合 1～2m，接缝处最好用胶黏剂进行处理。

2. 镇压

覆膜后要用轮胎或其他物料放置在膜的上面进行镇压，边沿处最好用沙袋进行镇压。使用轮胎时最好将整个轮胎劈成两个使用，可有效避免雨后形成蚊蝇孳生场所。摆放时先中间后两侧，每平方米放置 2 个。

（五）开窖饲用

开窖管理不当，将会导致青贮饲料的有氧稳定性下降，青贮饲料品质降低，甚至腐败变质。

1. 质量检查

开窖后，先对青贮饲料进行感官品质鉴定。青贮料呈青绿色或黄绿色，有轻微酸味和芳香味，质地柔软、稍湿润为优质青贮饲料；青贮料呈黄褐色或暗绿色，有刺鼻的酸味，质地柔软、稍干或水分稍多为中等青贮饲料；青贮料呈褐色或黑色，腐败且有臭味，黏结成块或干燥松散为劣等青贮饲料。劣等青贮料不能饲喂家畜。

2. 开窖时间

密封至 45d 以上方能开窖使用。

3. 开窖方法

从窖的一端打开，每天打开距离至少 30cm，然后由上向下垂直取用，即每天要取用至少 30cm 厚的一层。

4. 取料方法

使用青贮取料机取料，严禁使用铲车由下向上铲料。取料后料面要保持整齐无松动，窖底无散落的青贮饲料。

5. 取料数量

从窖中取出的青贮饲料数量要与饲喂量一致。严禁将青贮饲料取出后放置过夜后饲喂，同时也要避免早晨将全天的青贮饲料一次性取出饲喂。

五、注意事项

密封后因原料下沉或动物损害会导致窖顶出现破裂等异常情况发生，因而密封后要由专人进行窖的管理工作，特别是在密封后的第一周内，管理工作至关重要。

（一）人员管理

密封后无关人员严禁上窖，管理人员上窖时要穿平底鞋，且鞋底具有一定摩擦力，以防从窖顶滑落。

（二）窖顶管理

密封后因原料下沉会导致薄膜破裂或窖顶凹陷，一旦发现上述情况要及时采取措施处理。

（李运起、吴春会、郑国强、赵娟、张焕强）

干草棚设计建造技术

一、技术概述

2016年农业部组织制定了《全国草食畜牧业发展规划（2016—2020年）》。规划的主要目标是2020年初步构建现代草食畜牧业的生产体系、经营体系和产业体系。这对加快农业产业结构调整，构建粮经饲兼顾、农牧业结合、生态循环发展的种养业体系，推进农业供给侧结构性改革，具有重要的战略意义和现实意义。

规划的重点任务之一就是加强草食畜牧业基础设施建设，完善保障技术措施。在粮改饲政策推动下，全国各地干草棚建设规模迅速增加，规范及推广干草棚设计建造技术的重要性与日俱增。其主要目的有以下两个方面：

第一，为饲草生产基地和饲养场干草棚设计、建造提供建设技术支撑，提高干草棚建设的安全性、经济性、技术可行性。

第二，使广大草业、畜牧业从业人员进一步降低干草因不当储存引发的品质劣化和损耗，降低生产成本，进一步解决牲畜饲草料供应不足的突出问题，提高草业、畜牧业抵御自然灾害的能力和安全生产意识。

二、主要干草产品类型及规格

干草是由新鲜饲草通过调制生产的，有禾本科、豆科、莎草科、菊科、藜科、十字花科等干草，其中以禾本科、豆科较为常见。禾本科的干草有羊草、冰草、黑麦草、雀麦、羊茅及苏丹草等。豆科的干草有苜蓿、三叶草、草木樨、大豆等。这类干草富含蛋白质、钙和胡萝卜素等，营养价值较高，饲喂草食家畜可以补充饲料中的蛋白质。

（一）小方草捆

加工小方草捆的主要设备是小方草捆捡拾压捆机（即常规打捆机）。加工时将田间晾晒好的含水率在17％～22％的牧草捡拾压打成长方体草捆，草捆截面尺寸为0.3m×0.45m～0.4m×0.5m，草捆长度0.5～1.2m，草捆重量在10～40kg，草捆密度一般在120～260kg/m^3，加工小方草捆的技术关键是牧草打捆时的含水率，合适的含水率能使草捆成形良好、坚固且更多地保存营养（图1）。

图1　小方草捆

（二）大圆草捆

加工大圆草捆的主要设备是大圆捆打捆机。加工时将田间晾晒好的牧草捡拾并自动打成大圆柱形草捆。大多数圆草捆直径1.5～2.1m（国产机型打出的大圆草捆直径为1.6～1.8m），草捆长度1.2～2.1m，重量在400～1 500kg（草捆重量根据不同的机具、牧草种类及含水率改变），典型的大圆草捆密度为100～180kg/m^3，是小方草捆密度的60％～80％（图2）。

图 2 大圆草捆

（三）干草粉

干草粉是由干燥牧草粉碎后形成的粉状饲料，主要用于畜禽制作配合饲料。用豆科牧草生产出的优质草粉，是重要的蛋白质饲料来源。以优质豆科牧草苜蓿为例，用现蕾期至初花期刈割的苜蓿，经高温、快速人工干燥后生产出的苜蓿干草粉，几乎可以保存新鲜苜蓿的全部营养，其蛋白质含量可达20%～22%，胡萝卜素高达250～300mg，矿物质和各种维生素都比一般的谷物饲料丰富，用这样的苜蓿草粉可替代猪鸡配合饲料中10%～12%的精料（图3）。

图 3 干草粉

（四）草颗粒

草颗粒是以草粉为原料经制粒机压制后形成的颗粒状饲料，比干草粉减少储存空间 2/3，降低粉尘污染，使运输、储存和使用更加高效、便捷（图 4）。

图 4　草颗粒

（五）草块

草块是由切碎或粉碎干草经压块机压制成的立方块状饲料，比草捆减少储存空间 1/3，草块的饲喂损失比草捆低 10%，运输、储存、饲喂等方面更具优势（图 5）。

图 5　草　块

三、技术要点

（一）干草棚储存需求量计算方法

1. 干草生产基地干草棚储存需求量计算方法（表 1）

干草生产基地要根据干草类别，销售情况等确定干草棚的储存需求量，可按照下列公式计算：

$$Q_{需} = YSC/1\ 000$$

式中，$Q_{需}$——干草生产基地干草棚（场）储存需求量（t）；

Y——干草年产量（kg/亩）；

S——干草种植面积（亩）；

C——干草刈割次数。

表 1　1 000 亩干草生产基地干草棚设计技术指标

种类	干草产量（kg/hm^2）	刈割次数	人工种草（hm^2）	总产量（kg）	密度（kg/m^3）	换算体积（m^3）	有效容积（m^3）	储存高度（m）	干草棚面积（m^2）
豆科类	10 500	1	66.67	700 000	120	5 833	4 375	4	1 094
禾本科	7 500	1	66.67	500 000	120	4 167	3 125	4	781

注：①取小方草捆的最小密度计取草捆密度；②有效体积取值 0.75；③储存高度取大部分物料运输车操作高度 4m。

2. 储存需求量计算

养殖场干草棚储存需求量根据养殖场的干草储存时间、养殖畜群结构计算需求量，同时要结合当地干草供应条件、日常饲喂干草品种、质量和粗饲料条件，按照草食性动物正常饲养需求及损耗计算年储存量（表 2～表 4）。一般养殖场干草储存时间为 3～6 个月。

根据养殖群体规模和日粮计划，养殖场干草棚、干草堆场的设计规模可按照下列指标公式，先计算单一畜群储存需求量，再根据实际分群情况进行累加。

$$Q_{需} = (C + LC)TN/1\ 000$$

式中，$Q_{需}$——养殖场干草棚（场）储存需求量（t）；

C——干草日消耗量（kg/d）；

L——干草损耗率，一般取 5%；

T——干草储存天数（d）；

N——干草饲喂数量（头、只）。

表 2　奶牛场干草棚设计技术指标（每头）

种类	干草日消耗量（kg）	损耗（%）	储存天数（d）	储存量（kg）	密度（kg/m^3）	换算体积（m^3）	有效容积（m^3）	储存高度（m）	干草棚、干草堆场面积（m^2）
奶牛	3.65	5	180	690	120	5.75	4.31	4	1.08
后备牛	1.5	5	180	284	120	2.36	1.77	4	0.44
青年牛	1.2	5	180	227	120	1.89	1.42	4	0.35

表 3　肉牛场干草棚设计技术指标（每头）

种类	干草日消耗量（kg）	损耗（%）	储存天数（d）	储存量（kg）	密度（kg/m³）	换算体积（m³）	有效容积（m³）	储存高度（m）	干草棚、干草堆场面积（m²）
犊牛	1.5	5	180	284	120	2.36	1.77	4	0.44
育成牛	2.25	5	180	425	120	3.54	2.66	4	0.66
青年牛	2.75	5	180	520	120	4.33	3.25	4	0.81

表 4　肉羊场干草棚设计技术指标（每只）

种类	干草日消耗量（kg）	损耗（%）	储存天数（d）	储存量（kg）	密度（kg/m³）	换算体积（m³）	有效容积（m³）	储存高度（m）	干草棚、干草堆场面积（m²）
繁殖母羊	1	5	180	189	120	1.58	1.18	4	0.30
后备母羊	1	5	180	189	120	1.58	1.18	4	0.30
育肥羊	1.2	5	180	227	120	1.89	1.42	4	0.35

3. 干草码垛方式

干草棚内宜方捆储存，干草堆场宜圆捆储存。草捆体积大小应便于装卸、运输和储存。干草棚内的干草垛，大小应遵循保证稳定不坍塌并便于取料的原则码放，最底层宜在干草棚内地面上架空。可采用方木条、砖砌条等多种方式，架空高度不宜小于 300mm。敞开式干草棚柱内侧四周应设通道。通道内侧草堆层层码放，每层可根据所处位置、高度和草捆大小等实际情况设置通风道，一般可按照每隔 2～5 捆设置长的通风道，通风道宽度 250～300mm，且相邻两层通风道方向纵横相反，使干草垛通风性良好。干草垛最大高度应结合干草打捆方式确定，但不宜超过干草垛长度和宽度，且距檐口不小于 500mm。

干草堆场内的干草垛与干草棚内的干草垛码放方式的不同点在于，干草堆场内的干草垛平面宜为圆形，底大顶小，最外侧的干草宜竖向靠立放置，能使雨水顺流而下。

（二）干草棚的建筑物特征描述

1. 建筑物分类

（1）按使用性质分类：农业建筑。

（2）按建筑耐久年限分类：次要建筑。

2. 按建筑结构分类

（1）全封闭式、半封闭式或敞开式。

（2）砖混结构或轻钢结构。

3. 其他特征

（1）建筑物重要性类别：丁类建筑物。

（2）生产、储存物品火灾危险性分类：丙类（可燃固体）。

（3）建筑物耐火等级：主要构件不低于三级。

（4）设计使用年限：25 年。

（5）结构构件安全等级：主要构件二级，不得低于三级。

（6）抗震设防：一般情况下，抗震设防烈度可采用中国地震参数区划图的地震基本烈度。

（三）干草棚建设场地选择

（1）干草棚建设场地应选择地形平坦、地势较高、向阳、背风、干燥、管理方便、便于运输的场地，且周围无杂草、无积水等病虫害传染源，还应满足防疫和管理要求。

（2）干草棚应设在主要建筑物下风向，且干草棚与其他道路、建筑物的间距应满足《建筑设计防火规范》可燃材料堆场的防火间距要求，详见表 5。

表 5　干草棚与道路的防火间距

单位：m

名　　称	距离厂外道路路边	距离场内主要道路路边	距离场内次要道路路边
干草棚与道路的防火间距	15	10	5

干草棚与甲类厂房（仓库）、民用建筑的防火间距应根据建筑物耐火等级分别按表 6 的规定增加 25%且不应小于 25m。

干草棚与室外变、配电站的防火间距不应小于 50m，与明火或散发火花地点的防火间距应按照干草棚与相邻建筑物的防火间距（表 6）中四级耐火等级建筑物防火间距增加 25%。

表 6　干草棚与相邻建筑物的防火间距

单位：m

一个干草棚的总储量（t）	建筑物耐火等级		
	二级	三级	四级
$10 \leqslant W < 5\ 000$	15	20	25
$5\ 000 \leqslant W < 10\ 000$	20	25	30
$W \geqslant 10\ 000$	25	30	40

当干草棚总储量大于20 000t时，宜分设堆场。

干草棚之间间距不应小于相邻较大堆场与四级耐火等级建筑物的防火间距。

干草棚与其他不同性质物品堆场的防火间距、干草棚与铁路的防火间距详见《建筑设计防火规范》4.5章节。

如果防火距离不够，可砌筑耐火等级为2～3级的防火墙，满足《建筑设计防火规范》的要求。

(四) 干草棚建筑设计

1. 干草棚储存容量

可按照下式计算

$$Q_{容} = \rho l_0 b_0 h_0 / 1\,000$$

式中，$Q_{容}$——棚（场）储存容量（t）；

ρ——干草体积密度，散堆时可取30～50kg/m³，打捆时可取120～260kg/m³；

l_0——干草垛设计长度（m）；

b_0——干草垛设计宽度（m）；

h_0——干草垛设计高度（m）。

2. 建筑平面布局及高度

(1) 干草棚应为地上单层建筑，其跨度、高度、柱距及构件尺寸等应符合现行国家标准《建筑模数协调标准》GB/T 50002的有关规定。

(2) 单跨干草棚平面应为矩形，跨度宜为6～18m，柱距3～6m，总长度不宜超过30m。

(3) 干草棚净高宜为4～6m。

(4) 开放式干草棚外侧通道宽度宜大于1.5m，棚内通道宽度宜大于4m；半开放式干草棚内通道宽度宜大于4m；堆场不设置内通道。

3. 建筑构造

干草棚屋面、墙体结构构造技术采用国家建筑标准图集06J925－1、06J925－2《压型钢板、夹芯板屋面及墙体建筑构造》相关做法。

(1) 屋面技术要求。干草棚宜采用双坡屋面或拱形屋面，也可采用单坡屋面，檐口高度宜为4～6m。屋面工程做法宜采用轻钢结构压型钢板屋面或夹芯板屋面，也可采用石棉瓦等难燃材料。

屋面坡度取（1∶3）～（1∶4）为宜，屋面排水宜采用有组织排水，当采用无组织排水时，屋檐挑出距离应保障屋面排水不会倒灌入干草棚内。

(2) 墙体技术要求。干草棚宜采用敞开式，敞开式建筑不设外墙，可满足干草储藏通风、避雨、避强光的基本要求，结构简单，造价低廉。

干草棚也可采用半封闭式，墙体材料可选择轻钢结构压型钢板墙面或夹芯板墙面，也可选择砖砌筑或砖砌筑基础＋轻钢结构上部墙体相结合的方式。其墙体高度可按照实际需要设置但不低于1.2m。墙体可在顶风面一面设置，也可双面、三面、四面设置。

半封闭式干草棚有利于防潮，可避免雨水从侧面淋湿干草引发霉变，但过高的墙体不利干草的自然采光和通风除湿，因此墙体高度超过2m后宜增设通风窗。砌筑墙体的位置应在屋面滴水线以内并保障雨水不倒灌入干草棚为宜。

墙体及墙体基础的砌筑会导致干草棚造价提升，经济效益比敞开式干草棚差。

4. 干草棚工程做法

（1）门窗。敞开式干草棚不设门窗。

半封闭式干草棚门窗可选用轻钢结构压型钢板墙面或夹芯板墙面配型门窗或铝塑门窗，便于使用和管理即可，无特殊要求。

（2）地面。干草棚宜采用120～180mm厚C25混凝土地面。地面高度应不低于室外地坪0.3m。地面应向外侧四面排水，排水坡度为2%。

（3）散水、坡道。干草棚在出入口设置坡道，坡道宽度不小于2m，长度不小于1.8m，坡道表面应设置防滑槽。其余位置应设置混凝土散水，散水宽度不小于1m。

（4）排水沟。无挡墙的干草棚宜在四面设置排水明沟，沟顶覆盖铸铁排水篦子，雨水汇入场区排水系统或直接排出场外。

（五）干草棚结构设计

1. 干草棚面积1 000m^{2}以下的宜选择轻型钢结构，也可以选择砖混结构，1 000m^{2}以上的建议采用轻型钢结构。

2. 钢结构设计应符合现行国家标准《钢结构设计规范》（GB 50017）的有关规定。采用现行国家标准《碳素钢结构》（BG/T 700）规定的Q235钢和《低合金高强度结构钢》（GB/T 1591）规定的Q345钢。门式钢架、焊接檩条和墙梁等构件宜采用Q235B或Q345A及以上等级的钢。非焊接檩条和墙梁等构件可采用Q235A（B）钢。

3. 砖强度等级不应低于MU10，水泥砂浆强度等级不应低于M7.5。

4. 地基基础荷载取值。根据《建筑地基基础设计规范》（GB 50007—2012），对基础设计中不同基础形式计算应采用的上部荷载组合进行了分析。

（1）上部结构作用在基础上的荷载分为永久荷载和可变荷载。永久荷载的分项系数为1.2，可变荷载的分项系数为1.4。当采用结构分析软件进行电算时，可取永久荷载和可变荷载的综合分项系数为 1.35。

（2）按地基承载力确定基础面积及埋深时，传至基础顶面上的荷载应按基本组合的设计值计算。

（3）计算地基稳定性（以及滑坡推力）和重力式挡土墙上土压力时，荷载应按基本组合，但荷载分项系数均为 1.0。

（4）计算基础的最终沉降量时，传至基础底面上的荷载应按长期效应组合，荷载采用标准值，且不计入风荷载和地震作用。

（5）进行基础截面及配筋计算时，荷载均采用设计值。

5. 屋面荷载取值。屋面恒荷载主要由三部分组成：建筑屋面面层恒荷载、结构层恒荷载、顶棚恒荷载。

（1）屋面可变荷载：雪荷载和活荷载。对于轻钢结构，计算主体结构的屋面活荷载可取 0.30kN/m^2，檩条活荷载可取 0.30kN/m^2。

（2）坡屋面荷载取值模式。荷载规范里不上人坡屋面活荷载标准值为 0.5kN/m^2，需要注意的这是水平投影面上的统计数据，即模式里的 $F_{统计}$，而坡屋面实际几何面和其水平投影面是两个不同的面，水平投影面上的是 0.5。假定实际坡屋面上的荷载为 $F_{实际}$，那么 $F_{实际}=F_{统计}\times$坡度余弦，方向竖直向下，而不是垂直坡屋面（图 6）。

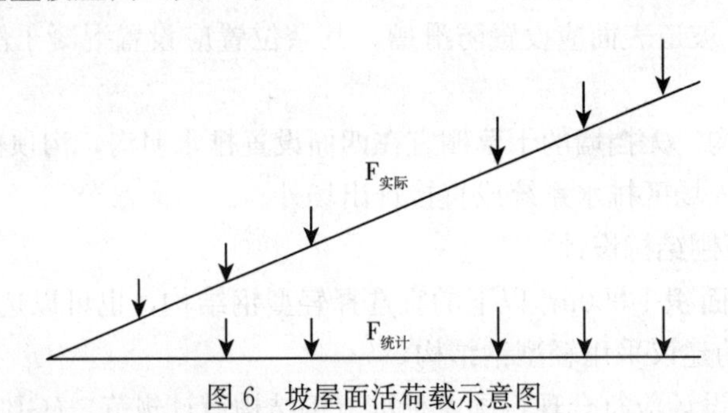

图 6　坡屋面活荷载示意图

（六）干草棚电气设计

1. 干草棚用电负荷宜为三级负荷。

2. 干草棚应设置独立配电箱。

3. 干草棚内管线应采用阻燃通信绝缘导线，电力线路导线截面积不应小于 2.5mm^2，控制导线截面积不应小于 1.0mm^2。电路线缆应穿 PVC 管敷设。

4. 干草棚照明灯具宜均匀布置，在 1m 水平面上平均照度 50 lx，严禁使用卤钨灯等高温光源。

5. 干草棚防雷系统可利用建筑物钢结构构件。采用 TN～S 接地系统，接地电阻应小于 4Ω。

（七）干草棚、干草堆场消防设计

干草属于易燃固体，干草的燃烧具有过火速度快、热辐射大、烟雾浓重、火星飘飞距离远、灭火时间长、用水量大的特点，一旦发生火灾，灭火难度较大，因此，干草棚的建设及管理应贯彻“预防为主、消防结合”的消防工作方针。具体要求如下：

1. 四周都有墙体的半封闭式干草棚，安全出口不应少于2个，其相邻的安全出口最近边缘之间的水平距离不应小于5m。当干草棚面积不大于300m^2时，可设置1个安全出口。

2. 干草棚、干草堆场周围应设置可供消防车取水的室外消火栓，消火栓数量、水量、水压应符合现行防火规范要求。消火栓距离消防车道边缘不宜大于2m。

3. 干草棚、干草堆场应设置消防车道，其中储存量大于5 000t的干草棚应设置环形消防车道。消防车道的边缘距离可燃材料堆垛不应小于5.0m，消防车道净宽和净空高度均不应小于4.0m。转弯半径需要满足消防车转弯要求。消防车道与干草棚之间不应设置妨碍消防车操作的树木、架空线管等障碍物。消防车道坡度不宜大于8%。环形消防车道应至少有两处与其他车道相连通，消防车道尽头应设置回车场，回车场面积不小于12m ×12m。消防车道的路面、救援操作场地和明沟、地下管道、暗沟等，应能承受消防车压力。

4. 干草棚、干草堆场应设置灭火器和消防器材，灭火器配置说明如下：

（1）干草棚、干草堆场火灾分类：固体物质火灾（A类）；

（2）干草棚、干草堆场火灾危险性：中危险级；

（3）灭火器选择：A类火灾可选择水型灭火器，磷酸铵盐干粉灭火气、泡沫灭火器。灭火器配置要满足最小需配灭火器级别，同时灭火器设置点距干草棚或干草堆场内最不利点的直线行走距离不得超过灭火器最大保护距离。

（4）根据干草棚或干草堆场的面积，最小需配灭火器级别按表7执行。

表7 干草棚、干草堆场最小需配灭火器级别

堆放面积（m^2）	最小需配灭火器级别
$S\leqslant 500$	2A
$500<S\leqslant 1\ 000$	4A
$1\ 000<S\leqslant 1\ 500$	6A

（续）

堆放面积（m^2）	最小需配灭火器级别
1 500＜S≤2 000	8A
2 000＜S≤2 500	10A
2 500＜S≤3 000	12A

（5）手提式灭火器最大保护距离为 20m，推车式灭火器最大保护距离为 40m。

当灭火器设置点距最不利点的直线行走距离超过灭火器最大保护距离时，需增加灭火器设置点，直至干草棚、干草堆场平面内任意点均可在灭火器保护距离内为准。增加的灭火器设置点需配灭火器级别均不能小于 2A。

（6）按照上述内容确定灭火器设置位置和需配灭火器级别后，按表 8 选择灭火器种类。

表 8 常见灭火器对应的灭火级别

类型		规格	灭火级别
手提	水型	3L、6L	1A
手提	水型	9L	2A
手提	泡沫	3L、4L、6L	1A
手提	泡沫	9L	2A
手提	磷酸铵盐干粉	1kg、21kg	1A
手提	磷酸铵盐干粉	3kg、4kg	2A
手提	磷酸铵盐干粉	5kg、6kg	3A
推车	水型	20L、45L、60L	4A
推车	水型	125L	6A
推车	泡沫	20L、45L、60L	4A
推车	磷酸铵盐干粉	20kg	6A

每个干草棚的灭火器数量不得小于 2 个，每个灭火器设置点的灭火器数量不宜多于 5 个。

四、注意事项

1. 干草棚日常管理严格执行《消防重点部位防火制度》中的《货场草捆

库的防火规定》。

（1）取送草捆时，禁止吸烟，非工作人员禁止入内。

（2）草捆要及时入库，不准长时间露天堆放。

（3）干草棚周围要经常进行清扫，严禁在周围焚烧垃圾。

2. 在干草棚及周围50m设立标志牌，严禁明火。

3. 定期排查干草棚及周边火灾隐患，主要包括照明及动力线路定期检查维修，避免线路老化引发火灾。

4. 严格检查出入干草棚或干草棚内使用的车辆和机械，避免排气管飞火引燃干草，避免机械因使用不当引发火灾。

5. 应保证地面及路面雨水的排水系统畅通。

五、典型干草棚建筑结构设计剖面图

详见图7～图9，表9。

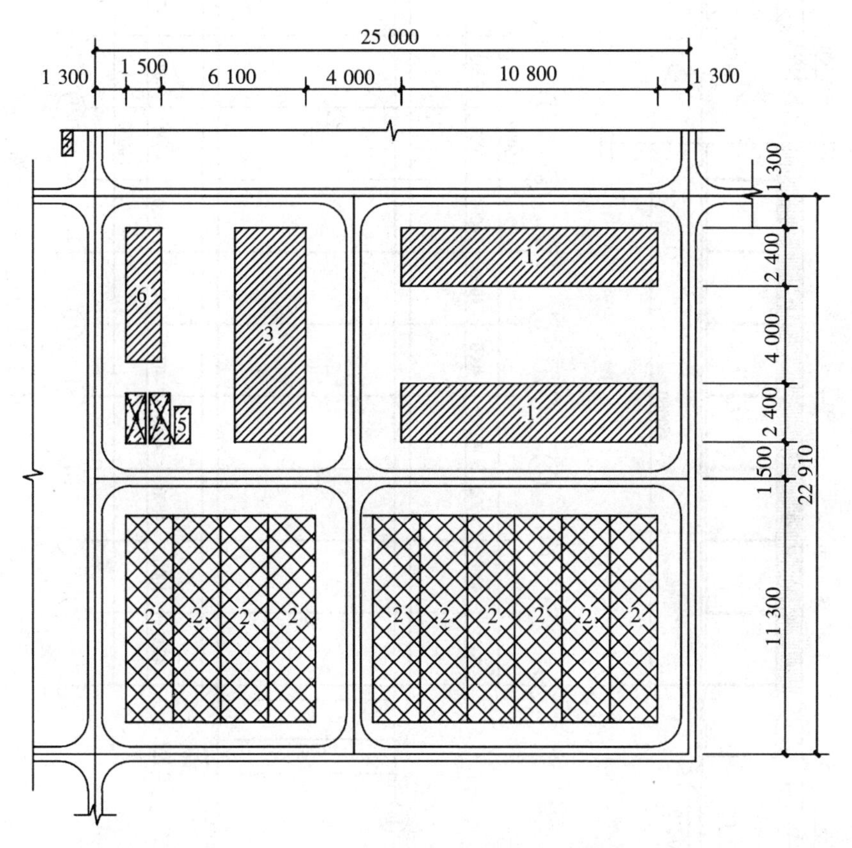

图7　5 000头奶牛场饲料加工储存区总平面布置示意图（单位：mm）

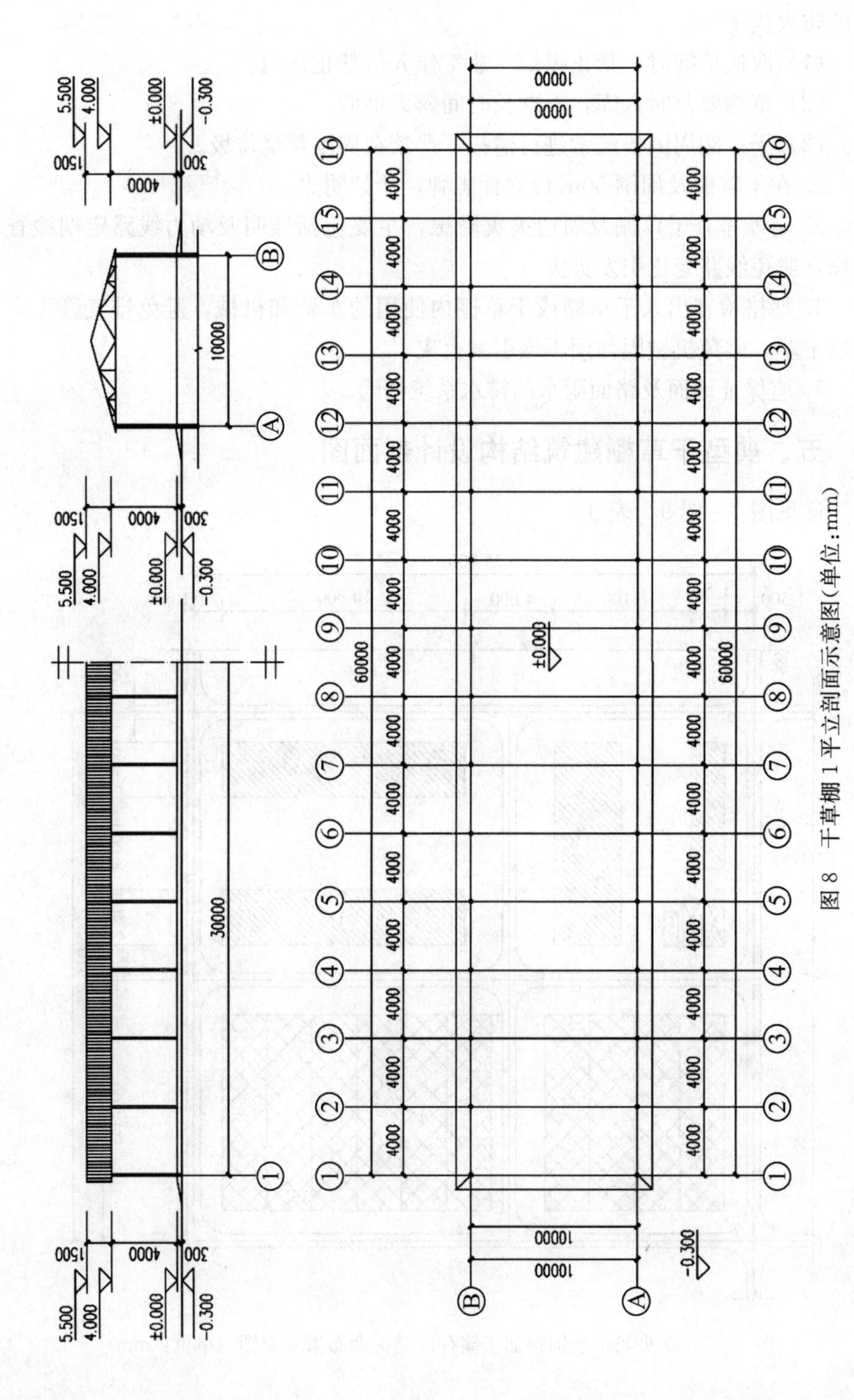

图8 干草棚1平立剖面示意图(单位:mm)

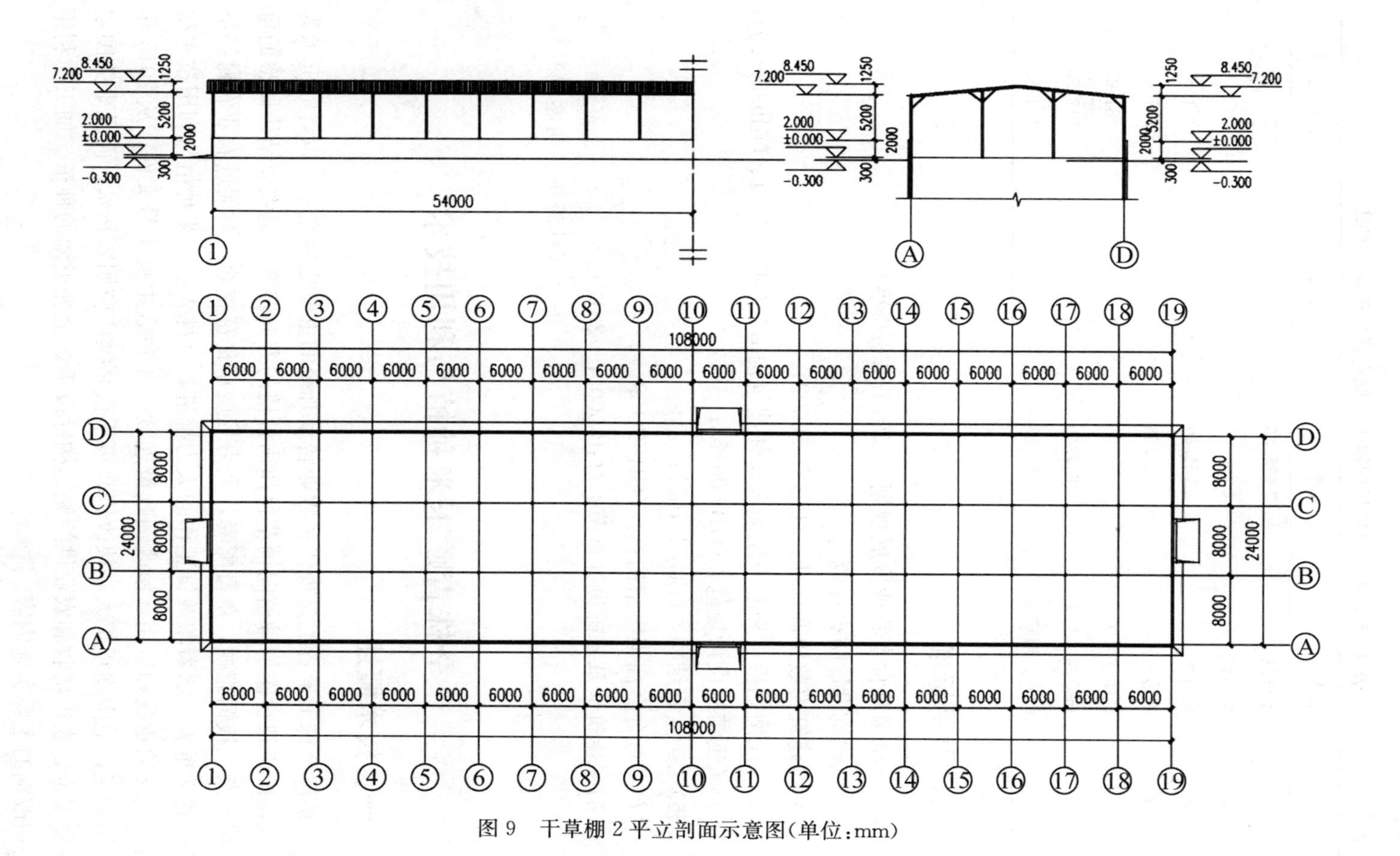

图 9　干草棚 2 平立剖面示意图（单位：mm）

表 9　5 000 头奶牛场饲料加工储存区建筑物明细表

单体编号	单体名称	规模（m²）	数量	总面积（m²）
1	干草棚	2 675.56	2	5 351.12
2	青贮窖	1 700.00	10	17 000.00
3	精料库	2 751.80	1	2 751.80
4	消防水池	178.88	2	357.66
5	消防水泵房	81.25	1	81.25
6	机修库、车库	817.50	1	817.50
7	门房、地磅房	164.80	1	164.80

六、引用标准

(1)《全国草食畜牧业发展规划》(2016—2020 年)；
(2)《建筑设计防火规范》；
(3)《建筑模数协调标准》(GB/T 50002)；
(4)《压型钢板、夹芯板屋面及墙体建筑构造》(06J925 - 1、06J925 - 2)；
(5)《钢结构设计规范》(GB 50017)；
(6)《碳素钢结构》(BG/T 700)；
(7)《低合金高强度结构钢》(GB/T 1591)；
(8)《建筑地基基础设计规范》(GB 50007—2012)。

（杜海梅、胡志鹏）

全株青贮玉米种植与利用技术

一、技术概述

推广全株玉米青贮是现代畜牧业转型升级的重要措施之一。以青贮玉米为重点，推进粮食作物种植向饲草料作物种植的方向转变，是农业结构调整的重要切入点。粮饲兼顾，草畜配套，大力发展草食畜牧业，对促进农业农村经济发展意义重大。随着粮改饲工作的大力推进，全株青贮玉米种植与利用技术得到了广泛的重视和应用。粮改饲政策连续 3 年写入中央 1 号文件，从 2015 年开始试点，范围逐年扩大。粮改饲政策不仅是推广应用新技术，而且事关国家粮食安全、农民增收和农业供给侧结构性改革。全株玉米的种植、加工与利用是粮改饲的主要实施内容。

全株玉米青贮技术主要通过高效种植与管理，将乳熟至蜡熟期带穗的整株玉米切碎后，在密闭无氧条件下，通过微生物厌氧发酵和化学作用，将全株玉米制成青贮饲料，适口性好、消化率高、营养丰富，且能够保证常年均衡供应反刍动物，对草食畜牧业发展具有重要意义。

二、技术特点

（一）适用范围

全株青贮玉米种植与利用技术主要包括青贮玉米的种植、管理、收获加工、品质评定和饲喂管理等环节，适用于全国各地制作全株玉米青贮饲料。

（二）相似技术比较

与传统的玉米秸秆青贮相比，在种植、养殖环节都能够产生更大的效益。对于玉米种植户，玉米成熟后每亩地收玉米籽粒450kg，按2017年市场价1.6元/kg，玉米籽粒收入720元，加上玉米秸秆收入，每亩地毛收入约800元；种植青贮玉米4 000～4 500株/亩，蜡熟期全株玉米产量3t/亩左右，收购价格0.3～0.35元/kg，每亩毛收入900～1 050元/亩。种植全株青贮玉米可比收获玉米籽粒增收100～250元/亩。

对于养殖场，利用全株玉米青贮饲料饲喂奶牛，可使奶牛常年吃到优质青绿多汁饲料，其适口性、消化率以及营养价值均优于去穗秸秆青贮。在管理条件相同的情况下，通过饲喂全株玉米青贮饲料，奶牛所产鲜奶乳脂率由3.5%提高到3.75%，乳蛋白由3%提高到3.2%，干物质由11.5%提高到12.5%，奶价格可提高0.10元/kg以上，一头年产奶6 000kg的奶牛因奶品质提高可增收600余元。

对于奶牛本身，长期饲喂全株玉米青贮饲料也有很多好处。以存栏500头奶牛的养殖场为例，连续5年饲喂全株玉米青贮饲料后，奶牛健康状况和生产性能明显提高，主要表现在：①奶牛发情期规律，排卵正常，配种准胎率提高，产犊间隔缩短。饲喂结果表明，母牛配种准胎率可由80%提高到90%，产犊间隔由14.5个月缩短到13个月，一头奶牛年可增收500余元。②毛色光亮，体质良好，发病率降低。通过饲喂全株玉米青贮饲料，奶牛发病率可由5%降到2%，全场年可节省医药费8 000多元。③可延长产奶高峰期，提高牛奶产量。通过饲喂全株玉米青贮饲料，其产奶高峰期由原来的2.5个月延长到4个月。一头奶牛年可多产鲜奶1 000kg左右，增加效益2 500余元。

三、技术流程

全株青贮玉米种植与利用技术，主要包括青贮玉米的种植与田间管理，收割切碎、装填压实与密封青贮，玉米青贮饲料的品质评定和饲喂管理等技术，具体技术流程如图 1。

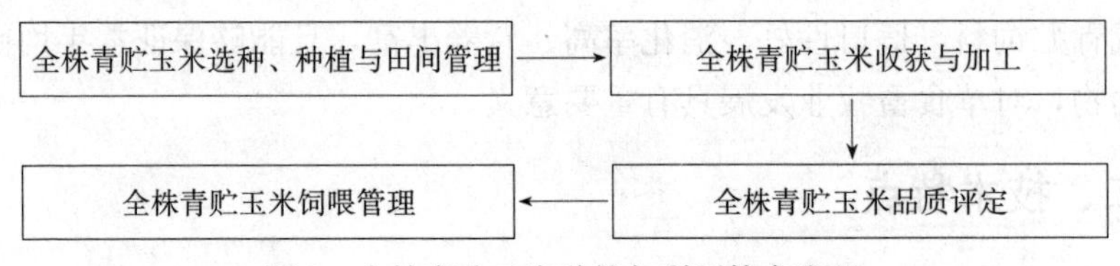

图 1　全株青贮玉米种植与利用技术流程

四、技术内容

(一) 全株青贮玉米高效种植技术

1. 品种选择

(1) 选择通过审定的品种。选择覆盖所在区域的经国家或省审定的品种，注意适应性、产量、品质、抗性（抗病、抗虫、抗逆）等综合性状的选择。

(2) 选择生育期合适的品种。根据当地种植情况，选择生育期合适的品种，尽量避免光热资源浪费和成熟度不足等情况的发生。

(3) 选择优质种子。注意查看种子的纯度、发芽率、净度、水分等指标是否符合国家标准，其中纯度≥96%、发芽率≥85%、净度≥99%、水分≤13%。并注意优先选择发芽势高的种子，当单粒点播时要求发芽率更高。

(4) 注意品种搭配。在较大种植区域内应考虑不同品种的搭配种植，起到互补作用，提高抵御自然灾害和病虫害的能力，实现高产稳产。

(5) 因地选种。水肥条件好的地区可选耐密高产品种；根据当地气候特点和病虫害流行情况，尽量避开可能存在的品种缺陷；套种时可选比直播生育期略长的品种；干旱地区应适当选用早熟品种。优选在当地已种植并表现优良的品种。

2. 播种

(1) 确定播量。根据品种特性、土壤肥力、水分条件等，确定种植的疏密程度，一般每亩在 5 000 株左右。机械作业适当增加播量，为避免机械损伤和病虫害伤苗造成的密度不足，需要在适宜密度基础上增加 5%～10% 的播种量。

(2) 精细播种。稳定在 8～10℃后可以播种，播种深度以 5～6cm 最为适宜。通常行距为 30～50cm，行距应与青贮收割机的收割宽幅配套。播种方法常用穴播（点播）、精量播种、免耕播种。

3. 田间管理

(1) 苗前化学除草灭虫。在玉米播种后出苗前土壤较湿润时，趁墒对玉米田进行“封闭”除草；喷洒杀虫剂，杀灭麦茬上的害虫，如棉铃虫、黏虫、灰飞虱和蚜虫等，防止其从上茬作物直接转移到玉米幼苗上为害。

(2) 苗穗期管理。做好苗穗期追肥、灌水、中耕培土，促进壮穗，保证植株营养体生长健壮，根深叶茂，果穗发育良好，力争穗大、粒多。

(3) 花粒期管理。防止吐丝期受旱，酌情追施花粒肥，雌雄不协调时可进行人工辅助授粉，保证授粉良好；维持较高的群体光合生产能力，防止倒伏和后期早衰，促进子粒灌浆，提高成熟度，争取粒多、粒饱、高产。

(二) 全株青贮玉米收获与加工

1. 适时刈割

全株青贮玉米的刈割宜在籽粒 1/2～2/3 乳线，30%～35%干物质含量，淀粉 32%以上。刈割时合理的留茬高度一般为 15～20cm。留茬过低易混入较多泥土，造成腐败，纤维含量过高，奶牛采食量降低。留茬过高产量降低，影响经济效益。

2. 切段

全株玉米青贮原料切碎长度不宜超过 2cm，原料越干燥，其所含的粗纤维越多，就应该被切的更短，以便于尽可能地压实并尽快排出其中空气，带有揉搓功能的切碎机有利于提高消化率。

3. 籽粒破碎

全株青贮玉米应有籽粒破碎工艺，以提高籽粒消化利用率。由于籽粒经过粉碎机破碎，糖分流出，为乳酸菌的繁育提供更多的养料，加大籽粒与微生物接触的面积，促进发酵过程，从而提高饲料转化率。

4. 装填压实与密封

全株青贮玉米应随收、随运、随切、随装、及时封窖。切碎的青贮原料应逐层装入窖内，每装 20～30cm，用机械压实，特别注意将窖壁周边压实。原料装填应高出窖壁上沿 50～100cm，使其呈现中间高、周边低，长方形窖呈弧形屋脊状。青贮窖装满后用青贮专用塑料薄膜立即密封，压实。塑料薄膜重叠处至少应交错 1m，并用青贮专用胶带密封。封窖后，应定期检查窖顶和窖口，注意防范鼠类、鸟类破坏，如发现下沉或有裂缝，应及时修补。

(三) 全株青贮玉米质量评估定级

从玉米青贮感官、发酵品质、营养成分、微生物数目及安全指标五个方面对全株青贮饲料进行全方位、综合的评价，根据得分将每一项指标分别定级，通过每项指标的得分情况汇总成整体得分，根据总分等级评估青贮玉米优劣情况。评估标准可参照内蒙古自治区 DB15/T 956—2016《全株玉米青贮质量评价标准》。

(四) 全株青贮玉米饲喂技术

1. 奶牛饲喂技术

(1) 饲喂方法。最好采用 TMR (全混合日粮) 方式饲喂。TMR 是根据奶牛不同生理阶段和生产性能的营养需要，把铡切适当长度的粗饲料、精饲料和各种添加剂按照一定的比例进行充分混合而得到的一种营养相对平衡的日粮，其最大的特点是奶牛在任何时间所采食的每一口饲料营养都是均衡的。

对于没有 TMR 的牧场，饲喂奶牛时，要按照合理的顺序饲喂：先饲喂青贮玉米，再饲喂干草，后饲喂精料。

(2) 饲喂量。应根据成年母牛的体重和产奶量来决定青贮玉米的饲喂量(表 1)。

表 1　奶牛青贮玉米饲喂量

体重 (kg)	产奶量 (kg/d)	饲喂量 (kg/d)
500	＞25	25
400	＞20	20
350	15～20	15～20
	＜15	15
育成牛	—	5～10
干奶期	—	10～15

2. 肉牛饲喂技术

(1) 饲喂方法。青贮玉米是一种优质的粗饲料，但必须与精饲料进行合理搭配才能提高利用率，最好采用 TMR 方式饲喂。不合理的饲喂配方可能导致代谢障碍，反刍减少、瘤胃酸中毒、真胃变位等。

(2) 饲喂量。根据肉牛的年龄、性别、生理阶段、生长速度等因素，结合青贮玉米品质，参考饲养标准计算青贮饲喂量，品质良好的青贮玉米可以适当多喂。青贮玉米干物质可以占到粗饲料干物质的 1/3～2/3，饲喂量 10～20kg。成年牛每 100kg 体重青贮饲喂量：基础母牛 5～7kg，育成牛 4～5kg，后备牛 4～4.5kg，种公牛 1.5～2kg。犊牛可以从出生后第 1 月末饲喂青贮料，喂量每天 100～220g/头，并逐步增至 5～6 月龄牛每天 8～15kg/头。

3. 肉羊饲喂技术

(1) 饲喂方法。建议采用 TMR 饲喂方式，将青贮料、精料、干草等用 TMR 搅拌机均匀混合后饲喂，避免羊的挑食和浪费。育肥羊每天饲喂 2 次，每次上槽饲喂时间不宜超过3h，两次间隔时间不低于8h，以保证羊充分反刍。

（2）饲喂量。青贮玉米饲喂肉羊要结合羊的生长发育阶段来确定其营养需求，计算饲喂量。育肥羊日粮中的粗饲料占日粮干物质的30%～50%，后备种羊及育成羊占60%以上（表2）。

表2　育肥羊青贮玉米饲喂量

分类	饲喂量（kg/d）	体重（kg）	干物质采食量（kg/d）
配种期种公羊	＞4	80～90	＞2
非配种期种公羊	3	80～90	1.5～2
空怀期母羊	2		
妊娠期母羊	2.5～3		
哺乳期母羊	＞3		
育肥羊	1～4（逐渐增加）	20～45	

绵羊青贮玉米饲喂量：大型品种绵羊每头每天2～4kg，羔羊按月龄每头每天可喂0.4～0.5kg。

五、注意事项

（一）青贮池建设

青贮池（窖）应选择在地势高燥、避风向阳、排水良好、土质坚硬的位置，靠近饲喂场所，远离粪场污池。要求取用方便、易管理。

青贮窖底应高于地下水位1m以上，各种青贮窖的深度以2～4m为宜，并充分考虑其承载能力，宽度和长度根据饲养量、场地等确定。窖壁应光滑，做到不透水、不透气。地上式青贮窖底面坡度为0.5°～1°，朝向窖口；半地下式和地下式青贮窖底面坡度为12.5°，朝向窖里，在缓坡底端设置集水井。青贮窖四周挖排水沟。

根据畜群（种类、数量、结构比例）和原料情况确定青贮窖的容积大小，通常全株玉米青贮密度为每立方米600～700kg。

青贮池的建设可参考NY/T 2771—2015《农村秸秆青贮氨化设施建设标准》。

（二）青贮操作

1. 压紧压实保证密封

切碎的青贮原料应逐层装入窖内，每装20～30cm，用机械压实，特别注意将窖壁周边压实。不同青贮窖装填原料时，要注意易于机械压实操作。原料装填应高出窖壁上沿 50～100cm，使其呈现中间高、周边低，长方形窖呈弧形屋脊状。每天装填结束后，用塑料布覆盖青贮堆并压盖以减少损失。

青贮窖装满后用青贮专用塑料薄膜立即密封，压实。塑料薄膜重叠处至少应交错 1m，并用青贮专用胶带密封。封窖后，应定期检查窖顶和窖口，注意防范鼠类、鸟类破坏，如发现下沉或有裂缝，应及时修补。

2. 原料清洁

青贮原料应保证清洁，尽量避免混入泥土或干树叶、杂草等物质，更要杜绝玻璃、钢钉等异物混入其中。制作青贮的天气应选择温暖无风、气候晴朗的日子进行。

3. 青贮添加剂

根据发酵效果，青贮添加剂主要可分为发酵促进型添加剂、发酵抑制型添加剂、好氧性变质抑制剂、营养型添加剂和吸收剂。这些添加剂分别通过促进乳酸发酵、部分或全部抑制微生物生长、防止青贮发生腐败、提高青贮料的营养价值和吸收多余汁液的方式，缩短发酵时间，抑制不良微生物的繁殖，提高有氧稳定性，更好保存全株青贮玉米营养物质。

六、引用标准

(1)《农村秸秆青贮氨化设施建设标准》(NY/T 2771—2015)；

(2)《全株玉米青贮质量评价标准》(DB15/T 956—2016)。

（郑爱荣）

苜蓿拉伸膜裹包青贮技术

一、技术概述

近年来，我国畜牧业发展迅猛，很多地区将发展草食畜牧业作为调整农牧业种养结构的重要举措，家畜数量不断增加，饲草需求量与日俱增，养殖方式转型升级，“放牧+舍饲”模式成为主流。但由于家畜数量增加、牧草生长季等因素影响，饲草在冬春季供应不足，严重影响畜牧业健康发展。因此，储存饲草解决家畜冬季供应问题尤为重要。

拉伸膜裹包青贮作为一种新型饲草料青贮技术，对促进畜牧业健康发展具有重要的现实意义。拉伸膜裹包青贮，是将在适宜收获期收获的饲草用打捆机进行高密度压实打捆，然后通过裹包机用拉伸膜包裹起来，防止空气和水分进

入，从而创造一个厌氧的发酵环境，最终完成乳酸发酵过程。

作为“牧草之王”的紫花苜蓿，在全国乃至世界草牧业发展中都具有很重要的作用。截至2015年年底，全国紫花苜蓿留床面积达471.13万hm^2，占全国多年生牧草的26.01%。现阶段，我国苜蓿草产品主要为干草，但是干草在调制过程中容易受到暴晒、雨淋等因素影响，叶片脱落，养分损失严重。如果采用烘干技术，可以减少养分损失，但烘干成本较高，而且使用范围较小。因此，苜蓿拉伸膜裹包青贮成为理想选择，它不仅可以解决上述问题，减少养分损失，还可以保持青绿饲料的营养特性，提高家畜采食量。

二、技术特点

（一）适用范围

苜蓿拉伸膜裹包青贮适用范围广，受当地气候影响小。

（二）优缺点

1. 优点

苜蓿裹包青贮与窖贮、堆贮、塔贮等传统的青贮相比具有以下优点：

（1）有效保存营养。由于拉伸膜裹包青贮密封性好，可提高乳酸菌厌氧发酵环境质量，提高苜蓿营养价值。裹包青贮好的苜蓿质地柔软、气味芳香，粗蛋白含量高，粗纤维含量低，消化率高，适口性好，采食率高，家畜利用率可达100%。

（2）浪费少。传统窖贮、堆贮等，由于密封不及时或不严，往往造成部分苜蓿霉烂变质，且青贮苜蓿含水量大，在制作过程中水分渗漏造成干物质流失，在使用过程中也会有一定的损失；而裹包青贮霉变损失、流液损失和饲喂损失均大大减少，仅有5%左右。

（3）便于运输保存。由于压实密封性好，不受季节、日晒、降雨和地下水位影响，可在露天堆放1～2年；包装适当，体积小，易于运输，保证了大中型奶牛场、肉牛场、山羊场、养殖小区等现代化畜牧场青贮饲料的均衡供应和常年使用。

（4）机械化程度高。裹包青贮从收割到晾晒、打捆、裹包、运输整个过程全部机械化作业，1～2人便可操作，人力成本大大降低，综合效益高，有利于商品化，对促进牧草产业化发展均具有十分重要的意义。而窖贮、堆贮则需要4～6人作业，效益相对较低。

2. 不足

（1）包装存在损坏风险。拉伸膜一旦被损坏，酵母菌和霉菌就会大量繁殖，苜蓿也将变质。

(2) 含水量不均匀。不同草捆之间或同一草捆的不同部位之间水分含量容易参差不齐，出现发酵品质差异，给饲料营养设计带来困难，难以精确掌握恰当的供给量。

(3) 增加了青贮成本。在裹包青贮制作过程中需要购买打捆机和裹包机等机械，有一定的初期投入。拉伸膜主要依靠进口，制作成本较高。此外，废旧的拉伸膜还会造成白色污染。

三、技术流程

主要包括苜蓿的贮前准备、收割、晾晒、打捆、裹包、贮后管理等(图1)。

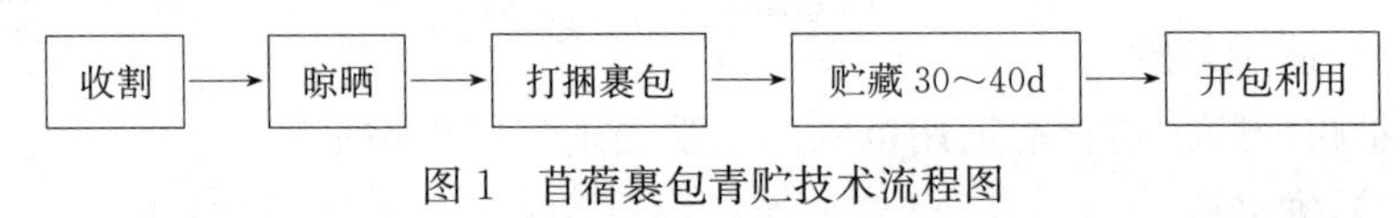

图1　苜蓿裹包青贮技术流程图

四、技术内容

包括苜蓿的贮前准备、收割、切碎、添加剂使用、打捆、裹包、贮后管理等。

(一) 贮前准备

1. 检修各类青贮机械设备，确保其运行良好

表1　打捆包膜一体机（以 TSW2020C 型号为例）

型号	机体尺寸 (cm)			重量 (kg)	裹包方式	料斗容量 (m^3)	连接方式	适用拖拉机 kW (PS)
TSW2020C	长 870	宽 235	高 305	3 950	网包	5	牵引式	37～73.5 (55～100)
捆包尺寸：直径 100cm×宽 100cm，捆包体积 0.79m^3								
捆包重量：青草约 350～550kg								
打捆速度：青草约 20～30 包/h								
青贮膜尺寸：宽 50cm×长 1 800m								
捆网尺寸：宽 123cm×长 2 000m 或 2 500m								

2. 准备青贮加工必需的材料

规格：宽度 750mm、500mm，厚度 25μm、20μm，长度 1 500m、1 800m。

颜色：白色、黑色、绿色。

表 2 牧草拉伸膜各项指标（以某公司制造的牧草膜为例）

名　　称	单位	数值
断裂拉伸应变（横，速度 500mm/min）	%	565
断裂拉伸应变（纵，速度 500mm/min）	%	458
拉伸断裂应力（横，速度 500mm/min）	MPa	21.4
拉伸断裂应力（横，速度 500mm/min）	MPa	21.5
耐撕裂力（横向）	N	8.5
耐撕裂力（纵向）	N	4.9
冲击破损质量	g	526
拉伸屈服应力（横，速度 500mm/min）	MPa	8.36
拉伸屈服应力（横，速度 500mm/min）	%	9.81

（二）收割

青贮用苜蓿适宜收获期为现蕾期至初花期，此时为苜蓿收获营养价值高、青贮品质好，收割留茬高度约 4～6cm。

（三）晾晒

苜蓿刈割后进行晾晒，晾晒至含水量 50%～60%，水分过高和过低均不利于青贮发酵。

（四）打捆裹包（施用添加剂、打捆、裹包）

青贮苜蓿需揉搓、粉碎，使秸秆呈丝状、片状，便于青贮时压实，增加饲料密度，排除间隙空气，可以提高草捆的密度，同时便于取用和家畜采食。切碎长度约为 2～3cm。

1. 添加剂

苜蓿中蛋白质含量高、可溶性糖含量低、缓冲能值高，不易直接青贮，可通过添加剂改善。通常采用的添加剂有发酵促进剂（如乳酸菌制剂、酶制剂等）、发酵抑制剂（如无机酸、有机酸类）、营养性添加剂（如矿物质、糖类物质等）等青贮添加剂。添加剂使用符合 GB/T 22141、GB/T 22142、GB/T 22143、NY/T 1444 的规定。

2. 打捆

使用青贮打捆机对苜蓿进行打捆，草捆密度达到 550kg/m^3 以上，排净空气。具体参照 NY/T 2697—2015。

3. 裹包

苜蓿打捆后应迅速裹包，裹包层数越多青贮效果越好，一般裹包层数 4～6

层，此过程完成速度要快，以保证青贮品质，确保密封、防止漏气、渗水。

（五）贮后管理

苜蓿裹包好后应存放在地面平整、没有杂物的地方，防止尖锐物戳破膜，经常检查，如有破损，及时修补，以防杂菌污染，导致青贮失败。一般经过30～40d 即可开包利用。

五、成本效益分析

苜蓿裹包青贮成本各地不同，以甘肃为例，裹包青贮成本主要包括地租、整地、种植、灌溉（有灌溉条件地方）、化肥、农药、收割、机械设备、包装、二次运输和人工等费用，约 550～750 元/t，而裹包青贮苜蓿销售价格约为650～850 元/t，除去损耗等费用，纯收益约为 50～150 元/t。

六、注意事项

（1）严格掌握苜蓿含水率。青贮时含水率为 55％左右最佳，不得超过 65％。

（2）必须使用高密度打捆机，在含水率 50％时，密度不低于 0.6g/cm^3。

（3）在保存期内，尽量避免膜被戳破。若有破损，尽快修补。注意防鼠，可在青贮堆放地周围撒一圈石灰。

七、引用标准

（1）《饲料添加剂复合酸化剂通用要求》（GB/T 22141）；

（2）《饲料添加剂有机酸通用要求》（GB/T 22142）；

（3）《饲料添加剂无机酸通用要求》（GB/T 22143）；

（4）《微生物饲料添加剂技术通则》（NY/T 1444）。

（周栋昌）

高水分苜蓿饲用枣粉混合窖贮技术

一、技术概述

我国苜蓿的主要产品为干草，多采用自然晾晒法调制。苜蓿主产区雨热同期，干草调制多处于雨季，空气湿度大，难于调制，且在晾晒过程中因雨淋、落叶、长时间晾晒等因素，造成高达 30％左右的损失。而烘干法所需设备价格昂贵，且能源消耗大，只能在有限的范围应用。苜蓿青贮是解决上述问题的

理想方法。国内外苜蓿青贮研究多集中于半干青贮技术，且形成了较为成熟的技术体系。但该技术中苜蓿原料萎蔫处理仍需晾晒，存在雨淋、落叶等问题，没有从根本上解决雨季苜蓿及时收获和安全贮藏的问题。

为解决这一生产问题，河北省农林科学院农业资源环境研究所草业研究室通过近10年的研究，形成了一套完整的高水分苜蓿饲用枣粉混合青贮（窖贮）技术，且获得发明专利1项：《一种通过添加饲用枣粉改善高水分苜蓿青贮饲料的方法》（专利号：ZL201310491565.X）。该技术已在河北沧州地区进行了规模化生产示范，并取得了良好的效果。

二、技术特点

本技术主要适用于黄淮海平原区，同时可供华北平原其他地区、西北地区、东北地区等地苜蓿生产区参考使用。该技术没有原料晾晒环节，可以缩短青贮调制时间，减少田间和贮藏环节的养分损失（降低至12%以下），解决了雨季苜蓿晾晒难的问题，实现雨季苜蓿的及时收获和安全贮藏，保障苜蓿的产量和质量。与干草调制相比，减少干物质损失70%以上。通过苜蓿青贮饲料奶牛饲喂试验研究表明，饲喂苜蓿青贮后提高产奶1.6kg/(头·d)，纯增收入4.24元/(头·d)。

三、技术流程

将禾本科干草切碎装填至青贮窖底部15～30cm，将苜蓿适时刈割并切碎装车运输至青贮窖，计算饲用枣粉量并均匀喷洒饲用枣粉，压实后封窖镇压（图1）。

四、技术内容

（一）技术要点

1. 青贮窖的选择

（1）根据青贮料每天减少20～30cm的断面，选择合适的立面尺寸（宽度和高度）；

（2）根据经验估计装填率（t/d），每天分段装窖，并在9d之内完成整个青贮窖装填、封窖作业，计算青贮窖的适宜长度。

2. 垫料的选择

（1）选择禾本科干草，按照青贮饲料标准切碎（长度控制在5cm以内）；

（2）切碎的干草逐层铺在青贮窖底部，每层的厚度为10～15cm，并逐层压实。装填总厚度（压实后的厚度）为15～30cm。

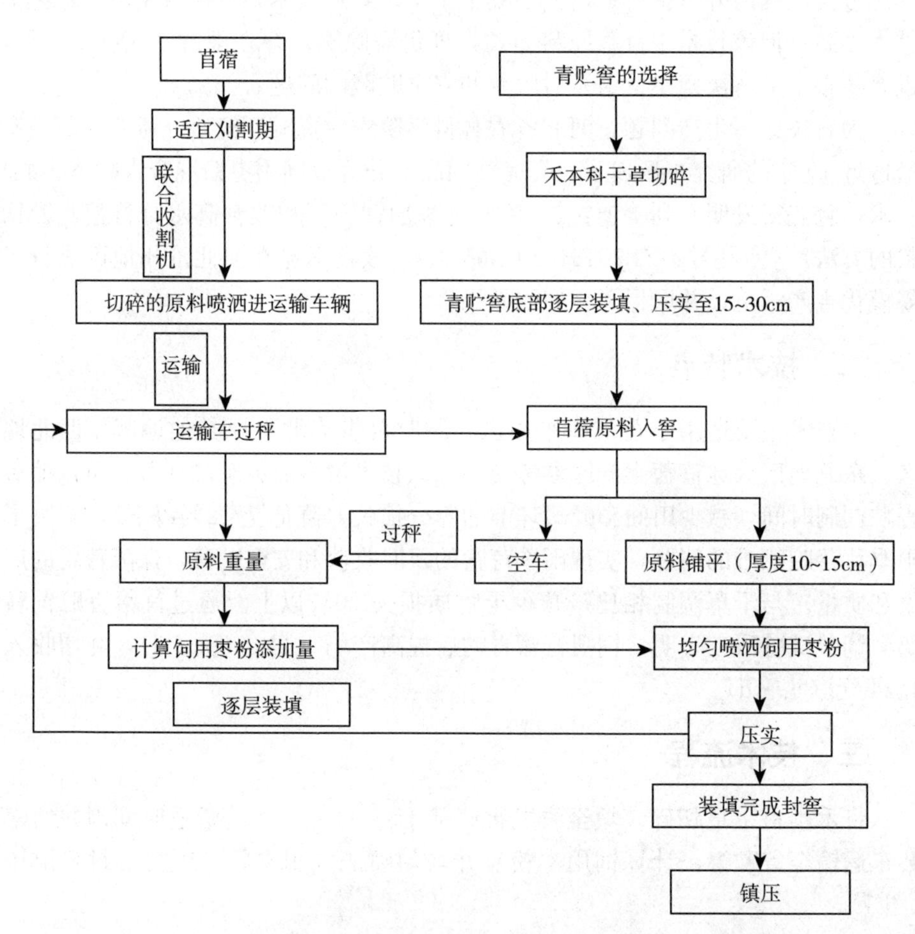

图 1　高水分苜蓿饲用枣粉混合窖贮技术路线图

3. 苜蓿适宜刈割期

调制高水分苜蓿饲用枣粉混合青贮饲料，原料的刈割期控制在初花期至盛花期的生育期内，即植株含水量在 70%～74%，此时田间苜蓿整体开花。苜蓿在初花期至盛花期调制出的青贮饲料 pH、乙酸含量（AA/DM%）、丙酸含量（PA/DM%）、丁酸含量（BA/DM%）、氨态氮含量（NH_3～N/TN%）均显著低于现蕾期，乳酸含量（LA/DM%）均高于现蕾期。而现蕾期的 pH 为 5.91，此时不能有效抑制有害微生物大发酵，营养物质损失严重（表 1）。

4. 苜蓿原料刈割、切碎

刈割、切碎同时进行，使用带压扁功能的苜蓿刈割、切碎联合青贮机械进行作业。切碎长度控制在 2～3cm，同时将原料喷洒至运输车中。

表 1　刈割期对高水分苜蓿饲用枣粉混合青贮饲料发酵品质的影响

处理	pH	乳酸 (LA/DM%)	乙酸 (AA/DM%)	丙酸 (PA/DM%)	丁酸 (BA/DM%)	氨态氮/总氮 (NH_3-N/TN%)
现蕾期	5.91	2.12	2.60	1.06	0.04	5.86
初花期	4.62	2.75	2.27	0.63	0.01	4.84
盛花期	4.27	2.81	2.10	0.78	0.00	4.25

5. 运输

运输车装满原料后，尽快运至青贮窖。从装满苜蓿原料到倾倒入窖的时间不超过 6h。

6. 称重

原料入窖前，称量运输车辆及原料的重量，入窖后，再次称量运输车的重量，计算出原料重量，根据饲用枣粉的添加比例，称出需要添加饲用枣粉量。

7. 装窖

将苜蓿原料倒在青贮窖内的禾本科干草上，倾倒过程运输车保持缓慢前进的状态。

8. 原料逐层平铺

用铲车或青贮专用机械，将青贮窖中的苜蓿逐层铺开，与窖底呈 30°夹角的斜面，每层厚度为 10～15cm。

9. 添加饲用枣粉

利用喷洒装置将饲用枣粉均匀地撒在苜蓿原料层上，苜蓿原料每 10～15cm 厚度喷洒一次枣粉，饲用枣粉适宜添加量为 4%～6%。研究结果表明，初花期调制青贮时，随着饲用枣粉添加量的增加，青贮饲料的 pH、氨态氮含量（NH_3-N/TN%）显著下降，乳酸含量（LA/DM%）增加，且添加量在 4%～10%时表现较佳（表 2）。但添加量超过 6%后，青贮饲料的粗蛋白含量较 6%添加处理显著降低（表 3），说明过高添加饲用枣粉有降低苜蓿青贮饲料的营养品质的倾向。

表 2　饲用枣粉添加量对高水分苜蓿饲用枣粉混合青贮饲料发酵品质的影响

处理	pH	乳酸 (LA/DM%)	乙酸 (AA/DM%)	丙酸 (PA/DM%)	丁酸 (BA/DM%)	氨态氮/总氮 (NH_3-N/TN%)
CK（0）	4.83	2.70	2.60	0.37	0.00	3.06
2%枣粉	4.50	2.75	3.11	2.89	0.00	2.35
4%枣粉	4.38	2.77	3.27	2.03	0.00	1.82

（续）

处理	pH	乳酸（LA/DM%）	乙酸（AA/DM%）	丙酸（PA/DM%）	丁酸（BA/DM%）	氨态氮/总氮（NH_3-N/TN%）
6%枣粉	4.35	3.12	3.30	2.37	0.00	1.82
8%枣粉	4.43	4.13	3.42	2.64	0.00	1.91
10%枣粉	4.36	3.34	3.46	2.57	0.00	1.78

表 3　饲用枣粉添加量对高水分苜蓿饲用枣粉混合青贮饲料营养成分的影响

处理	干物质（DM,%）	粗蛋白（CP/DM,%）	中性洗涤纤维（NDF/DM,%）	酸性洗涤纤维（ADF/DM,%）	可溶性糖（WSC/DM,%）
CK（0）	24.48	19.97	48.00	34.67	0.96
2%枣粉	26.67	18.05	42.00	32.67	0.80
4%枣粉	27.68	17.85	38.00	34.00	0.96
6%枣粉	28.91	17.72	40.67	34.67	1.17
8%枣粉	29.92	16.77	38.00	32.00	1.50
10%枣粉	30.95	16.38	42.67	34.00	1.77

10. 压实

饲用枣粉添加后，进行青贮原料压实，每装填一层（10～15cm）压实一次。压实的密度控制在 550～650kg/m^3，着重边角地带压实，不留死角。

11. 密封

青贮窖起始端装满后，开始用青贮专用膜进行密封覆盖，随着装填、压实进度逐渐向前推进，直至完成。制作过程中，只有装料及压实的斜面裸露在空气中。

12. 镇压

整个青贮窖完成后，用重物镇压在青贮膜上，避免大风将青贮膜掀开漏气，或青贮膜与青贮窖的边角因青贮料的变形而漏气、进水。

（二）成本效益分析

本技术与半干青贮技术的成本差异主要体现在收割、晾晒、集草成陇、捡拾切碎、饲用枣粉添加费等 5 个环节。通过成本效益对比分析（表 4）可知，每茬高水分苜蓿青贮饲料制作成本较半干青贮可以节约 15 元/亩。每年按 4 茬计算，高水分苜蓿青贮较半干青贮每年可以节约成本 60 元/亩，即本技术每年可以增加 60 元/亩的纯收益。

表4　不同苜蓿青贮技术每茬加工成本效益对比分析

加工方式	收割费（元/亩）	晾晒、集垄费（元/亩）	捡拾切碎费（元/亩）	饲用枣粉添加费（元/亩）	合计（元/亩）
苜蓿半干青贮技术	25	10	35	0	70
高水分苜蓿饲用枣粉混合青贮（窖贮）技术	50	0	0	5	55
节约成本					15

五、注意事项

（1）控制饲用枣粉添加量及喷洒的均匀度，防止因枣粉过度集中造成还原糖的羰基与蛋白质的氨基端发生缩合反应，即产生美拉德反应，致使苜蓿青贮饲料中粗蛋白质、粗脂肪、可溶性糖分和氨基酸含量显著降低，ADF 和 NDF 含量升高，严重影响饲料的营养价值。

（2）每一批饲用枣粉进行安全检测，排除不符合 GB 13078.2—2006《饲料卫生标准》的劣质枣粉。

（3）在镇压物与青贮膜的接触点用柔软物体进行隔离，防止青贮膜受损，延长青贮膜的使用寿命，降低青贮制作成本。

（4）经常对青贮窖进行检查维护作业，以免发生青贮窖漏气或进雨。

（5）着重青贮窖边角的排水处理，防止发生雨水灌入现象。

（6）机械作业中，注意人员的人身安全，严格按照机械安全操作规程作业，防止发生安全意外事故。

六、引用标准

《饲料卫生标准》（GB 13078.2—2006）。

（刘振宇、刘忠宽、谢楠、冯伟、智健飞、秦文利）

西北干旱区优质苜蓿草捆加工关键技术

一、技术概述

苜蓿作为一种优良多年生豆科牧草，具有产草量高、蛋白质丰富、适口性好、生物固氮能力强、适应性广等特点，在促进草牧业持续发展中有不可替代的作用。近年来，在农业供给侧结构性改革、生态环境治理以及国内外市场变化等一系列因素影响下，苜蓿产业得到快速发展。截至 2016 年年底，甘肃省苜蓿年末保留面积达 69 万 hm^2，位居全国第一，苜蓿生产加工企业 87 家，生产能力 254 万 t，实际生产量达 125 万 t。同时也面临着严峻的挑战。据资料显示：2008 年以后我国每年苜蓿进口量呈现指数式增长态势，仅 2017 年上半年苜蓿进口量就达 96.65 万 t，同比增长 15.97%，国内苜蓿却因产品质量参差不齐、市场流通等因素被拒之门外。为了减小进口苜蓿对我国苜蓿的冲击，增强我国苜蓿在国际上的竞争力，促进我国苜蓿产业走商品化，规模化，机械化和高质量、高效益及高标准的产业化之路势在必行。

苜蓿松散时只有 20～30kg/m^3，打成草捆后体积减小，密度增大，制作工艺简单，且满足运输和市场消费的要求，大大提高了苜蓿的经济价值，成为苜蓿草产品流通市场中最受欢迎产品之一。如何获得优质草捆？苜蓿的刈割时期、晾晒时间长短、压缩压力、压缩密度、喂入量以及草捆的贮存等因素均影响着草捆的质量，从而影响苜蓿的商品等级、销售价格和饲喂效果。本研究将从收获加工和贮藏等环节深入介绍，对苜蓿的产业化、商品化和标准化具有重要的指导意义。

二、技术特点

草捆操作简单、成本低，运输方便。目前国内市场上流通的苜蓿草捆占苜蓿草产品总产量的 70%左右。

与传统的草捆相比，同等重量的小方捆表面积是大方捆的 4 倍，小草捆打捆、拉运环节叶片脱落严重。所以在综合考虑质量、效率的情况下，建议打大方捆。

本技术适用于甘肃、新疆和内蒙古等降水量少且日照时间长，具有灌溉条件、地势平坦、便于机械化作业的地区，利于苜蓿的快速晾晒、短时间内完成打捆。

三、技术流程

西北干旱区优质苜蓿草捆加工技术主要包括最适时期刈割压扁后摊晒，最适时期搂草并在苜蓿最佳含水量时打捆，于通风干燥处贮藏（图 1）。

四、技术内容

（一）刈割

1. 刈割次数与时间

苜蓿刈割次数和时间与温度、雨水等气候因子有关。西北地区有灌溉条件或降雨相对较多的地区正常可收获 3～4 茬，干旱且无灌溉条件的地区可收 1～2 茬。通常情况下，考虑单位面积上苜蓿蛋白产量和苜蓿的再生能力，水热条件较好的地区一般选择在孕蕾末期到初花期刈割，且最后一次刈割不晚于

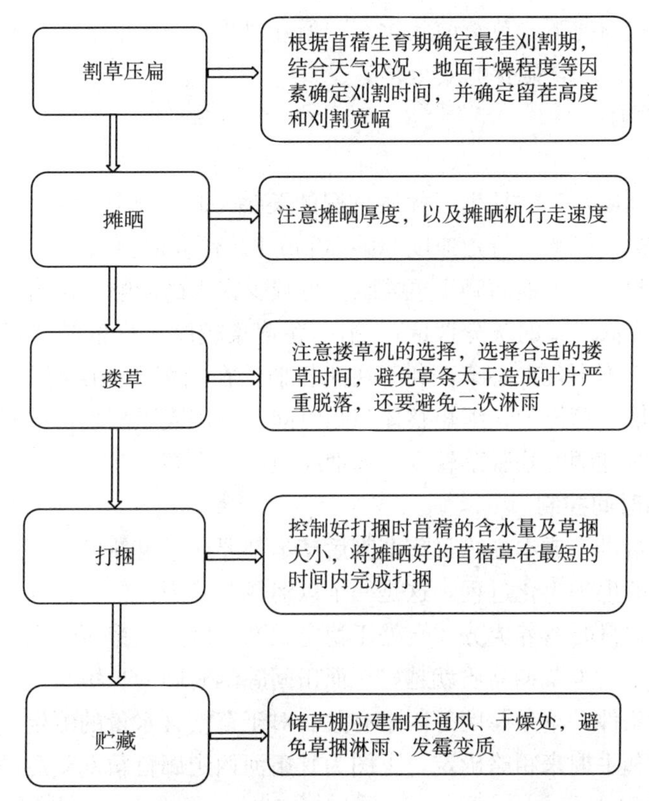

图1　西北干旱区优质苜蓿草捆加工技术流程图

下霜前1个月。

2. 宽幅收割

宽幅收割能够获得更高的牧草质量，提高产量，减少碳水化合物的损失，缩短晾晒时间，减少雨淋风险，减少裸露土地的蒸发量，还可延长后茬的生长期，提高全年产量。目前国内草企业主要采用的收割机械有纽荷兰7220、克拉斯、世达尔等多种型号割草机，不同品牌、不同型号割草机其技术参数和工作能力均不同。下面以纽荷兰7220型圆盘割草压扁机为例，介绍其技术参数和工作能力：实际割幅2 800mm，14个刀盘，草条宽度914～1 829mm，留茬高度24～81mm。

割草机普遍内置压扁装置，刈割过程中将压辊压力调到最大（注意压扁辊花纹的老化程度），行走速度不宜过快，通常不超过10km/h，以提高茎秆压扁的效果，以利于茎秆干燥。

生产中，通常将草条宽度设为最宽，以利于茎秆干燥。

3. 留茬高度

条件适宜地区，苜蓿一年可收获多茬，苜蓿刈割后的留茬高度直接影响其再生性。一般情况下，苜蓿前几次刈割留茬高度在 5～6cm，最后一次刈割留茬不低于 8～10cm，确保其安全越冬。

（二）摊晒

1. 翻晒

苜蓿刈割后，晾晒是生产优质草捆的关键一环。地块平整、面积较大时，应采用摊晒机，摊晒机行走速度 20～30km/h。作业前要适时检查拨齿是否完好。最好在割草后等地面晒干再摊晒，可减少露水的影响。拨齿离地距离不少于 2cm（以降低干草的灰分含量）。第一茬草条较厚，草条最好翻晒 2 次，保证上下均匀，不出现夹心草，利于快速打捆，在割草和摊晒时要多投入人工，把碾压、拖堆的草摊匀，缩短整体晾晒时间。采用人工翻晒，多利用早、晚时间翻晒，此时翻晒叶片脱落较少，草捆品质大大提高。

2. 晾晒时间控制

由于苜蓿烘干成本高，目前刈割后基本都要通过自然风干，在干燥过程中伴随着复杂的生理生化过程，这是一个以消耗营养为代价的过程，直到水分降低到安全含水量时营养成分才会处于稳定状态。因此，苜蓿干燥速度越快，养分损失就越少，干草捆品质就越好。而田间晾晒时间的长短与刈割时苜蓿的含水量、自然条件、草条厚度等因素有关。对于苜蓿含水量的测定，一般通过外观形态观测和手握来粗略确定，下图为甘肃河西走廊苜蓿刈割后的水分下降速率情况（图 2）。

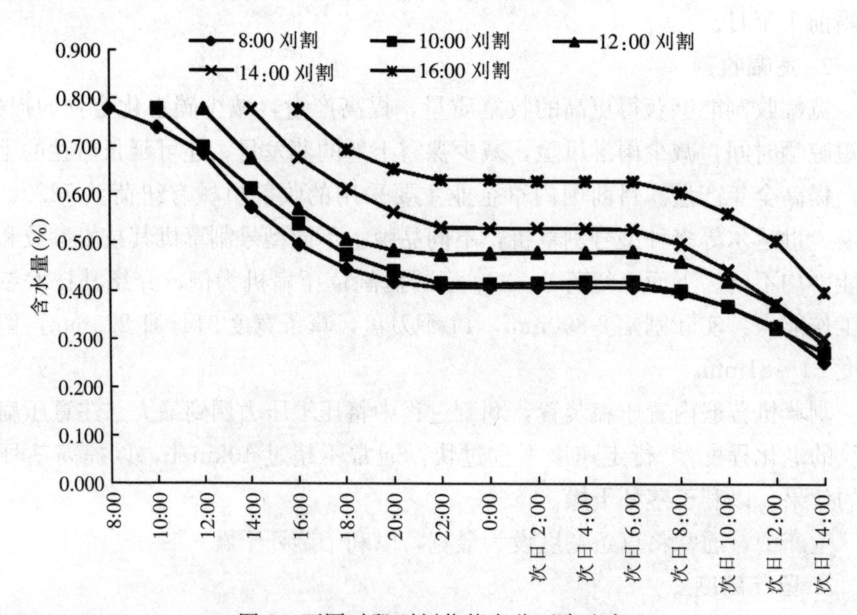

图 2　不同时段刈割苜蓿水分下降速率

（三）搂草

1. 搂草机类型选择

常用的搂草机有无动力指盘式和有动力水平耙式。有动力水平耙式对叶片造成的损失小。人工补充搂草会起到很好的翻晒作用，减少叶片脱落，人工成本比机械高，但是草的品质也有很大提高。图 3 为刈割后晾晒不同时间叶片脱落情况。

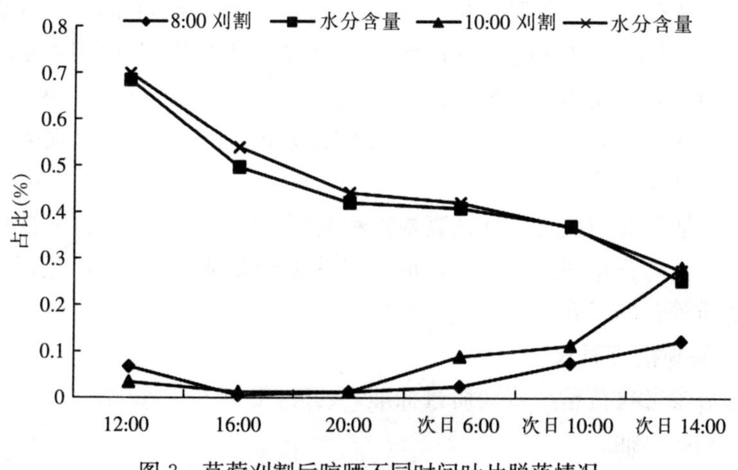

图 3　苜蓿刈割后晾晒不同时间叶片脱落情况

2. 搂草注意事项

为了避免雨淋，草条潮湿时，可搂草两次；若遇大风天气，在上层水分没有达到要求时可提前搂草；雨前不宜搂草，草条淋雨后若确定不会再下雨，等上层雨水晾干应立即搂草；搂草机的弹齿或耙齿距地面 2cm；拖拉机速度要保证同时翻草和搂草；人工挑匀扭成卷或推成堆的草条，地头和转弯处杜绝漏搂现象。

（四）打捆

1. 打捆机

打捆机一般有固定式高密度压捆机、牵引式捡拾圆草捆打捆机和方草捆打捆机，目前大多采用纽荷兰不同型号打捆机，其生产效率高、工作性能稳定，成捆率高，草捆性状和尺寸适宜于搬运和牛场使用。

2. 打捆机喂入量、压缩力及压缩密度调整

喂入量、压缩力及压缩密度是打捆机最主要的技术参数，直接影响着草捆质量。打捆时苜蓿由捡拾器、输送喂入装置、压缩室草捆密度调节装置、草捆长度控制装置、打捆机构等一系列装置共同完成打捆作业。草捆长度为 30～120cm，捡拾宽度 80～210cm，由于小方捆和大方捆的捡拾器及喂入路径不

同，低水分打捆时小方捆叶片流失严重。同等重量的小方捆表面积是大方捆的4倍，小方捆打捆、拉运过程中叶片流失严重，所以综合考虑效率和质量因素，在地块面积够大，有大机械的情况下尽量打大方捆。

3. 打捆注意事项

（1）苜蓿打成草捆前，要求其必须干燥，均匀而无湿块。

（2）实际生产中，受降雨、灌溉、机械收获能力等因素制约，很难实现在理想水分标准打捆。苜蓿割倒后含水量大约在80%，经过翻晒，小方捆当含水量在20%以下时即可进行打捆作业；大方捆在喷施防腐剂时可在16%～18%时打捆，如不使用防腐剂，在含水量降至14%～16%才可打捆。

（3）早晚返潮时打捆，叶片不易脱落或破碎，早晚打捆叶片损失率相比较中午打捆可降低10%～20%。

（4）打捆作业前应对机具认真检修和调试，以防故障影响打捆计划。

（5）为了防止草捆发霉变质，可适当添加干燥剂、防腐剂，也可添加维生素、矿物质等营养元素。

4. 产品规格及要求

本部分参考《苜蓿干草捆质量标准》（NY/T 1170—2006）。

（1）初级草捆。

a. 加工要求：规格一致，打捆绳使用专用打捆绳。

b. 规格：干草捆允许有多种规格，其中：

小方捆——(30～43)cm×(40～60)cm×(50～120)cm。

大方捆——(70～150)cm×(110～150)cm×(200～280)cm。

c. 草捆密度：100～250kg/m^3。

d. 加工机械：牧草捡拾打捆机。

（2）高密草捆。在初级草捆产品的基础上进行2次加工。

a. 加工要求：草捆内无绳头及其他杂物，草捆压缩紧实，两边切割整齐，体积标准一致，使用专用打捆绳，以防高捆离机膨胀。

b. 规格：30cm×40cm×55cm。

c. 草捆密度：250～400kg/m^3。

d. 加工机械：高密度打捆机。

（五）贮藏

苜蓿草捆贮存时易发生损耗变质，如发热氧化、虫害鼠害、发霉变质等。因此，在贮藏时应考虑以下几方面的问题：

（1）储草棚应选择在干燥、阴凉、通风的地方，草捆应与地面和墙面隔离，用木板或其他防潮材料撑隔草捆，以免浸水。

（2）堆放时，草捆之间要有通风口，保持良好的通风效果，以便水分蒸发，防治草捆发热，氧化霉变。

（3）利用杀虫、灭鼠药剂进行防虫灭鼠工作。

（4）草捆属于易燃物，要远离火源，防止火灾的发生。

（5）草捆可进行塑料包装，提高草捆的商品化水平，延长保存时间，减少运输和搬运损耗，提高家畜的饲喂效果。另外，还可以在塑料上标注产品名称、刈割时间、刈割茬次、产地、规格大小、净重量、保质期及执行标准等信息。

五、引用标准

《苜蓿干草捆质量标准》（NY/T 1170—2006）。

（武慧娟）

天然草地刈割打捆技术

一、技术概述

随着国家西部大开发、退耕还林还草等一系列政策的落实，带动了草产业的迅速发展。天然草地是畜牧业发展的重要物质基础。在适宜时期刈割，经自然晾晒或人工干燥调制而成的能长期贮存的牧草是牲畜补饲的重要来源。优质青干草颜色青绿、叶量丰富、质地柔软、气味芳香、适口性好，并含有较多的蛋白质、维生素和矿物质，是草食家畜冬春季节必不可少的饲草。由于受质量、密度、收获、运输等诸多因素影响，牲畜干草饲喂成本逐年加大。因此，天然草地的合理利用，通过在最适合的时期以最适当的方式刈割作业，并进行有效防护，制作成高密度草捆进行收储、运输，是降低成本一个重要的工艺步骤，是保证产草量的有效途径之一。

二、天然草地刈割

刈割时间和晾晒时间的适宜与否直接影响干草的品质，适宜的刈割期是获得高质高产牧草的有效措施之一。影响牧草适宜的刈割时间是保持天然草地单位面积牧草再生量和牧草总产量的重要因素。因各个种类的牧草生长差异不同，所以在刈割时应根据牧草的品种来选择不同的刈割方式。不适当的刈割方式不仅影响牧草的质量，而且还会影响再生草的速度，导致来年牧草品质的下降。晾晒干草的过程中也会经常遭遇雨淋，雨淋对牧草的营养价值和商业价值都有影响。

（一）刈割时间

北方干旱、半干旱典型草原地区草群种类比较丰富，主要建群种有冰草、草地早熟禾、无芒雀麦、披碱草、羊草、针茅、赖草、芨芨草、隐子草、扁蓿豆、冷蒿、多根葱、木地肤等。根据这样的草地类型，优势种将确定合理的刈割起始时间。多年生牧草为优势种的天然草地，其刈割起始时间不得早于 8 月 25 日；一年生牧草和针茅为优势种的天然草地，其刈割起始时间可根据具体情况提前到 8 月 15 日。

（二）刈割要求

天然草地要根据生产指标确定合理的时期进行刈割利用。当植被盖度在 30％以上，草群平均高度达到 15cm 以上，干草产量达到 450kg/hm^2 以上方可进行刈割利用。

（三）留茬高度

天然草地刈割利用要严格执行适宜留茬高度要求，保证地表植被覆盖和次年牧草的再生。留茬高度一般要在 5cm 以上，地面不平整的地区留茬高度要在 8cm 以上。

（四）刈割制度

天然草地的利用，应采取轮刈、间作等制度，严禁大面积和连年持续刈割，以利于草种繁育、牧草再生，做到科学合理和永续利用。轮刈制度：一般采取天然草地 2 年一刈割的轮刈制度；间作制度：将天然草地进行条状分割，作业区宽度不大于 60m，休闲区（草籽繁育带）宽度不低于 20m，作业区和休闲区可每年相互交替利用。

三、干草的打捆与贮藏

（一）打捆作业

在正确的时间进行合理的收储作业，并进行必要的防护措施是避免牧草浪费及降低成本的关键所在。为了提高工作效率，节省作业时间，避免二次浪费，一些草业企业、牧民合作社和打草场较远的联户，采取机械作业的方式进行牧草收获。因为地区性差异，各地采取的作业方法也有所不同。一般而言，主要收获机械有割草压扁机、搂草机、方（圆）草捆压捆机、动力机械和草捆集垛车等不同类型型号的设备。

（二）储藏

1. 干草垛

牧草收割后就地干燥 6～7h，茎叶萎蔫之后，再集成草堆。在草堆中干燥，不仅可防止雨淋，而且可增加干草的绿色及芳香气味。但草堆或草垄不易过大，否则易发霉。堆草垛时要尽量大，因为草垛越大，总的损失越小，含水量较高的干草应堆集在草垛上部，过湿的干草或结块成团的干草应挑出来，不能堆垛。堆垛工作不能拖延或中断几天，最好在当天内结束。

散干草的贮藏，可露天贮藏和草棚贮藏，草棚贮藏时棚顶与干草保持一定距离，以便通风散热。

2. 干草捆

为了便宜于运输，减少损失，堆藏方便，应将体积大、重量轻的松散干草压缩打捆。干草捆按形状可分为大的圆柱形草捆和长方形草捆。圆柱形草捆的直径可达 2m，长度为 1.7m。生产圆柱形草捆的设备价格要比生产长方形草捆的便宜，另外还可以减少产量的损失。长方形草捆又可分为常规草捆和高密度草捆。储存上，根据实际情况进行作业，压捆干草垛的大小，一般长 20m，宽 5～5.5m，高 18～20 层干草捆，除第一层外，每层设有 25～30cm 的通风道。

四、注意事项

为保水保墒，避免地表过度裸露，严禁高强度搂草耙草。在集草过程中使用的一些搂草机对草场破坏严重，不仅影响植物的生长，而且破坏了土壤表面的腐殖质层，从而导致保水保墒能力下降，造成水土流失，加速了草场退化、沙化。

（郭志忠、杨风兰、陈小菲）

饲草青贮机械

一、青贮机械使用的背景及意义

随着社会经济的全面发展和农业现代化进程的不断加快，人民生活水平逐步提高，社会对优质绿色和无公害畜产品的需求急剧增长，进一步推动了草食畜牧业的发展步伐。饲草料生产作为养殖业的链前产业，对畜牧生产经营的成败和效益具有决定性的作用。青贮饲料由于原料来源广泛、操作简单、保存时间长、饲用价值高等优点，是发展草食畜牧业，特别是奶牛和肉牛产业不可替代的饲料种类，对于提高产奶量和促进家畜生长、平衡全年青饲料供应具有重要意义。

机械化是现代农业的基本特征，机械化的主要作用在于充分利用土地资源，促进集约化经营，确保适时播收，增加产量，提高生产效率，降低草产品成本，减轻从业者劳动强度和抵御自然灾害。21 世纪以来，各种现代化机械设备和新型研究成果的应用，使青贮饲料的生产制作和管理利用进入全新时期，生产机械化、管理科学化和资源利用合理化，成为现代畜牧企业降低成本和提高效益的重要途径。

二、青贮机械发展及特点

青贮的加工经历了由全人工到半机械化再到全程机械化加工的发展过程。半机械化加工是指用机动铡草机切碎、用拖拉机压实、人工封窖，其他各项作业人工完成。人工加工由于效率低、成本高，因此规模化的青贮加工不建议采用这种方式；半机械化作业适宜在规模化程度不高或者种植区域不适宜某些大型机械作业的地方，同时该方式在前期的机械购买投入相对较低；全程机械化由于生产效率高、成本低，已经是现代青贮加工的必然选择，适宜于规模化、标准化青贮生产，但是由于前期投入大而限制了它的推广。

传统的青贮加工需要经历原料收割、割断粉碎、装窖和封窖（或裹包）等流程，每个流程均有相应的机械设备。随着青贮机械的发展，很多流程的机械开始整合到一起，如收割和割断粉碎一体的收割粉碎机；收割、裹包一体的青贮一体机等。这样的整合，使得工作时间缩短、工作效率提高，同时还减少了流程中原料的损伤以及流程中原料的有氧发酵，以及减少青贮原料腐败。

三、青贮收获机

目前青贮原料收割一般是采用收割粉碎一体的机械。青贮收获机的类型按与拖拉机的挂接方式可分为：悬挂式收获机、带有割台的牵引式青饲收获机以及带有割台的自走式青饲收获机。另外，还有一种场上固定式作业的收获机。

（一）悬挂式青贮收获机械

悬挂式青贮收获机械主要与拖拉机或其他大型谷物联合收获机配套使用，多采用侧悬挂、后悬挂以及前悬挂等连接方式。与拖拉机配套使用时主要采用侧悬挂与后悬挂连接方式，与大型谷物联合收获机配套使用时多采用前悬挂式连接。

1. 侧悬挂式青贮收获机械

侧悬挂式青贮收获机械多与中小型拖拉机配套使用，以拖拉机后输出动力为主要动力源，该机型多采用立式滚筒进行喂入，可一次性完成收割、喂入切碎、揉搓、输送和抛送等作业过程。该收获机械结构较为紧凑、性能较为稳定，质量可靠、价格合理，但作业幅宽较小，作业效率低，第一行作业时无法自行开道，有一定的局限性。主要代表机型有 XDNZ－1000 型侧悬挂式青贮收获机、9QS－1000 型青贮饲料收获机、S－900 型侧悬挂式青贮收获机，以及 MC90S 侧悬挂式单行青贮机，如图 1 所示。

图 1　侧悬挂式青贮收获机

2. 后悬挂式青贮收获机械

后悬挂式青贮收获机械主要采用三点悬挂与拖拉机进行连接，结构与侧挂式青贮收获机械相似，也可一次性完成收割、喂入切碎、揉搓、输送和抛送等多项作业。作业幅宽较大，收获效率较高，其在与传统拖拉机配套使用时，可一机多用。但由于工作时拖拉机需倒开，存在视野范围差和操纵不方便等问题，且可倒开的拖拉机较少，使用推广也较少。主要代表机型有 4QX－2200 型后悬挂式青贮机，牧神 9QSD－900 型后悬挂式青贮饲料收获机，以及 4QX 系列青贮收获机、拓新 4QZ－8 自走式青贮收获机、MC180S 型悬挂式单行青贮机等，如图 2 所示。

图 2　后悬挂式青贮收获机

3. 前悬挂式青贮收获机械

前悬挂式青贮收获机械主要与拖拉机或其他大型谷物收获机配套使用。在与拖拉机配套使用时，需加装前悬挂动力输出装置，其连接与后悬挂连接方式相同。前悬挂式青贮收获机械在与谷物收获机（玉米收获机为主）配套使用时，需更换谷物收获机割台，其结构性能与自走式青贮收获机械极为相似。该类型的主要代表机型有 C2200 和 C3000 型青贮饲料收获机、牧神 9QH－2200 型青贮收获机等，如图 3 所示。

图 3　前悬挂式青贮收获机

（二）牵引式青贮收获机械

牵引式青贮收获机械主要以拖拉机为配套动力，使用成本较低；在作业过程中，第一行作业时无法自行开道，需进行人工辅助劳作，人工劳动强度较大，生产效率较慢；由于作业机组整体尺寸过大，转弯半径较大，不适合小地块作业，作业环境适应性较差，存在一定的局限性。该种机型推广较为困难，批量生产较少。主要代表机型有 HY－200 型青贮机、790 型和 900 型牵引式青贮饲料收获机，以及 2 行和 3 行牵引式青贮收割机、9SQ－500 型牵引单行玉米青贮收获机、东方红－JF1002 系列青贮收获机等，如图 4 所示。

图 4　牵引式青贮收获机

（三）自走式青贮收获机械

图 5　自走式青贮收获机

与牵引式、悬挂式青贮收获机械相比，自走式青贮收获机械除具有收获效率高、转弯半径较小、作业性能好等特点外，还具有切割性能好、作业可靠、切割效率高的优点，可一次性完成收割、喂入切碎、揉搓、输送和抛送、运送等多项作业，无需人工辅助作业，劳动强度较低，此外，在使用过程中，可对割台进行更换，对高粱、牧草、小麦等作物进行青贮收获，但其价格较高，维护保养较为复杂，成本较高。青贮收获机的选择，既要满足青贮原料在最佳收割期时收割，又要考虑使现有的拖拉机动力充分利用，更要考虑投资效益和回报率的问题。主要代表机型有 9QSZ 系列自走式青贮饲料收获机、9800 型自走式饲料收获机、9QZ 系列自走式青饲料收获机、7000i 系列青饲收获机、Jaguar 900 系列青饲收获机及 FR9040/FR600/FR850 自走式青贮收获机等，如图 5、图 6 所示。FR9040/FR600/FR850 自走式青贮收获机的参数见表 1。

图 6　自走式青贮收获机

表 1　纽荷兰 FR9040/FR600/FR850 自走式青贮收获机参数

型　号	FR9040	FR600	FR850
发动机类型	CNH Curso 9	FPT Industrial Cursor 13 复合涡轮增压	FPT Industrial Vector 20V8
额定功率（马力）	395	544	768
最大功率（马力）	424	600	824
发动机扭矩 1 800r/min	1 820N·m	2 590N·m	3 584N·m
燃油箱容积（L）	1 220	1 220	1 220
切段长度调整	无级调整		
金属探测装置	带有位置指示的 METALOC 金属探测系统		

四、粉碎揉丝机

粉碎、揉丝机是将收割的青贮原料进行粉碎、揉丝处理，以待进行下一步青贮加工。目前该类机械价格不高、种类丰富，主要分为铡断粉碎（图 7）、揉丝（图 8），或综合以上几个作用。

图 7　铡草粉碎机

图 8　揉丝机

五、青贮裹包机

将粉碎好的青贮原料用打捆机进行高密度压实打捆，然后通过裹包机用拉伸膜包裹起来，从而创造一个厌氧的发酵环境，最终完成乳酸发酵过程，这一过程需要利用青贮裹包机。目前国内青贮裹包机生产厂家很多，在作业中需要根据实际情况选择不同机型。

现介绍几款常见的青贮裹包机：

TS5552 型青贮打捆裹包机（图 9），配套 5.5kW 的电动机，包膜电机功率为 1.1kW，青贮成捆尺寸为 Φ550mm×520mm，外形尺寸为 2 800mm×1 450mm×1 450mm（长×宽×高），生产效率为每小时 50～60 捆，青贮捆重量为 45～100kg，机械重量为 650kg。

图 9 青贮打捆裹包机

某公司生产的青贮牧草玉米秸秆打捆包膜一体裹包机（图 10），配套动力为 5.5kW，生产效率为 1 捆需要 60～120s，成捆尺寸为 Φ520mm×520mm，外形尺寸为 2 550mm×1 400mm×1 300mm（长×宽×高），青贮捆重量为 40～75kg，机械重量为 560kg。

某公司生产的青贮打捆包膜一体机（图 11），配套动力为 5.5kW，生产效率为每小时 50～60 捆，成捆尺寸为 Φ550mm×520mm，外形尺寸为 3 200mm×1 600mm×1 400mm（长×宽×高），青贮捆重量为 40～80kg，机械重量为 550kg。

BR6090Combi 圆捆打捆包膜一体机，打捆包膜机能确保网包正好达到草捆的边缘，覆盖整个草捆表面，样机如图 12。参数为薄膜宽度 750mm，包膜臂 2 个，液压系统为单作用油缸，带自由回油，裹包长度为 3.95m、宽度 2.69m、高度 2.35m，重量 2 775kg。该款机械效率高，生产的青贮品质好，但是价格相对较高。

图 10　青贮牧草玉米秸秆打捆包膜一体裹包机

图 11　青贮打捆包膜一体机

图 12　圆捆打捆包膜一体机

六、青贮窖配套机械

青贮窖青贮在生产过程中将青贮收获、割断后，青贮原料装入青贮窖，需要将其压紧，这时可以根据青贮窖的大小选择适宜的拖拉机、挖掘机等机械进行。青贮取料时采用专门的取料机能够提高取料效率，降低青贮二次发酵。青贮取样机多采用液压控制，四轮驱动装置。目前青贮取样机型号较多，部分型号见图13，需要根据青贮窖的大小及单次取料量选择适宜的取样机。

图13　取料机

（张建波）

苜蓿半干青贮技术

苜蓿是优质豆科牧草，素有“牧草之王”之称，在畜牧业生产中有着重要的地位。但是苜蓿干草在调制过程中容易受到暴晒、雨淋等因素影响，叶片脱落、养分损失严重，高达20%～30%。而苜蓿半干青贮则是解决这些问题较为理想的技术措施。半干青贮不仅可以减少苜蓿营养和干物质损失，还可以保持青绿饲料的营养特性。半干青贮后苜蓿适口性好、消化率高，并能长期保存，延长了苜蓿鲜草的供应周期，对发展苜蓿草业、发展畜牧业都有着重要意义。

一、半干青贮的特点

(一) 优点

1. 适用范围广

从青贮技术上来说，半干青贮为难以用一般青贮方法调制高蛋白质饲草提供了新的青贮方法，特别是可解决大面积苜蓿生产中难以存贮和难以调制干草的难题，因此，采用半干青贮法是获得优质青贮饲料的有效措施。

2. 发酵质量好

苜蓿半干青贮料中几乎不存在酪酸，而且氨态氮极少，所以在半干青贮中极少出现恶臭现象，能获得品质优良的青贮料。

3. 养分保存好

与干草调制和制作一般青贮饲料相比，半干青贮能保存更多的养分。将青绿饲料调制成干草，常因落叶、氧化、日晒、光照等原因，很难保留饲料中的叶片和花序，养分损失可高达35%～40%，胡萝卜素损失更高达90%；而半干青贮饲料几乎完全保存了青饲料的叶片和花序。与一般青贮饲料相比，由于半干青贮发酵过程慢，同时有高渗压，抑制了蛋白质水解和丁酸的形成，因而养分损失较少，干物质含量高，家畜采食量高。

4. 饲喂效果好

用同样原料调制成半干青贮饲料，较干草和一般青贮饲料质量高，饲喂效果好。有些国家发展半干贮饲料，用来代替乳牛和肉牛日粮中的干草、青贮料和块茎饲料，简化了饲喂程序，降低了管理费用，均获得了良好的经济效果。

(二) 缺点

调制半干青贮料的关键所在是青绿饲料刈割后需要进行萎蔫处理。为了保证半干青贮料的质量，萎蔫的时间越短越好。在南方地区，因阴雨天较多、湿度高，较难进行青绿饲料的萎蔫处理，半干青贮的制作受气候条件的限制仍然较大。此外，半干青贮运输成本高于干草。

二、半干青贮的原理

苜蓿半干青贮是指在厌氧条件下，苜蓿水分含量在50%～60%时，利用苜蓿鲜草上附着的乳酸菌，使苜蓿产生发酵作用，将青贮饲料中的可溶性糖类转化为乳酸等有机酸，增加了青贮饲料的酸度，当产生的乳酸达到一定程度即青贮饲料pH降低到4.2时，就抑制了腐败酸菌、丁酸菌等有害细菌的繁殖，乳酸菌也因酸度过大而停止活动，从而达到长期贮存的目的。

三、技术内容

（一）青贮原料收获与萎蔫处理

苜蓿半干青贮原料适宜收获时期为现蕾期至初花期，一般选择在天气晴朗的时间收割。刈割后，原料含水量要尽快降至 55%～60%，晾晒时间越短越好，最好控制在 24～36h 内。

苜蓿青贮含水量的测定，可采用下列两种方法：

1. 公式计算法

$$R=(100-W)/(100-X)$$

式中，R——每 100kg 苜蓿原料晒干至要求含水量时的重量（kg）；

W——苜蓿原料最初含水量（每 100kg 中的重量）；

X——青贮时要求的含水量（每 100kg 中的重量）。

2. 田间观测法

牧草经晾晒后，茎叶失去鲜绿色，叶片卷成筒状，茎秆基部尚保持鲜绿状态；苜蓿鲜草晾晒至叶片卷成筒状，叶片易折断，压迫茎秆能挤出水分，茎表面可用指甲刮下，此时的含水量为 50%左右。

（二）原料切段

由于半干青贮的原料含水量较低，装填时不易压实，将青贮原料铡成 1～2cm 长度，能保证青贮质量。

（三）原料装填与压实

为了提高半干青贮品质，可添加青贮添加剂。每装填一层原料（厚度为 20～30cm），按比例均匀喷洒一次青贮添加剂。

半干青贮原料的装填过程是影响青贮品质的一个重要因素。青贮时原料装填应从窖的一头的两个角开始，分段进行，装满一段再装下一段，一天内装完一段，在装填完的部分及时盖上塑料布和适量的重物，5d 内装完为好。半干青贮在装填过程的压实要求比一般青贮高，尤其是边角处压得越实越好。

（四）密封覆盖与取用

青贮饲料装满压实后，须及时密封和覆盖，目的是创造窖内的缺氧环境，抑制好气性微生物的发酵。具体方法是装填镇压完毕后，在上面盖聚乙烯薄膜（厚度为 0.8～1mm），薄膜上盖草帘、轮胎等重物即可。数日后要及时检查下沉情况，并将下沉处用土封严。

半干青贮一般密封 45d 以上，就可开窖取用。

四、品质鉴定

优良的苜蓿半干青贮料一般表现淡黄绿或深绿色，甜酸味或酒香，气味淡，pH 4.5～5.0，乳酸在有机酸中占优势，酪酸不存在或极少，适口性好，家畜喜食。

（一）感官指标及分级

苜蓿半干青贮饲料的感官指标应符合表 1 的要求。

表 1　苜蓿半干青贮饲料的感官指标及质量分级

指标	一级	二级	三级
颜色	亮黄绿色或黄绿色	黄绿色带褐色或黄褐色	褐色或黑色
气味	酸香味	刺激酸味	臭味、氨味或霉味
质地	干净清爽，茎叶结构完整，柔软物质不易脱落	轻微黏性，柔软物质略与纤维分离	黏性，柔软物质与纤维分离；发热或霉变

（二）发酵指标及分级

苜蓿半干青贮饲料的化学质量指标应符合表 2 的要求。

表 2　苜蓿半干青贮饲料的化学指标及质量分级

指标	一级	二级	三级
pH	≤4.8	≤5.2	＞5.2

（三）营养指标及分级

苜蓿半干青贮饲料的营养指标及质量分级应符合表 3 的要求。

表 3　苜蓿半干青贮饲料的营养指标及质量分级

指标	一级	二级	三级
粗蛋白（%）	≥22	≥20，＜22	≥18，＜20
中性洗涤纤维（%）	＜35	≥35，＜40	≥40，＜45
酸性洗涤纤维（%）	＜25	≥25，＜30	≥30，＜35

五、管理与饲用

密封后的青贮设施应经常检查，发现有漏气之处，要及时补修，杜绝透气，以免不良细菌的繁殖，导致失败。青贮设备密封后，为防止雨水渗入，四周应挖排水沟。一般经过 40～50d，完成发酵过程即可开窖使用。在取用时，

长方形青贮窖可先开一端，逐段取用，一旦开启青贮窖就必须连续利用。根据每天用量来决定取量，每取用一次，随即用合适的用具盖严开口处，避免过多地与空气接触和落入雨雪。

半干青贮一般宜在夏季调制保存，冬春季使用。用半干青贮苜蓿饲喂家畜时，一般要经过驯食阶段。第一次先用少量青贮料混入干草，再加少量精饲料，充分搅拌后才可饲喂家畜，循序渐进，逐渐增加。大概经过一周以上不间断饲喂，家畜就会习惯采食。

（杜华、方庆旭）

第五章　草种生产

河北坝上地区燕麦种子生产

燕麦（*Avena sativa* L.），一年生草本植物，属于禾本科燕麦属，是高寒冷凉地区重要的饲草、饲料和粮食作物。

目前，我国年实际燕麦播种面积 70 万 hm^2 左右，主要分布在青海、甘肃、内蒙古、河北、山西等地。其中，裸燕麦种植面积以华北地区为最多，其中河北省张家口地区、山西省雁北地区和内蒙古乌兰察布市是裸燕麦主产区，约占全国燕麦总面积的 3/4。近年来，随着饲草燕麦的兴起，在内蒙古赤峰、甘肃山丹及河北坝上地区逐渐形成了饲草燕麦的优势产区，其中河北坝上地区饲草燕麦种植面积就超过了 2 万 hm^2。

目前，我国饲草燕麦生产主要采用进口品种，国产品种主要为粮饲兼用型品种（表 1），其中草莜 1 号、坝莜 3 号等品种具有一定的市场占有率。

表 1　国内育成的部分粮饲兼用型燕麦品种及其生产特性

品种名称	生育期（d）	粗蛋白（%）	粗脂肪（%）	粗纤维（%）	产量（kg/hm^2）	品种育成单位
坝莜 3 号	95～100	16.8	4.9	7.0 以上	2 700～4 100	张家口市农科院
冀张莜 2 号	80～90	16.7	4.8	7.1	2 850～3 500	张家口市农科院
花早 2 号	80	16.5	4.75	6.9～7.2	3 150～4 000	张家口市农科院
坝燕 1 号	85～97	11.0	7.43	6.8	3 600 以上	张家口市农科院
草莜 1 号	100 以下	15.7	6.1	7.0 以上	2 250～3 750	内蒙古农牧科学院
白燕 2 号	81	16.58	5.61	7.0 以上	2 500	吉林白城市农科院
白燕 7 号	75～85	13.07	4.64	7.1 以上	2 100～2 300	吉林白城市农科院

种子生产是燕麦优良品种推广的基础。依据坝上地区气候立地条件等特点，本文有针对性地介绍了本区域燕麦种子良种繁育体系及田间生产管理关键环节的实用技术。

一、适用范围

本技术适用于河北坝上地区燕麦种子生产。河北坝上是指华北平原向内蒙古高原的过渡地带，具体包括张家口坝上的张北、康保、尚义、沽源四县，承德坝上的丰宁、围场两县，总面积 20 多万 km^2。

坝上地区主要地形为丘陵、平原，东南高、西北低，属大陆性季风气候，年均气温 1～2℃，无霜期 90～120d，年降水量 400mm 左右。

二、技术流程

选择地势平坦、土壤肥沃、地力均衡、灌溉方便，最好集中、连片的土地，前茬一致、土壤无病菌的作为种植基地。进行土壤耕作后将选定的品种在适宜期播种，配合精细的种植管理技术，收获时选择在晴朗无风的天气，清选包装后贮藏（图 1）。

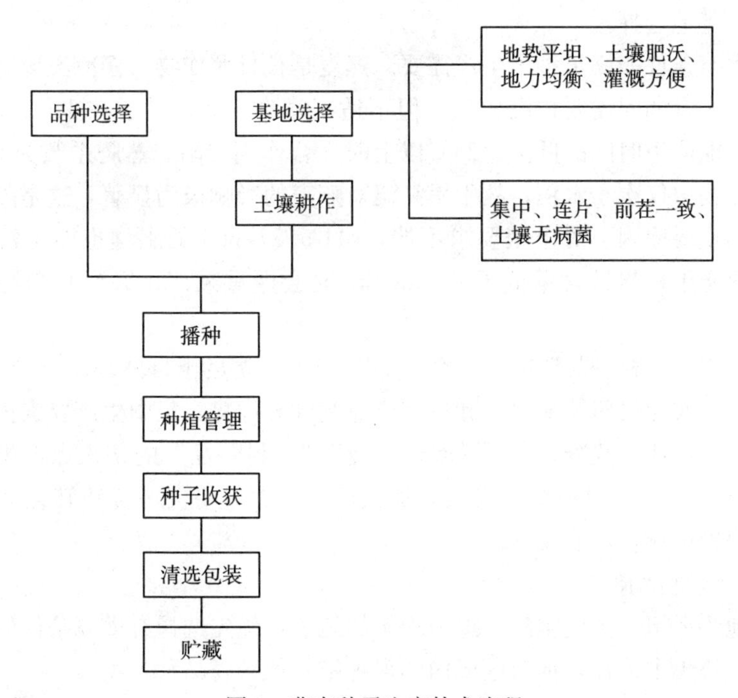

图 1　燕麦种子生产技术流程

三、技术内容

（一）燕麦种子繁育体系

1. 燕麦良种繁育程序

采用“一圃三田”制良种繁育程序，即穗行圃、原种田、一级种子田、二级种子田。

2. 种子生产技术要点

（1）第一年在老品种田或育种圃中选择生长健壮、性状一致的单株（穗），进行株（穗）行种植，混收生长一致的单株（穗），生产原种。

（2）第二年将上年生产的原种繁殖，去杂除劣，生产一级种子。

（3）第三年对提纯的一级种子扩大繁殖，去杂除劣，生产二级种子。

（4）二级种子即可为大田生产提供良种。

燕麦种子生产技术流程主要有：燕麦品种的选择、种植基地选择、耕作后播种、种植管理、种子收获、清选、包装、贮藏等过程。

（二）燕麦种子生产技术

1. 种子生产基地建设

（1）基地选择。

①生态条件能满足种子生产需要。燕麦是长日照作物，喜凉爽湿润，忌高温干燥，生育期间需要积温较低，但不适于寒冷气候。种子在1～2℃开始发芽，幼苗能耐短时间的低温，25℃以上时光合作用受阻。蒸腾系数为597，在禾谷类作物中仅次于水稻，故干旱高温对燕麦的影响极为显著，这是限制其地理分布的重要原因。对土壤要求不严，pH 5.5～6.5的土壤也能正常生长发育。灰化土中，当锌含量低于0.2mg/kg时会严重减产，缺铜时则淀粉含量降低。

②开展“一村一品”或“一乡一品”工程。立足于自然环境、土地资源、人力资源、农业设施装备水平和现有产业基础等优势，集中生产要素投入，大力发展特色产业，找准发展“一乡一产业”“一村一品”的切入点，积极推进“一乡一产业”“一村一品”发展，加快产业集聚，将资源优势转化为经济优势，加快推进燕麦产业发展。

（2）地块要求。

①地势平坦、土壤肥沃、地力均匀的地块，优先选择有灌溉条件的地块。

②地块集中连片，种植区域内不得种植其他燕麦品种。

③前作不能为燕麦。

（3）土壤耕作。

①早秋深耕（根据地力等条件）：熟化土壤，提高土壤水分，灭除杂草，耕深一般在 30cm 以上。

②春季旋耕（根据环境地力条件）：耕深一般在 15～20cm，灭除杂草，利于播种。

③耕后耙、耱、镇压，蓄水保墒。

2. 品种选择

（1）根据市场需求选择与当地生态条件、地块地力相适宜的品种。

（2）应从品种选育单位购买原种进行种子繁育。

3. 种植管理

（1）选种。种子净度应高于 98%，发芽率应在 85%以上。

（2）晒种。播前晒种 2～3d。

（3）拌种。防治燕麦坚黑穗病。用 50%甲基托布津、拌种霜等农药进行拌种，拌种量为种子重量的 0.3%。

（4）适期播种。燕麦生长期与雨热同季，应根据不同区域生态条件调整播期；同一品种在不同生态区生育期不一致，要因地制宜确定播期；根据不同品种生育期调整播期：晚熟品种早播，早熟品种晚播。

根据不同地类调整播期：阴滩地一般提前 3～5d，沙土地推迟 3～5d，水浇地不考虑与雨季适应的问题，而应考虑何时播种利于生长发育、产量最高、品质最好。

（5）合理密植。燕麦的合理密植是在不同的生产和栽培条件下，以适宜的播种量获得一定数量的壮苗为标准。根据地力和产量指标确定播量，地力好的可保苗 450 万～525 万株/hm^2，地力差的保苗 375 万～450 万株/hm^2。

（6）水肥管理。

①采用“三水三肥”的原则，即分蘖水、拔节水、灌浆水，底肥、种肥、追肥（分蘖肥、拔节肥）。

② 底肥：选择农家肥，一般撒施 3 000～6 000kg/hm^2。

③ 种肥：磷酸二铵 75kg/hm^2，尿素 45kg/hm^2。

④ 追肥：于分蘖期、拔节期各追施尿素 112.5kg/hm^2。

（7）加强病虫草害防治。

①防治燕麦坚黑穗病。选用抗病品种，也可采用药剂拌种或种子剂包衣处理的方式防病。

②防治虫害。草地螟和黏虫的防治应在幼虫 3 龄以前，每平方米虫数达到 15 头时进行，一般用 2.0%阿维菌素 2 000 倍液、4 000 倍速灭杀丁、溴氰菊酯类等农药，亩用药液 30～50kg 喷雾灭杀。成虫可用糖醋酒毒液诱杀。蚜虫

的防治应在 5 月或 6 月份，蚜虫大量发生时，用 8 000 倍溴氰菊酯喷雾，用药量 600～750kg/hm^2。

③杂草防治。采用轮作、晚播锄草，可以用除草剂锄草；裸燕麦应少用或不用 2,4－D 丁酯除草，用量过多有残留，增加裸燕麦的籽粒着壳率。

（8）去杂。

①抽穗期田间去杂。主要看抽穗整齐度，过早或过晚，品种株型、穗型、叶片形状等特征，变异植株须带根拔除。

②成熟前田间去杂。在成熟前看植株高低、穗型、铃形、内稃色、落黄色等性状，严格去杂 1～2 次。

③对禾本科杂草去杂。如野燕麦、大麦在苗期至抽穗期应尽早拔除，保证在田间收获验收前彻底清除。

4. 收获

（1）当燕麦穗由绿变黄，中上部籽粒变硬时即可收割，留茬 15cm 以上。

（2）选择无露水的晴朗天气进行收获。采用专用机械收获，收割前要对收割机内部、外部进行彻底清理，确保无其他作物种子混入。

（3）不同品种收获时，再次清理收割、运输、包装等机械，严防机械混杂。

5. 清选与包装

收获前由专人进行田间检验，合格后收获种子；收获的种子要及时统一精选，以达到国家种子质量标准；统一精选检查后，统一包装，登记种子产地、产种数量、质量（纯度）、发芽率等，制作标签。

6. 贮存

（1）晾晒及贮存要做到单晒、单贮。

（2）要求含水量降至 8%～13.0%，贮放前要清扫仓库，确保单库、单仓，安全贮放，分仓时要装袋，严防混杂。

（3）仓库要保持通风干燥。

（杨志敏、李云霞、王运涛、李广有、曹丽霞、刘建成、王文涛、黄金山）

象草种茎生产技术

一、技术概述

象草是禾本科狼尾草属多年生丛生高大禾草，原产于非洲，是全球热带、亚热带地区普遍栽培的牧草。象草营养价值高，适口性好，在拔节期，其干物质中粗蛋白质含量高达13%，是牛、马、羊、兔、鸭、鹅等草食动物的优质饲草。

近年来，象草因其产量高、营养好及管理粗放等优点而受到海南、广西、广东、福建等热带、亚热带地区广大养殖户的青睐，推广范围不断扩大，种植面积持续增加。象草种子成熟时容易脱落，且种子结实率和发芽率都很低，因此生产上多采用无性（种茎）繁殖方式种植。

象草一般在海南、广东、广西和福建等地区均可越冬，贵州、云南、湖南、江西、重庆、四川等省（市、区）部分地区需要采取适当措施才能越冬。其他较寒冷省区种植象草一般不能越冬，需要采取种茎保存措施越冬，次年重新种植。

目前，我国南方推广种植的主要象草品种有华南象草、桂牧1号杂交象草和桂闽引象草。

二、适用范围

本技术主要适用于广西、广东、海南、福建等长江以南热带、亚热带地区。

图1 象草栽植

图2 象草种茎收获

三、技术流程

首先选择交通方便、光照充足、排灌良好、土层深厚、疏松肥沃平整好的土地作为种茎种植地块，并整地施肥。选择生长180d以上老熟、粗壮、无病虫害、无损伤的茎秆作种茎，每年2月到10月期间，避开低温、干旱的时期均可种植，在秋季或者春季进行种植，并根据出苗情况进行补苗、除杂、施肥和灌溉，生长180d以上的植株可用作种茎，以生长300d左右为最佳收获期，将种茎坪地砍下，削除尾稍，用树叶或杂草遮盖堆放到干燥处，等待装运。入冬前收割最后一茬，留茬高度 10～15cm，以利根蔸越冬（图 3）。

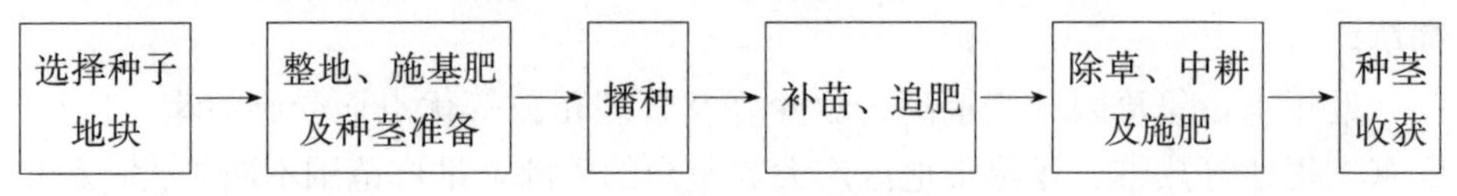

图 3　象草种茎生产技术流程图

四、技术内容

专门的种茎生产田，一次性收获可年产种茎 60 000～90 000kg/hm²，兼用种茎生产田可刈割 2～3 次（饲草利用）后再留作种茎，年产种茎 45 000～75 000kg/hm²。

（一）象草种茎生产技术

1. 土地平整

（1）地块选择。一般选择交通方便、光照充足、排灌良好、土层深厚、土质疏松、土壤肥沃的地块作为种茎生产田。

（2）平整土地。首先将地表上的石块、树枝等杂物清理干净，深耕细耙，整平土地，然后按行距 120cm 开行沟，沟深 20cm。如果在山坡地上种植，应该沿着等高线进行耕耙及开行沟或开穴。在深耕后细耙前的地表撒施或开沟施入有机肥作底肥，一般有机肥用量为 22 500～45 000kg/hm²，也可施用 1 500kg/hm²的复混肥作为底肥。根据实际情况，面积大的地块中间可预留机耕路，以利于田间管理和运输，并在四周开挖排水沟。

2. 种茎准备

为了保证品种纯度及后代的稳定性、一致性，应到正规的象草繁育生产单位购买种茎，用种量 2 250kg/hm² 左右。选择生长 180d 以上粗壮、无病虫害、无损伤的茎秆，按 3～4 节切成小段，每段保证 3 个以上有效芽，种茎切断面与种茎垂直，尽量不要撕裂茎皮。另外，预留用种量 5%左右的种茎，不切段，放置于干燥、阴凉、透风的地方，以备补苗时用。

3. 适时播植

（1）种植时间。虽然象草对种植时期要求不严，2—10 月均可种植，但应根据当地的气候情况，尽量避开低温、干旱季节。一般选择在秋季或春季种植为佳。

（2）种植方法。种植方法一般分为平埋、斜插和移栽三种，种植规格 120cm×40cm。

平埋。将已切成小段的种茎按 40cm 的间距平放在开好的行沟内，然后覆土 6～8cm。

斜插。将已切成小段的种茎按 40cm 的间距、与地面成 45°角斜放于开好的行沟壁上，然后覆土 6～8cm，种茎需露头 2～4cm。

移栽。选择已种植 2 年以上，分蘖较多的象草株丛，先把地上部分按留茬高度 10cm 刈割，连根挖起一半，然后按每兜含 2 个腋芽或节进行分兜，用剪刀修除较多或过长的根须，搬移到已经开好的行沟内按 40cm 株距摆正，覆土 8～10cm。

4. 田间管理

（1）补苗。象草在气温和水分适宜的条件下，一般种植 10d 后就开始出苗，根据种植规格及时检查出苗情况，发现缺苗时尽快用预留的种茎补种。

（2）除杂。出苗后应及时清除田间和四周的杂草以及与本品种特征差异较大及病弱的植株，以保证本品种的纯度和整齐度。

（3）施肥。象草是高水高肥植物，对氮肥非常敏感。在出苗后封行前或每次收获种茎后结合中耕，追施尿素 150kg/hm^2，氯化钾 150kg/hm^2，或者追施腐熟有机肥 15 000～45 000kg/hm^2。入冬前最后一茬收割后，应施用足够的农家肥以利于根芽的越冬。

（4）灌溉。当天气干旱或每次刈割种茎中耕施肥后，应进行灌溉，以保证象草正常生长发育。

（5）宿根管理。对于两年以上的宿根象草，除了按照常规管理外，还应进行中耕，切除部分须根或者减除部分分枝，保证种茎的产量和质量。

5. 种茎收获

象草生长 180d 以上的植株可用作种茎，以生长 300d 左右的植株为最佳。收获时，要将种茎平地砍下，削除尾稍，保留叶鞘，并扎成捆搬运堆放到干燥阴凉透风处，用树叶或杂草遮盖，等待装运到其他地方种植。入冬前收割最后一茬，留茬高度 10～15cm，以利于根蔸越冬。

（二）象草越冬和种茎保存技术

在冬季温度 0℃以下的地区，需要采取有效措施才能保证象草根蔸和种茎安全越冬，来年再生。

1. 根蔸保护

冬季气温在－5～0℃的地区，在收割茎秆后的根蔸上覆盖干草或塑料膜保温即可越冬；在－10～－5℃的地区，需要在根兜上覆盖一层厚 6～10cm 松土，再在上面覆盖一层塑料膜即可；在－15～－10℃的地区，收割茎秆后，按每蔸 0.5kg 左右草木灰洒在草蔸上，然后覆盖厚度为 10cm 左右的干草．再覆盖松土 10～15cm 或一层薄膜即可达到防冻目的。

2. 种茎保存

对于冬季气温－10～0℃的地区，可采用挖坑填埋的方法保存象草种茎。选择地势较高地方，根据需要保存种茎的数量，挖深浅、大小适当的土坑，地面垫一层稻草或其他干草。入冬前或初霜前几天，将象草种茎砍下，去掉尾稍，扎成小捆，一层一层地堆在坑内，直至高出地面 10～15cm，从坑内引出一根直径 32cm 或 50cm、高出地面 50cm 的塑料通气管，然后填上一层 15cm 干燥、松碎泥土，再覆盖一层薄膜，用石块压紧，并在土坑四周开挖排水沟。通气管用于调节坑内温度及空气，平时密封。

对于冬季气温－10℃以上的地区，直接将砍下的种茎扎成捆，堆到地窖内保暖过冬。

五、效益估算

如果作为鲜草利用，按一般管理水平年产鲜草 180t/hm^2，广西本地收购价 160 元/t，扣除种植、管理、收割、装车及运输成本 110 元/t，每年可获毛利 9 000 元/hm^2 的直接收益；如果专业生产种茎，按种茎产量 75t/hm^2，市场销售价 800 元/t 计，扣除种植、管理、收割、装车及运输成本 200 元/t，每年获得直接经济效益 45 000 元/hm^2。

六、种茎质量评价与分级标准

（一）质量评价

种茎的优劣主要根据种茎的粗细、曲直、均匀程度和侧芽萌发率等指标进行评价。优质的种茎一般茎秆比较粗直，粗细、节长均匀，侧芽完好率高。

（二）分级标准

种茎分一级、二级和三级。种茎粗壮、均匀，侧芽萌发率 90%以上为一级；种茎较粗壮、较均匀，侧芽萌发率 80%以上为二级；种茎粗壮、均匀程度一般，侧芽萌发率 70%以上为三级。

七、引用标准

《象草类牧草生产技术规范》(DB45/T 56—2002)。

（谢金玉）

河西走廊苜蓿种子生产技术

一、技术概述

河西走廊位于甘肃省西北部，地处祁连山与走廊北山之间，主要包括酒泉、张掖、武威、玉门等地，约占甘肃省面积的60%。该区气候干旱，酒泉、张掖、敦煌等区域年均降水量50～100mm，其中夏季降水占全年总量的50%～60%；光照资源丰富，太阳辐射强，日照时数3 000h以上，其独特的气候条件和地理位置为本区发展苜蓿种子生产奠定了良好的基础。河西走廊地区现有草种生产营销企业28家，主要生产模式为“公司自有基地”繁育与“公司+农户”方式。经过十多年的发展，本区域已成为国内最大的苜蓿制种基地。

本技术涵盖了苗床准备、播种、田间管理、种子收获加工、种子包装贮藏以及种子认证等苜蓿种子关键流程与环节，其中传粉昆虫授粉、虫害防治及根瘤菌接种等技术还存在一定不足，有关内容需要进一步研究与细化。

二、技术特点

本技术适用于河西走廊地区苜蓿种子生产，包括田间管理、收获加工、包装、贮藏、运输、种子认证。

三、技术流程

首先做好种植基地的苗床准备工作，包括耕地、耙地、耱地、镇压等，同时选择经根瘤菌拌种或包衣的苜蓿种子并在最佳播种期播种，配以精细的施肥、灌溉、除草等田间管理工作，选择晴朗无风天气进行种子收获，经干燥、清选后可进行包装与贮存（图1）。

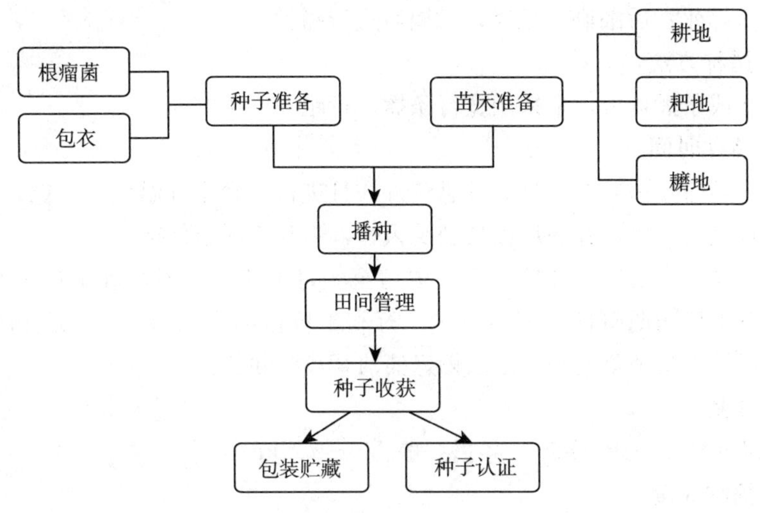

图1　河西走廊苜蓿种子生产技术流程

四、技术内容

（一）苗床准备

耕翻：分为浅耕和深耕两种，浅耕深度为 15～20cm，深耕深度为 25～30cm，深耕效果较好。

耙地：播种前和返青前进行耙地。

耱地：耙翻或耙地后进行。

镇压：苜蓿播前镇压，提高表土紧实度与平整度；播后镇压以防苜蓿“吊根”死苗现象。

（二）根瘤菌接种

首次种植苜蓿地块或间隔 2～3 年后再次种植苜蓿的地块需进行根瘤菌接种。

注意事项：根瘤菌存放时避免阳光直射，播前拌种，已接种根瘤菌种子不能与酸性肥料接触。

（三）播种

1. 播种方式

一般采用单播；播种当年也可进行保护播种，保护作物多为小麦、大麦等一年生禾谷类作物及孜然（*Cuminum cyminum* L.）等经济作物。

2. 播前除草

播前选用氟乐灵、地乐胺等除草剂进行土壤封闭，喷药后均匀混土，避免在土壤干燥时进行喷药处理。夏播选用草甘膦等灭生性除草剂进行杂草防除，待杂草全部死亡后翻耕、耙耱，一周后进行播种。

3. 播种方法

穴播或条播均可，常采用宽行条播，行距 60～100cm。

4. 播种时间

（1）春播：一般在 4 月 8 日至 5 月 3 日进行，春季气温低而不稳，气候干燥，而且风大风多，春播后极易遭受风蚀，不利于抓苗保苗。

（2）夏播：最适播种期为 7 月中旬至 8 月上旬，一般最晚不迟于 8 月 10 日。夏季水热同期而且风相对较少，有利于苜蓿的出苗和生长。夏播较易成功，但极易遭受杂草危害，必须做好播前杂草防除工作。

5. 播量

精准穴播 1～3kg/hm^2，条播一般为 6～7.5kg/hm^2。

6. 播种深度

浅播为宜，一般播种深度为 1～1.5cm。

（四）田间管理

1. 施肥

土壤速效磷含量低于 15mg/kg 时，每公顷 P_2O_5 追施量 90～180kg；土壤速效磷含量 15～25mg/kg 时，每公顷 P_2O_5 追施 60～90kg。硼有利于提高种子结实率，通常施用硼砂（硼化钠），施肥量为 10～20kg/hm²，或用 0.5%的硼砂溶液叶面喷施。

2. 灌溉

根据土壤类型及返青后土壤墒情确定灌溉次数，通常在返青至开花前灌溉 1～3 次；开花期不宜灌水，除非遇到明显的干旱胁迫；种子成熟后期一般不灌溉，以利于种子收获。

3. 辅助授粉

为了促进苜蓿授粉，提高种子产量，在种子田中一般每公顷配置 3～10 箱蜜蜂，或初花期释放切叶蜂 4 万头。

（五）种子收获与加工

1. 适宜收获期判定

一般情况下，2/3 以上的荚果变为褐色或黑褐色时即可收获。

采用分段收获法（先割下草条，晾晒一段时间后再利用联合收割机脱粒）时，当 50%～60%的荚果变为褐色或黑褐色（其余荚果虽呈绿色，但形态饱满，籽粒发育充分）即可收获；当 2/3～3/4 的荚果呈现黑褐色时，应在空气湿度大或清晨叶片有露水时进行刈割；当 90%以上的荚果都呈现黑褐色时，宜采用直接收获法（联合收割机直接收割脱粒），且收获前要进行干燥脱叶处理。

2. 收获方法

（1）机械收获。一是联合收割机（康拜因）直接收获；二是分段收获，利用往复式割草机等割草机械收割，晾晒后再利用联合收割机脱粒或把草条拉回晒场干燥后，进行脱粒并预清。

（2）收获前干燥处理。采用联合收割机直接收获时，收获前应喷施干燥剂进行茎叶干燥处理，化学干燥剂选用敌草快（用量为 1～2kg/hm²）、敌草隆（用量为 3～4L/hm²）、利谷隆（用量为 3.2kg/hm²）等触杀性除草剂。一般喷洒一周后，当荚果和叶片含水量降至 15%～20%时，利用联合收割机直接收获。

（3）联合收割机作业。收获应在无雾、无露水的晴朗干燥天气里进行。行进速度不超过 1.2km/h。

（4）联合收割机机械作业参数调整。滚筒转速、凹版间隙、颖糠筛及种子筛筛孔大小直接关系到脱粒效率，应根据联合收割机机型、植株密度、高度和茎叶量有针对性地对以上参数进行调整，以提高收割与脱粒效率。

3. 种子干燥

苜蓿种子安全贮藏的含水量不高于12%。刚收获的苜蓿种子含水量通常为25%～35%，要立即进行干燥至安全贮藏含水量。种子干燥方法有人工干燥和自然干燥两种。人工干燥常见的干燥设备有火力滚动烘干机、烘干塔及蒸气干燥机。通常，河西走廊地区通过自然晾晒（晒场）即可完成苜蓿种子的干燥。

4. 种子清选

常用的种子清选设备有气流筛选机、比重清选机、窝眼分离器等。清选菟丝子时需绒毛清选机和磁力清选机配合使用。

（1）风筛清选。根据种子与混合物大小、外形和密度的不同进行清选，在混杂物的大小和体积相差较大时效果较好。常用设备有气流筛选机。

（2）比重清选。按种子与混杂物的密度和比重差异进行清选。种子大小、形状、表面特征相似，但重量不同，用比重法分离效果较好。破损、发霉、虫蛀、皱缩的种子大小与优质种子相似，但比重较小，用比重清选机处理效果很好。

（3）窝眼清选。通常分为窝眼盘和窝眼滚筒两种设备，可筛选与苜蓿种子长度有明显不同的其他作物种子或杂草种子。

实践中，可根据实际情况选用上述单机或组合加工生产线（图2）。

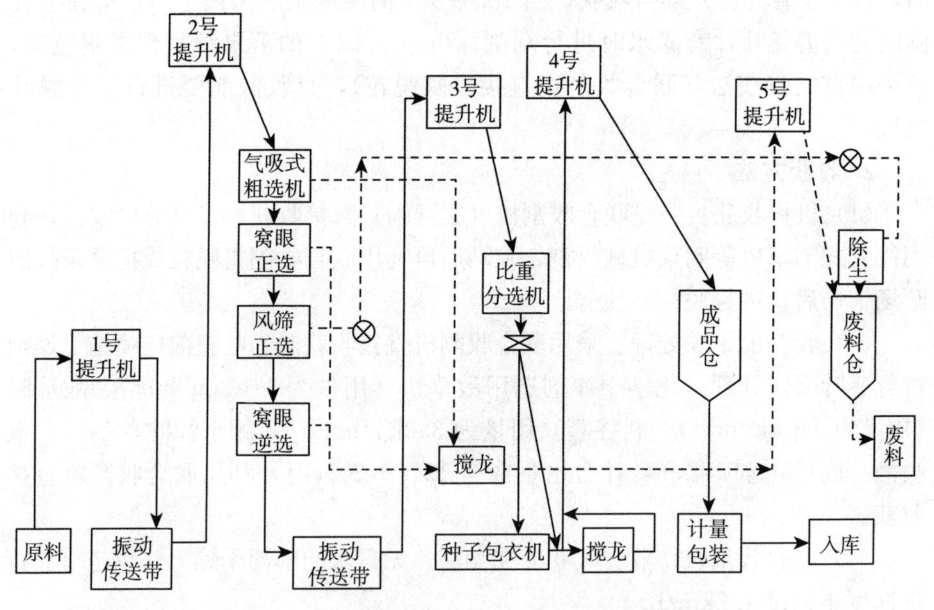

图2　苜蓿种子清选加工厂的典型清选流程

（六）种子包装、贮藏及运输

1. 种子包装

根据国家标准（NY/T 1210—2006）苜蓿商品种子必须经过清选、干燥和质量（净度、发芽率、含水量）检验后才能进行包装。包装要避免散漏、受闷返潮、品种混杂和种子污染，并且要便于检查、搬运和装卸。包装袋应用能透气的麻袋、布袋或尼龙袋，忌用不透气的塑料袋或能引起污染的如装过农药、化肥、腌制品及油脂的袋子包装。

2. 种子贮藏

种子库要建在通风、干燥、防虫防鼠、地下水位低以及远离污染源的地方。库房要用牢固、耐磨以及防潮、防湿、隔热的建筑材料。在种子入库前要对仓库和常用器材、工具进行清扫、杀虫、灭菌。

3. 种子运输

种子运输工具必须清洁、干燥、无毒害物，并有防风、防潮、防雨设备。大批量种子运输，应做到一车、一船或一机装运一个品种。凡运输种子，应按每个批次（同品种、同等级）并附"种子质量检验单""种子检疫证"及"发货明细表"，交承运部门或承运人员随种子同行，货到后交接收单位，作为验收种子的凭据。在运输期间如发生雨淋、受潮等事故，应及时晾晒种子。

（七）种子质量分级

苜蓿种子经干燥和清选后，根据种子的净度、发芽率、其他植物种子数和种子含水量分为不同的等级。根据《苜蓿种子质量分级标准》（GB 6141—2008），按上述四项指标将苜蓿种子质量划分为三级，具体见表 1。

表 1　苜蓿种子质量分级标准

级别	净度不低于（%）	发芽率不低于（%）	种子用价不低于（%）	其他植物种子不高于（粒/kg）	含水量不高于（%）
1	98	90	88.2	1 000	12
2	95	85	80.8	3 000	12
3	90	80	72.0	5 000	12

（八）种子认证

1. 认证种子等级

我国苜蓿种子认证分为 4 个等级，即育种家种子、基础种子、登记种子和认证种子。为了减少生产过程中受基因污染的机会，当基础种子数量大时，可用基础种子直接生产认证种子。

2. 苜蓿种子认证标准和要求

根据《牧草与草坪草种子认证规程》（NY/T 1210—2006）的要求，主要对种源、种子田及所收获种子质量进行严格控制。内容包括对种子田用种、田间管理以及种子收获与加工的一些特殊而具体的要求。认证种子的等级不同，要求也不同。

（1）苜蓿种子认证的种子田管理。

a. 前作要求。近 4 个生长季没有种植苜蓿属的其他种或品种，但同一品种的相同认证等级可以连续种植。

b. 种子田的隔离。种子认证规程中要求不同品种及近缘种之间在田间布局时必须设有隔离带。我国已对苜蓿种子生产田间隔离距离进行了相关规范（表 2）。

c. 认证种子繁殖世代数。为了减少认证种子生产中品种的基因变异或污染，必须限制种子繁殖的世代数。

d. 种子田田间污染植物的控制。紫花苜蓿基础种子田中每千株苜蓿只能允许含有一株（或生殖枝）污染植株；登记种子田每四百株苜蓿只能含有一株（或生殖枝）污染植株（表 2）。

表 2　苜蓿种子认证对隔离距离和污染植株数量的规定

认证等级	污染植株[c]	最小间隔距离（m）[a]	
		面积≤$2hm^2$	面积≥$2hm^2$
育种家种子	无	300	200
基础种子	无	200	100
登记种子	1 株/样方[b]	100	50
认证种子	1 株/样方	100	50

注：a. 再次进行认证的种子田，面积≤$2hm^2$，最低距离为 200m；面积≥$2hm^2$，最低距离为 100m；相同品种的种子田不需要隔离。

b. 样方面积为 $10m^2$（10m×1m）。

c. 污染植株包括变种以及苜蓿属其他种及品种植株。

（2）种子收获加工过程中的管理要求。

a. 认证种子收获时必须最大限度地防止混杂。联合收割机或脱粒机在使用之前要进行彻底的清理，清选机和其他设备（漏斗、流出槽、升降机）必须彻底清理；或直接使用已被认证机构批准的清选设备。

b. 刚开始收割或脱粒的前 5 袋（左右）种子不能用作认证种子。

c. 清选过程需要在认证机构人员的监督下进行或直接使用认证机构认可的清选设备。

d. 根据 NY/T 1210—2006 的要求，清选后的认证种子必须达到不同认证等级种子的最低质量标准（表 3）。若低于某认证种子等级标准要求，将被降低等级或拒绝贴签。后者可重新清选，若达到要求的标准，可进行重新认证。

表 3 苜蓿认证种子的质量标准

指 标	标准（%）		
	基础种子	登记种子	认证种子
净种子含量（最低）	99.0	98.0	98.0
其他作物种子含量（最高）	0.2	0.2	0.3
草木樨种子含量（粒/kg，最高）	无	100	200
杂草种子含量（最高）	0.1	0.2	0.2
发芽率（包括硬实，最低）	85	85	85
发芽与硬实种子（最低）	80	80	80

注：不能出现检疫性杂草。

五、引用标准

(1)《牧草与草坪草种子认证规程》(NY/T 1210—2006)；

(2)《豆科草种子质量分级》(GB 6141—2008)。

（王显国、张泉、毛培胜、吉高、韩云华、刘富渊、王文虎）

青藏高原披碱草与老芒麦种子生产技术

牧草种子是建设高产人工草地和生产优质饲草料的重要物质，也是发展草地畜牧业、防止水土流失、保护生态环境等不可缺少的物质基础。在我国，随着退牧还草、草原生态奖补等重大工程的实施，草种需求量与日俱增，牧草种子生产亟须加强。

披碱草和老芒麦都是青藏高原高寒草地和高寒草甸的重要组成物种，也是青藏高原地区的主要栽培牧草。披碱草是禾本科披碱草属的旱中生牧草，产于东北三省、内蒙古、河北、青海、四川、新疆、西藏等省区。适应性广，特耐寒抗旱，在−41℃的地区能安全越冬。根系发达，能吸收土壤深层水分；叶片具旱生结构，遇干旱叶片内卷成筒状以减少水分蒸发，从而在干旱条件下仍可获高产。较耐盐碱，在土壤 pH 7.6～8.7 范围内生长良好；抗风沙，可在风沙大的盐碱地区种植。分蘖能力强，分蘖数一般达 30～50 个，条件好时达 100 个以上。老芒麦是禾本科披碱草属中旱生牧草，具有适应性强、抗寒（在 −38℃的地区能安全越冬）、抗旱、耐盐性较强、粗蛋白含量高、适口性好和易栽培等优良特性，且为披碱草属中营养价值最高的牧草。

为提高青藏高原地区老芒麦和披碱草种子生产整体技术水平，中国农业大学、四川省草原科学研究院和青海省畜牧兽医科学院等单位联合攻关，在多年生产实践研究基础上，归纳总结了老芒麦和披碱草种子生产技术。目前，该技术已制定成国家行业标准《禾本科草种子生产技术规程　老芒麦和披碱草》（NY/T 2891—2016）并颁布实施。

一、适用范围

青藏高原全年≥10℃积温达到 700℃、无灌溉条件下年降水量达 350mm 以上、年日照时数不少于 2 200h 的区域。

二、技术流程

选择地形开阔通风，地势平坦、前作一致的种子田，进行除杂、施肥、耙地、旋地等土地整治后适时播种，田间管理主要有除杂、排灌水、施肥、病虫害防治、残差管理等，收获期适时收获种子，并干燥清选后分级包装贮存（图 1）。

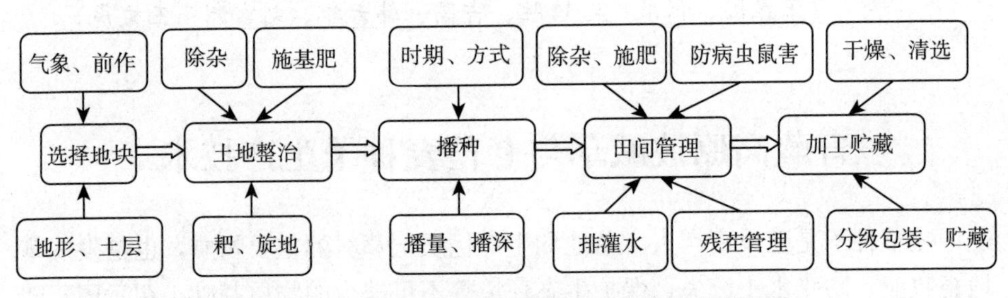

图 1　青藏高原老芒麦和披碱草种子生产技术流程图

三、技术内容

（一）种子田准备

1. 地块选择

种子田选择地形开阔通风，地势平坦（坡度<10°），灌排水良好，病害、虫害、草害、鼠害、鸟害轻，便于隔离的地块。土壤质地以壤土为宜，要求土层厚度在 30cm 以上，有机质丰富，肥力中等，pH 5.5～8.5。

2. 隔离

（1）时间隔离。为防止同种不同品种或近缘种间的混杂，种子田要求前作近 2 年没有种植披碱草属的其他种或品种（NY/T 1210—2006）。

（2）空间隔离。种子田应设有隔离带。隔离带可以是刈割带、围篱、深沟或未种植带。生产商品种子的种子田面积≤$2hm^2$，最小隔离距离 100m；种子田面积>$2hm^2$，最小隔离距离 50m（NY/T 1210—2006）。

3. 地块整治

土壤耕作前，清除地面的石块等杂物。最好在秋季深翻一遍，深度达20～25cm。翌年杂草返青后于晴朗天气喷洒高效、低毒、低残留的灭生型除草剂（如农达、春多多），当所有植株枯黄死亡，用联合整地机或重耙＋旋耕机把土地耙细。根据土壤本底情况，施腐熟有机肥或复合肥作基肥，再旋耙一遍使地面土块细碎、平整，使基肥均匀混于土壤中。

（二）播种

1. 种子选择

选择经法定种子检验机构检验的合格种子，种子质量应达到国家一级种子质量标准（GB/T 2930.11—2008）。

2. 种子处理

机械播种前须对带芒的种子进行脱芒处理。可经日晒趁芒干脆时及时碾压断芒，也可用脱芒机脱芒。

3. 播种时期

青藏高原适宜播种时期是 5 月至 6 月中旬。

4. 播种方式

撒播或条播。以条播为宜，行距 40～60cm。

5. 播种量

理论播种量 15～22.5kg/hm^2

$$实际播种量=\frac{理论播种量（kg/hm^2）}{种子发芽率（\%）\times种子净度（\%）}$$

6. 播种深度

播后覆土 1～2cm。

（三）田间管理

1. 杂草防除

在整个生育期内，注意控制杂草，尤其是与所生产种子同期成熟的杂草。视杂草情况，三叶期后可选择晴朗天气喷洒阔叶除草剂（如 2,4－D 丁酯或阔极）快速除杂。杂草防除中使用的除草剂应高效、低毒、低残留，符合

GB 4285—1989的有关规定。

2. 病虫鼠害防治

定期进行病虫鼠害调查，监测主要病虫鼠害种群动态，达到防治指标时及时进行防治。播种前后，对播区及周边地区进行鼠害防治，防止害鼠啃食幼苗，造成缺苗。害虫主要有黏虫、小地老虎、蛴螬、根蛆虫等，病害可能有锈病、白粉病等。一旦发现，及时选用国家允许的高效、低毒、低残留药物防治，具体按照 GB 4285—1989 执行。

3. 施肥

整地时，根据土壤肥力状况施入腐熟农家肥 22 500～30 000kg/hm² 或磷酸二铵 75～100kg/hm²。播种当年可不追肥或追少量复合肥；翌年分蘖—拔节期追施氮磷钾复合肥（15-15-15）45～75kg/hm²。

4. 排灌

根据生产地区降雨情况在牧草生长发育期适时灌溉。地势低洼易积水的地方，应注意排水。在有灌溉条件且降水量不足的区域，播种前、返青期、抽穗期、灌浆期、收获刈割后及入冬前应分别进行灌溉。

5. 残茬管理

收种后的残茬应留茬 5～6cm 刈割，及时清出种子田，并追施复合肥 75～120kg/hm²。有条件灌溉条件的可适量灌溉。

（四）收获

1. 收种时期

60%～70%的种子呈暗灰色、褐色，或者生殖枝顶端茎秆颜色变黄时，即可采收。简单判别方法可将穗夹在两手指间，轻轻拉动，多数穗上有 3～5 个小穗被拉掉时即可收获。收获时间选择无雾、无露水的晴朗而干燥的时候进行。

2. 收种方法

使用联合收割机收获。

（五）加工贮藏

1. 种子干燥

收获的种子需及时干燥至含水量≤12%，可采用自然干燥或人工干燥。自然干燥是利用日光晾晒，人工干燥是利用干燥设备烘干或风干。自然晾晒时要清扫干净晒场，人工干燥时种子出机温度应保持在 30～40℃。种子含水量较高时，需要采取先低温后高温进行两次干燥。

2. 种子清选

干燥后的种子应进行清选、除芒以提高种子的净度。一般采用具有风选、筛选等功能的成套机械设备清除与种子宽度、厚度及空气动力学特性有差异的杂质。可选用除芒机进行去芒处理。种子中若带有铁丝、铁钉和石块等杂物，可选用除铁器和去石机对种子进行处理。清选加工的适宜温度为－10～28℃，相对湿度70％以下（NY/T 1235—2006）。

3. 种子分级包装

加工后的种子按GB/T 2930.1～GB/T 2930.4、GB/T 2930.8的规定进行种子质量检验，按照GB 6142—2008的规定进行质量分级，合格种子进行定额包装。一般25kg/袋，用塑料编织袋包装。包装袋上注明草种名称（品种名称）、学名、净重、净度、其他植物种子、发芽率、水分、生产或经营企业产地、生产时间等内容，且将表明该批草籽状态的标签，一张放袋内，一张固定在袋口（NY/T 1577—2007）。

4. 种子贮藏

种子贮藏库要求防水、防鼠、防虫、防火、干燥、通风，库内要控制温度和湿度，并定期检查。

四、注意事项

披碱草和老芒麦具有较长的芒，大面积机械播种前最好脱芒处理，否则种子的流动性差，难以播均匀。

五、引用标准

(1)《禾本科草种子生产技术规程　老芒麦和披碱草》（NY/T 2891—2016）；

(2)《牧草与草坪草种子认证规程》（NY/T 1210—2006）；

(3)《农药安全使用标准》（GB 4285—1989）；

(4)《牧草与草坪草种子清选技术规程》（NY/T 1235—2006）；

(5)《牧草种子检验规程》（GB/T 2930.11—2008）；

(6)《禾本科草种子质量分级》（GB 6142—2008）；

(7)《草籽包装与标识》（NY/T 1577—2007）。

（游明鸿）

第六章 草畜配套

小尾寒羊饲养管理及育肥技术

一、技术概述

小尾寒羊起源于北方蒙古羊，随着历代人口的迁移，把蒙古羊引入自然生态环境和社会经济条件较好的中原地区以后，经过长期自然、人为选育，逐渐形成了具有多胎高产特性的裘（皮）肉兼用型优良绵羊品种。小尾寒羊具有早熟、繁殖力高、抗病力强、生长快、体格大、产肉多、肉质好、裘皮好、四季发情、遗传性稳定和适应性强等优点，被人们誉为中国“国宝”、世界“超级羊”及“高腿羊”品种。

小尾寒羊体格高大、结构匀称、四肢高而粗壮、体躯长呈圆筒状。公羊头大颈粗，有发达的螺旋形大角，角根粗硬；前躯发达，四肢粗壮；有悍威、善抵斗。母羊头小颈长，有小角或无角；被毛白色，异质，少数个体头部有色斑。

小尾寒羊的毛被属异质毛，公羊年剪毛量 5.0kg，母羊年剪毛量 2.4kg；根据毛纤维类型的组成结构，可分“细毛型”“裘毛型”和“粗毛型”。羔羊生长速度快，4 月龄可达 28～45kg，屠宰率 55%，净肉率 40%。小尾寒羊性成熟早，繁殖性能高，常年发情，以春秋两季最为旺盛。小尾寒羊初次发情和排卵一般在 4—6 月龄，性成熟期一般在 6—8 月龄，但此时未达体成熟，羊的机体生长和发育还很强烈，一般不宜配种，初配羊只要达到成年羊体重的 65% 以上，或达到 8 月龄以上，便可配种。母羊发情周期平均 21d，妊娠期 150d 左右，产后发情期 1～2 个月，繁殖周期 5～8 个月，一年两胎或两年三胎。初产母羊产单羔多于双羔，二胎以上母羊产羔多为 2～4 羔，最多达 7 羔，随胎次增长产羔率增加。

羊舍。一般每只羊的圈舍面积：成年种公羊 4～6m^2，产羔母羊 1.5～2m^2，断奶羔羊 0.2～0.4m^2，小公羊 0.7～0.9m^2，一岁育成母羊 0.7～

0.8m²，3～6 月龄的羔羊 0.4～0.6m²。羊舍紧靠出入口应设有运动场，运动场也应是地势高燥，排水良好。运动场面积不小于羊圈舍面积的 2 倍，运动场内或运动场围栏上应设有补饲槽、饮水槽等，围墙高度在 1.5m 左右。此外，应配备合适的药浴池（图 1、图 2）。

图 1　羊舍内部图

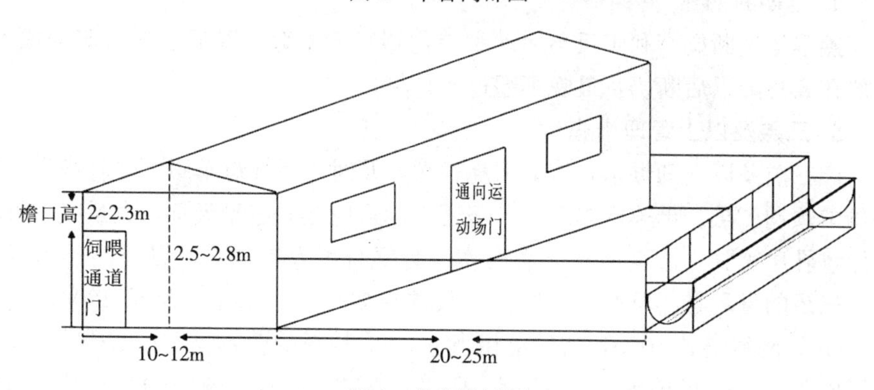

图 2　羊舍设计图

注：①羊舍：考虑到本地气候因素，羊舍应为密闭保温圈舍，舍高 2.5～2.8m，檐口高 2～2.3m；

②墙：墙体采用二四砖墙，水泥抹面；

③窗户：长 0.8～1.2m，宽 0.8～1cm，窗台离地面 1～1.2m；

④门：饲喂通道门高 1.8～2m，宽 1.2～1.5m；通向运动场门高 1.8～2m，宽 2～2.5m；

⑤运动场围栏：用钢管或钢筋焊接而成；

⑥食槽：采用固定式长方形，用水泥砌成（水泥槽底做成弧形，便于清理）；

⑦运动场面积：运动场面积可视羊只数量而定（能够保证羊只充分活动为原则），一般运动场面积不小于羊圈舍面积的 2 倍。

二、适用范围

该技术可在河北、山西、河南、山东及皖北、苏北等地应用。

三、技术内容

（一）羔羊

从初生到断奶的小羊称为羔羊。羔羊一般 2～4 月龄断奶，羔羊的生长发育速度较快。

1. 羔羊及时吃初乳

一般羔羊在出生后 1h 以内吃上初乳，可以从初乳中获得营养和免疫抵抗力。

2. 及早补料

羔羊一般在出生后 10d 开始诱食柔嫩青草刺激胃的发育，15d 训练采食适口性好、营养丰富、易于消化的精料 30～40g。1～2 月龄日补精料 100～150g；3 月龄日补精料 150～200g。

3. 供应充足清洁饮水

15 日龄以内饮温水，30 日龄以后可以正常饮水。

4. 早期断奶

羔羊早期断奶有利于反刍活动和消化器官的发育，降低羔羊育肥的成本，一般在 2 月龄以后断奶，最晚不超过 4 月龄。

5. 三羔及以上管理措施

产三羔及以上的母羊，体力消耗过大，及时用手在母羊腹下轻轻推举，帮助母羊顺利产羔。母羊产羔后，乳房还不能适应羔羊过量吸吮，大量吸食母乳会导致乳房水肿，甚至出现产后瘫痪，必要时可人工哺乳，以提高羔羊成活率。充足的母乳是羔羊快速、健康生长的重要保证。羔羊每增重 100g，需母乳 500g，而每泌乳 500g，需供给相当于 300g 精料的营养物质，其中应有 33g 的蛋白质，1.2g 的磷和 1.8g 的钙。所以，在哺乳前期，母羊的精料补充料日补饲量最少维持在 0.25～0.75kg，以满足母羊泌乳营养的需要。但产后母羊精料喂量不能突然增加，要逐渐增加精料，少喂多餐。哺乳前期补充精料 0.4～0.5kg，青粗饲料自由采食；哺乳后期，随着羔羊采食量增加逐渐减少多汁饲料和精料的喂量，以防止发生乳房炎。

（二）育成羊

育成羊是指断奶到第一次配种，即 4～18 月龄的幼龄羊。育成羊在育成期内生长发育好，增重速度快，对营养物质的需求量多。这一阶段，满足其对营养物质的需求，既能促进生长发育，又能提高生产性能。育成期饲养主要是加强补饲和管理，使其在配种时达到规定的体重要求。对育成羊应按性别单独组群，保证充足的饲草，每天每只补给精料补充料 0.2～0.5kg。充足的运动和阳光照射，有利于促进羊消化器官发育，可使羊食欲旺盛，采食量增加，充分发挥育成羊的生长潜力。

（三）妊娠母羊

妊娠前 3 个月为妊娠前期，胎儿发育慢，每天每只羊补饲精料补充料 0.3～0.4kg，日粮可由 50%的青绿牧草或青干草、40%的青贮、10%的精料补充料组成。妊娠后 2 个月为妊娠后期，胎儿生长发育迅速，羔羊初生重的 90%左右是在这一时期生长的，此外，母羊自身也需贮备营养，为产后泌乳做准备。母羊在妊娠前期的基础上，能量和可消化粗蛋白质可分别提高 20%～30%和 40%～60%，日粮的精料比例提高到 20%～30%。在产前 1 周要适当减少精料喂量，以免胎儿体重过大造成难产。日粮可每日补饲干草 1.5～2.0kg，青贮 1.0kg，精料补充料 0.35～0.5kg，食盐 10.0g，骨粉 10.0g，采取少量多次饲喂方式。产前 10d 左右多喂一些多汁饲料，以促进乳汁分泌。管理上，前期要防止早期流产，后期要防止意外伤害或发生早产，避免羊群吃冰冻饲料和发霉变质饲料。不饮冰碴水，防止羊受惊，防止拥挤。母羊在预产前一周左右，可放入产房内饲养，一是熟悉环境，二是便于分娩。

（四）空怀母羊

加强配种前的饲养管理，可提高母羊的繁殖力。空怀母羊从配种前 2～3 周开始加强饲养，每天每只补充精料 0.3～0.4kg，青粗饲料自由采食，调整体况，保持中上等膘情。对个别体质欠佳的羊只要特别对待，适当增减精料，有利于母羊集中发情、配种、产羔。

（五）哺乳母羊

1. 哺乳前期的饲养

即哺乳期前 2 个月，羔羊所需营养主要来自母乳，母乳充足，羔羊生长发育快、抗病力强、成活率高。每天每只补饲精料 0.5kg 左右，青粗饲料自由采食并补充多汁饲料，促进乳汁分泌。

2. 哺乳后期的饲养

此时母羊的泌乳能力逐渐下降，虽加强补饲，也很难达到哺乳前期的泌乳水平，而且羔羊的瘤胃功能已趋于完善，能采食青草和粉碎饲料，对母乳的依赖程度减小，饲养上注意恢复母羊体况和为下一次配种作准备。因此，对母羊可逐渐降低补饲标准，精料补充料可减至 0.3kg 左右。羔羊断奶前几天，要减少多汁饲料的喂量，以免发生乳房水肿和乳房炎。

（六）快速育肥

利用 2～3 月龄断乳后的羔羊，采用直线育肥法，科学饲养管理，达到当年羔羊育肥出栏，周期短，效益高。

1. 育肥前准备

（1）分群。按体重、性别分群饲养，一般每群 20～30 只为宜。

（2）断尾和去势。羔羊出生后 1～3 周内均可断尾，以 2～7d 最佳。选择晴天的早晨进行，可采用胶筋、烧烙或快刀等断尾方法，创面用 5%碘酒消毒。如需去势，应在出生后 10d 内进行，采用手术或胶筋等方法。

（3）驱虫健胃。按羊每 5kg 体重用虫星粉剂 5g 或虫克星胶囊 0.2 粒，口服或拌料喂服，或用左旋咪唑或苯丙咪唑驱虫。驱虫后 3d 每次用健胃散 25g，酵母片 5～10 片，拌料饲喂，连用 2 次。

2. 育肥方法

（1）舍饲育肥。舍饲育肥不但可以提高育肥速度和出栏率，而且可保证市场羊肉的均衡供应。日粮以饲草、青贮、精料组成，应含有 60%～70%粗饲料，30%～40%精饲料，添加一定量的维生素、微量元素。饲喂顺序是：先草后料，先料后水。早饱，晚适中，饲草搭配多样化，禁喂发霉变质饲料。干草要切短。遇羊减食现象，可每只喂干酵母 4～6 片。一般羊 4～5 月龄时每天喂精料 0.8～0.9kg，5～6 月龄时喂 1.2～1.4kg，6～7 月龄时喂 1.6kg。定时给羊喂料、饮水，饮水要供应充足，水质良好，冬春季节，水温一般不能低于 20℃，并保持清洁卫生。

（2）放牧＋补饲育肥。草场质量较好的地区，要充分利用草场，采取放牧为主，补饲为辅，降低饲养成本。一般每日放牧 8h 左右，同时分早、晚两次补喂饲料，精饲料喂量为每天每只羊 250～500g，粗饲料不限量。

（3）应用饲料添加剂。目前常用的肉羊饲料添加剂有：羊育肥复合饲料添加剂 2.5～3.3g 混合饲喂，适于生长期和育肥期；每千克混合饲料中添加杆菌肽锌 10～20mg，混均喂羔羊；在日粮中添加 1.5%～2%的尿素饲喂，忌溶于水中或单独饲喂，防止氨中毒。中毒者可用 20%～30%糖水或 0.5%食醋解救。

3. 管理

保持圈舍冬暖夏凉，通风流畅，勤扫羊舍，保持地面洁净。育肥前要对圈舍、墙壁、地面及舍外环境等严格消毒。定期给羊注射炭疽、快疫、羊痘、羊肠毒血症等四联疫苗免疫。经常刷拭羊体，保持皮肤洁净。随时观察羊体健康状况，发现异常及时隔离诊断治疗。

4. 育肥羊的选择

利用良种小尾寒羊公羊与本地优良母羊杂交，以杂交后代作育肥羊，生长快，饲料利用率及羊肉品质等都高于本地羊。要求育肥羊健康无病，四肢健壮，骨架大，腰身长，蹄质坚实。

四、效益分析

一般羔羊出生 60～90d 断奶育肥，育肥 80～90d，体重平均 50kg。按照活羊价格 15 元/kg 左右、一只母羊年产 3～4 只羔羊计算，羔羊销售收入 2 250～3 000 元。每只育肥羔从出生到出栏平均每天饲料成本 2 元左右，饲料成本共 360 元；一只母羊每天饲料成本为 1.5 元左右，一年成本约 550 元，加上防疫及其他费用总成本 800 元。饲养一只母羊每年的总利润为 345～760 元。

（孙朕、张润启、于鹏、张云）

广西肉牛现代生态养殖技术

一、技术概况

广西属亚热带季风气候区，光热条件良好，雨量充沛，无霜期长。草地资源丰富，全年牧草生长时间长，产量高，农作物复种指数高，可利用的农作物秸秆资源多。丰富的饲草资源为广西肉牛养殖业奠定了基础。

随着人们生活水平的提高，对优质牛肉的需求量将越来越大。在传统养牛模式的基础上，融入“微生物＋”生态养殖技术新元素，能更好提升牛肉品质，改善养殖环境，降低养殖成本，使生态养殖和规模养殖有机结合，数量和质量同步提高，发展速度和产业效益协调一致，实现经济效益、社会效益和生态效益的统一，有效地促进广西乃至中国南方地区肉牛产业的健康高效发展。

二、技术特点

（一）技术适应范围

广西地区或者气候、自然条件类似地区肉牛养殖。

（二）技术优点

本技术在传统养殖技术上融入“微生物＋”生态养殖技术新元素，有利于提高肉牛的产量和品质。

三、技术内容

（一）场址选择与栏舍建设

合理的选址是建设标准化规模肉牛养殖场的关键环节。选址应符合《畜牧法》《环境保护法》《水资源保护法》《畜禽规模养殖污染防治条例》《畜禽场环境质量标准》等国家政策法规和管理办法，并综合考虑当地产业规划、种植业生产、气候环境等因素。

1. 场址选择

选址宜在开阔平坦、地势高燥、背风向阳、排水良好、水源充足、未被污染、隔离条件好的区域。周围 1 500m 内无大型化工厂、矿厂、屠宰场、养殖场、垃圾场、污水处理场等污染源；距离交通干线、村镇居民点、公共场所 1 000m以上。

2. 牛场规划

根据地形的朝向、地势、地貌、主风向、坡度等因素进行科学布局与合理规划，按管理区、生活区、生产区（分饲养区和草料贮备加工区）、粪污处理区、病畜隔离管理区等功能区进行合理布局与建设。各功能区相距均在 50m 以上。

3. 牛舍建设

以南北向的开放式钢结构建舍；一栋栏舍的规模以长 40～100m，宽 14.5～18.5m，顶高 6.5m，屋檐高 4.5m 为宜；屋顶采用钟楼式设计，屋面采用隔热材料，部分设置透明采光瓦，不设置露天运动场；舍内安装降温风扇；采用头对头双列式饲喂，舍内设中央通道，宽 3.5～4.0m，以便行走 TMR 送料车；饲槽建在通道两边并高出牛床 0.5～0.6m；牛床地面有 1%～1.5%坡度，以便排污；配备自动饮水设施，要求饮水时滴漏的水不进入牛床；净道、污道分开，不交叉。

4. 其他设施建设

以养殖 50 头肉牛的专业户为例，需建栏舍 200～250m^2，（切）草料棚 120～150m^2、青贮池 120～150m^3，集粪池 20m^3。

（二）饲草料的储备

根据季节、饲养规模和牛个体大小测算每日饲草料采食量，根据当地饲草资源，按月份和季度做好饲草料供给储备计划。

1. 青贮饲草

广西光热条件良好，雨量充沛，无霜期长。草地资源丰富，全年牧草生长时间长，产量高。养殖户（场）根据肉牛的饲养规模，种植足够的优质牧草，备足饲草料。在丰草季节，将牧草经机械切揉搓碎加工并拌入饲草发酵剂，装入青贮池压实密封，备冬春季饲用。

（1）青贮池建造。

a. 选址。建青贮池应选在地势高、易排水、地下水位低的地方；同时，

为了方便饲养管理，减轻劳动强度，宜建在离畜舍较近且远离污染源的地方。

b. 设计。青贮池属永久性构筑物，应坚固、耐用、致密、安全；青贮池应呈长方体，容积大小视养殖规模而定，一般高2～3m、宽1.5～2m，长度可根据原料量、饲养量确定；池壁须用砖块、石头或砼砌成，正面留1m宽出料门，全壁面用水泥沙浆抹平，内壁面须过水泥灰浆两至三遍，池底铺火砖一层或0.15m砼，呈一定斜度，便于排水。与料相接触的池壁须用薄膜隔绝。如全年饲喂青贮料，每头牛大约需青贮料10m^3。每天必须保证取料的厚度达0.15m以上，以免青贮料发生二次发酵造成变质浪费。因此，须根据饲养规模推测每天对青贮料的需要量来确定青贮池的高度和宽度。

（2）制作青贮。

a. 铡短原料。采用青贮专用铡草机将牧草铡切成2～3cm长或揉搓机揉搓，以利于压实封盖和乳酸菌摄取糖分发酵，还有利于牛的采食与咀嚼。也可用青贮收获机械准备青贮原料。

b. 装池并添加微生物发酵剂

原料应边铡短边装池。原料含水量以65%～75%最佳（即手握紧加工过的原料，手湿但不滴水为宜），边装池边均匀撒青贮饲料发酵剂（发酵剂用法按说明书）边压实。逐层装池，每层0.15～0.20m，每装一层都要踩实，尤其四周池壁和方形池的四个角落，务必压实。装至距池口0.3m时，池内壁的四周用薄膜围起，边装料边向四周压，一直装到高出池口周围0.1～0.15m、池中央顶部高出0.3～0.4m，呈弓形。

c. 封池。用薄膜把整个原料包起来，再用一张大的薄膜盖住整个池顶，并在薄膜上面压上重物，如泥土（也可用废旧轮胎或沙袋）。封池几天后，原料下沉，池顶上会出现裂缝，需及时踩实后再压好泥土。同时，要防止雨水漏入、薄膜破损和鼠害。

（3）青贮料的利用。

a. 开池。在厌氧条件下，经过约30d发酵，即可取出喂牛。开池时要注意观察青贮料的颜色、气味、形状；优质的青贮料，颜色呈黄绿色，散发出酒香味，形状清楚；如果变黑、发黏、结块、有霉烂现象，不能饲喂。

b. 取料。掀开青贮池开口处的部分封盖重物，揭开采料口门板，从上到下垂直取料，形成一个切面，每天至少往里取料15cm；为了避免青贮料二次发酵，每天采料后，要及时用薄膜封盖切面。

c. 饲喂方法和用量。不论是开喂还是停喂，都要有一个7d的过渡期，即开喂时应由少到多，逐渐增加，停喂时由多到少，逐渐减少。成年牛每100kg体重日喂青贮料4～5kg，且与其他饲草料混合饲喂。

2. 几种主要饲草

（1）象草。象草产量高、适口性好，一次种植，多年受益。据测定，象草的干物质中含粗蛋白13.1%、粗脂肪2.5%、粗纤维28.7%、粗灰分10.16%、无氮浸出物39.4%。鲜草经揉切加工后可直接饲喂，但在丰草期也可制作青贮备冬春季饲用。

（2）全株青贮玉米。青贮玉米产量高，年产带苞鲜秆可达8t/亩，且气味芳香、营养丰富、消化率高，全株鲜样中含粗蛋白质可达8%。

（3）多年生黑麦草。多年生黑麦草具有生长快、产量和营养价值高、适口性好的特点；亩产鲜草3～5t。干物质中粗蛋白17.0%、粗脂肪3.2%、粗纤维24.8%、无氮浸出物42.6%、粗灰分12.4%、钙0.79%，磷0.25%。鲜草可直接饲喂。

（4）拉巴豆。拉巴豆生长快、产量高、营养丰富，单播每亩年产鲜草达3 000kg，叶片粗蛋白含量为25%～27%，整株含粗蛋白17%～21%。与象草等牧草混合青贮或按比例混合直接饲喂鲜草。

3. 肉牛精饲料参考配方

配方1：玉米粉60%、麦麸或米糠20%、豆粕15%、食盐1%、细石粉1%、磷酸氢钙0.5%、专用预混料3%～5%、糖蜜1%或红糖0.5%。

配方2：玉米粉70%、麦麸或米糠10%、花生麸14%、食盐1%、细石粉1%、磷酸氢钙0.5%、专用预混料3%～5%。

（三）肉牛品种选择与杂交

发展肉牛养殖，以饲养杂交牛的经济效益最好。

1. 黄牛品种

（1）本地品种。主要有南丹黄牛、隆林黄牛和涠洲黄牛；性情温驯、耐粗饲、适应性强、耐热少病；成年公牛体重280～380kg，成年母牛体重250～300kg，公牛屠宰率约45%～56%，净肉率约35%～44%。

（2）引进品种。主要有安格斯、海福特、夏洛莱、利木赞、德国黄牛、日本和牛、皮埃蒙特等品种；其特点是生长速度快、产肉性能好、杂交优势明显，但不耐粗饲，适应性差；成年公牛体重700～900kg，成年母牛体重600～700kg，公牛屠宰率约63%～67%，净肉率50%～56%。与本地母黄牛杂交，杂交优势明显，主要体现在体型增大，生长发育快。

2. 水牛品种

（1）本地品种。主要有富钟水牛和西林水牛；性情温驯、耐粗饲、适应性强、耐热少病；成年公牛体重420～490kg，成年母牛体重410～430kg，屠宰率44%～47%，净肉率33%～38%。

（2）引进品种。主要有摩拉水牛和尼里/拉菲水牛；生长快、耐热耐粗饲、抗病力强、泌乳性能好、遗传性能稳定；成年牛平均体重650～800kg，母牛体重600～750kg；与本地母水牛杂交，杂交优势明显，主要体现在体型大，生长发育快，产奶量高。

3. 杂交优势

利用国外优良公牛作父本，与当地优秀母牛进行配种繁育，所产的杂一代具明显杂种优势，既保持国外优良品种的生长速度快、易育肥，又有当地品种的适应性强、肉质风味好的优点；杂交一代的成年牛体重较本地牛高出30%～40%，屠宰率和净肉率分别高10%～12%。杂交代的公牛可作肉牛饲养育肥，而杂交代母牛可经选育留作种用。

（四）肉牛的科学饲养管理

1. 饲养

（1）确保饲草料质量。粗饲料中，农作物秸秆、农副产品和人工牧草各占30%；精料补充料中，能量类占60%～70%、蛋白类占20%；其他占10%～20%，以满足肉牛生长发育的营养需要；禁喂霉烂变质饲料。

（2）饲喂次数。为了强化饲养效果，每日早晚各饲喂一次，自由采食。一是可以保证肉牛有充分的休息时间，二是能提升肉牛反刍效果，促进消化吸收。

（3）饲喂方式。以粗饲料为主，日喂量以肉牛体重的7%计；精料补充料日喂量则按体重的0.6%～0.7%计（育肥后期按0.8%～1%计）；先粗后精或按TMR形式投喂。日粮饲料组成配方基本稳定，若要改变饲料种类，要循序进行，须有7～10d的过渡期。

（4）饮水。给予充足清洁的饮水。建牛舍时须考虑安装自动饮水碗（槽），3～5头牛共用一饮水碗（槽）；其位置与安装高度应视牛的个体大小而定。总之饮水不得漏进牛床，以确保牛舍地面干燥和干清粪。

2. 管理

（1）分栏。按个体的年龄、大小、强弱、公母分群，以防大欺小、强欺弱，有碍管理和群体生长。

（2）消毒与隔离。及时清理牛粪，对牛场环境定期消毒；进入牛舍人员须经消毒，更衣换鞋；对患病个体须隔离饲养和治疗；对新进的牛只需在隔离舍饲养45d，确认健康无病时方可混群饲养。

（3）饲草料的储备。因牛的食量大，须备足30～40d的饲草料，以防突发天气变化等不利因素，影响养殖场的正常生产。

（4）观察牛群。技术员每天须仔细察看牛群的食欲、精神和粪便的变化状况，发现病情须查找原因，及时采取治疗措施。

(5) 科学免疫。坚持以“预防为主、治疗为辅”的原则，每年春秋两季进行牛口蹄疫、牛出败等传染病的免疫接种工作。

(6) 定期驱虫。根据寄生虫流行特点和虫检结果，选择驱虫药物和驱虫时间。

(7) 定期称重。每月进行一次，早上空腹时进行；做好记录与分析，以便了解生长发育和育肥情况；及时调整饲养方案，提升效益。

(8) 适时出栏。在正常的饲养情况下，当健康个体的增重曲线出现下降时即可出栏。

(9) 记录档案。包括生产、投入品、转出栏、消毒防疫治疗、病死个体无害化处理、粪污处理、收支情况等记录，每项记录要真实、准确、完整。

(五) 疫病防控

1. 传染性疫病

(1) 病毒性疾病。口蹄疫、蓝舌病、牛传染性鼻炎、牛黏膜病、牛流行热、水疱性口炎、牛病毒性腹泻等。

(2) 细菌性传染病。炭疽、结核病、布鲁氏杆菌病、牛巴氏杆菌病等。

对传染性疾病预防，主要以春、秋两季进行疫苗注射，并结合做好日常的饲养、清洁、消毒工作，达到预防此类疾病的目的。

2. 普通病

(1) 前胃弛缓。

a. 病因。长时间缺乏纤维素饲料或饲喂粗硬饲料，使瘤胃从长期兴奋状态转为弛缓；但在运动不足或劳役过度的情况下，突然采食大量的饲料或腐败变质的饲料，也容易引起前胃弛缓。

b. 症状。精神沉郁，鼻镜干燥，减食或不食；反刍缓慢、减少或停止；瘤胃、肠蠕动减弱或消失；排粪迟滞，便秘或腹泻；体温一般正常。

c. 预防。改善饲养管理，饲料搭配要尽量多品种，适度加工；饲喂要定时、定量和定质；饮水洁净充足和适度运动；注意采食、反刍等，以便发现病情，及早治疗。

d. 治疗。硫酸钠或硫酸镁 400～800g 或油类泻剂（石蜡油或食用油）500～1 000g 灌服，促进病牛瘤胃内容物排出；稀盐酸 30ml，龙胆酊 50ml，番木鳖酊 10～30ml，酒精 50ml，加温水适量，混合一次灌服，兴奋瘤胃运动；酵母粉 80～250g 加适量温水混合后一次灌服。也可使用促瘤胃蠕动药物如新斯的明，皮下注射。

(2) 瘤胃臌胀。瘤胃臌胀是前两个胃（特别是瘤胃）的内容物发酵异常，产生大量气体，使瘤胃壁迅速扩张而引起的一种疾病。

a. 病因。采食大量容易发酵产生气体的饲料，如幼嫩多汁的青草、豆科牧草等，在短时间内产生大量气体蓄积于瘤胃内而引起臌胀。还继发于食道阻塞、瘤胃积食、弛缓、创伤性网胃炎、胃壁及腹膜粘连等疾病。

b. 症状。发病后腹部异常臌胀，右肷部明显臌起，叩击感如气足的蓝球，声如鼓响，呼吸困难，心跳加快，但体温正常；严重时，可视黏膜发绀，后肢踢腹，呻吟，回头观腹，不断排尿；如不及时治疗，很快将精神沉郁，突然倒地，窒息痉挛而死。

c. 防治。预防本病要加强饲养管理，投喂鲜草前先喂些干草，并控制喂量，以防过多采食；忌喂霉烂饲料。若发病，应迅速排出瘤胃内气体并灌服止酵药。可采取如下方法：

进行瘤胃穿刺术，即在左侧肷窝部中央，碘酊消毒后用套管针迅速刺入，慢慢放气；排出气体后，从套管针孔注入止酵药，如：甲醛 10～15ml＋水 500～1 000ml 或来苏儿 10～20ml＋水 500～1 000ml；用鱼石脂 15～25g＋酒精或白酒 100～150ml 混合加温水 500ml；用 0.25kg 蒜头捣碎冲水灌服后，再灌 0.5kg 花生油。

（3）瘤胃积食。即瘤胃内积滞过多的饲料，使瘤胃体积增大，胃壁扩张，并引起前胃机能紊乱的疾病。

a. 病因。一是过度饥饿而贪食暴饮而引起积食，或因采食过多饲草料或易臌胀的饲料；二是消瘦，消化力不强，运动不足，又采食大量饲料，饮水不足；三是继发于瘤胃弛缓、瓣胃阻塞、真胃炎和热性病等。

b. 症状。病初表现轻微腹痛，呻吟，四肢集中于腹下或开张，拱背，摇尾或后肢踢腹或时时回视腹部，起卧不安，鼻镜干燥，食欲减退、反刍、嗳气减退，重者完全消失；腹围增大，左侧肷部充盈，触诊瘤胃内容物充满，质地坚实。随着病情加重，病畜四肢无力，卧地不起，呈昏迷状态，如不及时治疗可因脱水、中毒、衰弱或窒息而死。

c. 防治。加强饲养管理，其治疗和护理应以尽快移除瘤胃内容物，避免牛只酸中毒。可采取下列措施：①喂给少量干草，禁喂粗硬饲料及粥状饲料，喝清洁淡盐水，每天在左肷部按摩瘤胃 3～4 次，每次 20～40min，以促进全胃运动。②若胃内积食很硬，用硫酸镁（或硫酸钠）400～500g、番木酊 15～20ml、龙胆酊 20～50ml、鱼石脂 15～20g 加温水 5 000ml 混合后，一次灌服以尽快排出瘤胃内容物。同时使用促瘤胃兴奋剂，促进胃肠道蠕动。③若是采食了大量易臌胀的饲草，可灌服石蜡油或食用油 50～200ml，以抑制泡沫。

(4) 胃肠炎。

a. 病因。一是采食高度发霉的饲料或喝了污秽不洁的水；二是有毒物质刺激，如农药、食盐、有毒植物等；三是继发于传染病及寄生虫病，如牛出败、炭疽、血吸虫等。

b. 症状。初期多是消化不良，但病情发展急剧，精神沉郁，食欲、反刍消失，口腔黏膜干燥，喜欢饮水，体温增高，脉搏、呼吸加快，呻吟磨牙，不时排出粥样或水样稀粪，且混有未消化饲料，血液、黏液、组织坏死碎片或黏膜，腐败腥臭；随着病情的发展，身体中毒和脱水程度加剧，病畜高度沉郁，排粪失禁，且有腹痛表现，喜欢或顾盼腹部，迅速消瘦，极度虚弱，严重脱水而死。

c. 防治。改善饲养管理，发病后要及时处理，并停食 1～2d，可酌情补液。

治疗主要以服收敛止泻药为主：①大蒜酊或用百草霜加水调灌服；②注射恩诺沙星、痢菌净、敌菌净等，按说明使用。

(5) 牛传染性胸膜肺炎。属高度接触性传染病，病原为丝状支原体，对外界抵抗力较弱，主要存在于病牛的肺组织，胸腔渗出液和气管分泌物中，该病发病率高，死亡率高。

a. 病因。患病牛是主要传染源；引种运输应激使抵抗力下降易引发本病；气候骤变、感冒也可诱发本病。

b. 临床症状。本病潜伏期 2～4 周，最短 1 周，最长 4 个月。急性型主要呈现急性胸膜肺炎症状，体温 40～42℃，流鼻涕，咳嗽，胸部听诊有啰音、支气管呼吸音和胸膜摩擦音；后期呼吸困难，鼻孔张开，呈腹式呼吸，大便带血呈鼻涕黏液，个别小便有血；最后病情恶化，心肺与胸腔粘连，心力衰竭，窒息而死。

c. 预防。①自繁自养，不到疫区购牛；②加强饲养管理，保持牛舍通风良好，清洁干燥，定期消毒；③外购进牛后，可适当添加多维以增强抵抗力减少应激；④谢绝外来人员参观。

d. 治疗。按说明用环丙沙星、氧氟沙星、支原净等药品。

3. 寄生虫病

丙硫咪唑、左旋咪唑、伊维菌素、阿维菌素对驱除牛体线虫、绦虫、吸虫均有很好的效果，按说明使用。

(六) 粪污处理

1. 固粪处理

(1) 垫料处理。垫料用细木糠，其作用是吸水，为微生物分解粪便提供基质条件；按说明将畜粪微生物发酵产品与细木糠混合，并搅匀备用。

（2）铺垫料。牛舍牛床地面铺垫料厚0.2m。

（3）微生物发酵剂的补充。当铺垫料的牛床用了一段时间后，垫层板结，舍内氨味变浓（臭味重），蚊蝇密度增加，此时应增加垫料，撒微生物发酵剂和翻耕垫层。

（4）清粪。待牛粪含水量达70%～75%或舍内垫层高度到0.4m时，即可清粪，但每次只清除四分之三，留四分之一作为下一轮的发酵料的菌种，并与加入新的木糠垫料混合，继续发酵使用。

（5）牛粪二次发酵。将清除的牛粪运至堆粪房，喷洒足够的微生物发酵剂，并混合均匀，进行二次发酵；堆粪高1～1.2m（粪堆长度和宽度视粪量而定），经24h堆沤，粪堆温度可达55～60℃，进行第一次翻粪，再经24h，进行第二次翻粪。

经过5～6d的发酵后，能将牛粪里的病原菌和寄生虫卵杀死，牛粪的含水量也降至40%～50%，可直接施予农作物，也可出售，每头成牛年产牛粪5t，鲜粪价格120～150元/t；经微生物发酵处理可制成有机肥3.5t，价格400～450元/t。单卖牛粪，每头肉牛年增收800元。

2. 污水处理

在微生物饲料、干清粪、雨污分流的基础上，剩下的尿液和粪水已不多，可导流入舍外串联的三级粪污发酵沉淀池，经过滤、沉淀、微生物发酵后，有机肥水无臭味、不伤苗，可直接用于浇灌牧草地、果蔬及林木等，达到零排放，不污染环境。

实施“微生物+”现代生态养殖模式，真正实现养殖业污染物零排放的目的。

（七）投资饲养100头肉牛效益概算

1. 基础设施投资（表1）

表1　基础设施建设投资

序号	建设项目	规模	单位	单价（元）	金额（万元）
1	标准化牛舍	500	m^2	600	30
2	青贮池	200	m^3	300	6
3	储水池	100	m^3	350	3.5
4	草料棚	150	m^2	300	4.5
5	堆粪池	80	m^3	300	2.4
6	污水池	80	m^3	300	2.4
7	饲草料运输加工设备	1	套	200 000	20
	合计				88.8

2. 效益概算

（1）购买架子牛。12 月龄架子牛 150kg，28 元/kg。

150kg/头×28 元/kg×100 头＝42 万元

（2）生产成本。至 24 月龄出售，生产成本见表 2。

表 2　肉牛生产成本投入（100 头规模）

序号	投入内容	规模	单位	单价（元）	金额（万元）
1	饲草料	700	t	250	17.5
2	精饲料	60	t	3 000	18
3	人工及管理费	2	人	30 000	7
4	保健、水电等				1.5
	合计				44

（3）基础设施建设投资折旧分摊：7 万元/年。

（4）销售收入。

出售肉牛：400kg/头×28 元/kg×100 头＝112 万元；

出售牛粪：600 元/头×100 头＝6 万元。

小计：118 万元。

（5）饲养 100 头肉牛年利润：

118 万元－（42＋44＋7）万元＝25 万元。

（陈玉英、韦安光、张伟、黄兰珍）

适度规模种草养肉牛技术

一、技术概述

小农经济时代“一栏猪、十亩田”模式，是种养结合循环发展的雏形。随着经济社会的发展，规模化程度提高，种养业经营主体不断分离，造成资源浪费、土壤和环境污染等问题。2015 年中央 1 号文件提出发展种养结合，拉长产业链条，提升资本和科技的延伸性，提高附加值和回报率，实现“植物生产、动物转化、微生物还原”的生态循环发展。

适度规模是指群体规模与土地、人力、资源、环境、资金、科技、市场及发展传统相得益彰、相互匹配的模式，是相对的概念。适度规模的种养结合能够有效利用小块土地尤其是浅山丘陵，发展牧草种植，在保障优质饲草供给的同时，节约饲料成本；能够有效利用农村剩余劳动力，实现“家门口”打工，振兴农村经济。同时，以“小规模、大群体”提高养殖总量，保障畜产品有效供应。适度规模养殖产生的粪污数量少，能够在系统内完全消化，既解决了粪尿处理问题，又提供了优质的有机肥，实现粪污可控、化肥减量、生态环保。

适度规模的种草养肉牛技术，包括群体规模配置、牧草种类和品种选择、种植模式选择、草产品加工利用等，适用于全国范围内种草养肉牛。

二、技术流程

本技术主要包含牧草种植、饲草加工、肉牛养殖、粪污还田四个环节，各环节关系见表1，整体流程见图1。

表1 种草养肉牛模式运作机制

环节序号	环节名称	运作实现流程		
		产品层	与上个环节关系	与下个环节关系
1	牧草种植	牧草	消纳牛粪等肥料	提供饲料原材料
2	饲草加工	饲草饲料	加工所生产牧草	提供养殖饲料
3	肉牛养殖	肉牛、牛粪	消化所生产饲料	提供肥料原材料
4	粪污还田	有机肥	处理牛粪等粪污	肥料循环回田环节

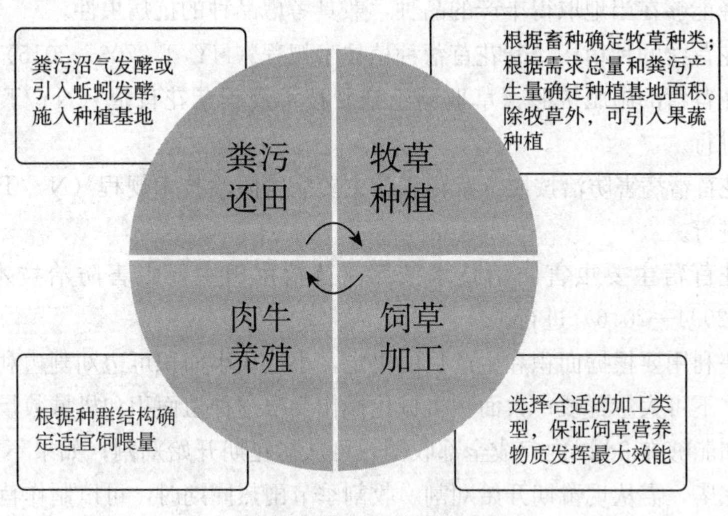

图1 种草养肉牛技术流程

三、技术内容

（一）种养规模配置

成母牛按年需青贮饲料 5t，干草 0.7t，需配套 0.11hm^2 青贮玉米基地和 0.05hm^2 苜蓿基地；育肥牛按年需青贮饲料 5.5t，干草 0.7t，需配套 0.12hm^2 青贮玉米基地和 0.05hm^2 苜蓿基地。

每头牛每天的排粪量与排尿量大体相等，体重 300kg 的育肥牛每天产生的粪肥量 15kg，体重 400kg 的育肥牛每天产生的粪肥量 25kg，体重 500kg 的育肥牛每天产生的粪肥量为 30kg，每头牛年可排粪 6～12t，经堆积发酵可处理成 2～4t 有机肥，可满足 0.1～0.2hm^2 牧草用肥。

养殖户可根据生产需求和排污需求合理安排种植基地，除种植紫花苜蓿、青贮玉米等优质牧草、饲料外，还可种植特色果蔬，发展绿色种植基地，开发生态采摘旅游等，进一步延伸产业链条。

（二）牧草种植

不同的牧草或品种在产量和质量上存在很大的差异。要根据生产目的选择合适的牧草，综合考虑牧草属性及其栽培环境。品种选择的依据应为官方公布的审定品种，审定品种一般经过了严格的区域试验，在丰产性、适应性和抗性等方面具有一定的优势。栽培环境包括土壤属性、光温和水肥条件、管理水平等。较常见的有紫花苜蓿、青贮玉米、饲用甜高粱等。

1. 紫花苜蓿

选择能够在当地取得丰产的品种，兼具考虑品种的抗病虫性。

紫花苜蓿的种植按《紫花苜蓿种植技术规程》(NY/T 2703—2015）进行。

紫花苜蓿的施肥按照《草地测土施肥技术规程紫花苜蓿》(NY/T 2700—2015）进行。

紫花苜蓿病害防治按照《紫花苜蓿主要病害防治技术规程》(NY/T 2702—2015）进行。

紫花苜蓿主要虫害防治技术按照《苜蓿草田主要虫害防治技术规程》(NY/T 2994—2016）进行。

收获利用要根据面积和生产目的决定，小地块小面积可边刈割边利用，注意晾晒，不可大量鲜喂；大面积机械化操作要根据种植面积和机械数量决定收割期，如能够在 3d 以内完成全部收割，可从初花期开始刈割；如果不能在 3d 内刈割完毕，需从现蕾期开始刈割。收割季节雨热同期时，可以制作苜蓿半干青贮、添加剂青贮或与禾本科牧草（青贮玉米）混合青贮，或打草浆使用。

2. 青贮玉米

随着我国农业供给侧结构性改革和粮改饲试点工作的逐步推进，市场上涌现出了专用青贮玉米、粮饲兼用型玉米等各具特性的品种。不同品种对适种区域和株数等要求不同，在选择时要充分考虑。

青贮玉米适宜种植的区域十分广泛，除>10℃年积温<1 900℃（或夏季平均气温<18℃），或年降水量<350mm又无灌溉条件的气候区生产水平较低外，其余气候区皆适宜种植。

青贮玉米为高大饲草，要求在土层深厚、地势平坦、水利条件较好，肥力较高的地块上种植。如果在前作土地种植，可不清理前作茬次（在前作茬次行间播种，能够防倒伏）。青贮玉米可直播，也可以穴播。选择直播时，合理密植有利于高产，播种量为37.5～52.5kg/hm^2。穴播时，每穴1～2粒，每公顷用种量为15～22.5kg，播种后盖土3cm左右。株行距均为30～40cm，每公顷株数根据品种特性确定，一般为70 000～90 000株左右。

田间管理与大田作物管理方法相同，需要进行除草、间苗、施肥及中耕等。

青贮玉米蜡熟期刈割最佳，可用“黑色测定法”判定，即在果穗中部剥下几粒，然后纵向切开或切下尖部寻找靠近尖部的黑层，如果黑层存在，就可刈割作整株玉米青贮，此时不仅可消化营养物质产量高，而且含水量适宜（65%～70%）。在田间可使用青贮一体机直接刈割粉碎裹包青贮；窖贮则要根据种植面积匹配收获机械，确保在收获期内及时刈割完毕；粉碎、装填、压实机械要根据窖的大小确定，每个青贮窖装填时间控制在3d内，采用横切面装填，每装填20cm碾压一次，当天未完成的青贮切面要覆膜隔氧。原料装填压实之后，应尽快密封和覆盖。

（三）种植模式

1. 三种三收模式

当年9月份种植黑麦草、冬性燕麦或饲用小黑麦等牧草，至次年4月上旬收割，制作青贮或调制干草；4月上旬至7月中旬，7月中旬至10月上旬种植两季青贮玉米、饲用甜高粱、高丹草等高大禾草，制作青贮饲料。三种三收模式能够极大提高单位面积土地的生物质产量。

2. 混播

青贮玉米与扁豆（拉巴豆）可同行播种或者混播。同行播种按种子重量将青贮玉米和扁豆以3∶1～2∶1的比例均匀混合，播种机的播种量为52.5～75kg/hm^2，穴距控制在25～30cm，播种深度为5～6cm，错行播种需要将扁豆和青贮玉米放入不同的种箱，青贮玉米与扁豆的比例为2∶1。

扁豆的蛋白质含量为16%左右，且扁豆对低温敏感，苗期生长速度缓慢，玉米拔节后扁豆开始生长，青贮玉米进入收获期时，扁豆攀援至玉米顶部，每株叶片达到 25 片左右，扁豆在北方不能进行生殖生长，营养期进行收获，营养价值高，青贮玉米可与扁豆同时完成播种，收获，进行混合青贮，制作出来的青贮饲料品质高，适口性好。研究表明，混合青贮的蛋白含量（干物质）比单一青贮提高 2.5 个百分点，增幅近 30%，相当于每吨玉米青贮里面添加了 10kg 优质豆饼。同时，豆科牧草的固氮作用也能够培肥地力，促进下茬作物的生长。

（四）饲喂量

根据肉牛的性别、生理阶段、外部环境等因素决定，一般情况下，青贮饲料干物质可占到粗饲料干物质的 1/3～2/3，饲喂量 10～20kg/头。成年牛每 100kg 体重青贮饲喂量为：基础母牛 3kg 略多，育肥牛 3～3.5kg，后备牛 2.5～3kg，种公牛 1.5kg 左右，推荐生长育肥牛和早期断奶犊牛典型饲料配方见表 2、表 3。

表 2　生长育肥牛前期典型饲料配方（体重 300～350kg）

饲料配方	(%DM)	营养成分	
全株青贮玉米	48.0	ME（Mcal/kg）	2.59
苜蓿干草	12.0	CP（%）	12.00
玉米	20.5	NDF（%）	48.70
小麦麸	2.0	ADF（%）	32.51
棉籽饼	15.5	Ca（%）	0.48
石粉	0.5	P（%）	0.35
碳酸氢钙	0.1		
预混料	1		
食盐	0.4		

表 3　早期断奶犊牛典型饲料配方

饲料配方	(%DM)	营养成分	
优质苜蓿草粉颗粒	15	ME（Mcal/kg）	3.5
干草粉	10	CP（%）	16.5
全株玉米青贮	15	NDF（%）	43.2
玉米粉	37	ADF（%）	34.1
豆粕	10	Ca（%）	0.5
糖蜜	10	P（%）	0.37
骨粉	2		
微量元素预混料	1		

（五）粪污处理

适度规模肉牛养殖场产生的粪污量比规模牛场少，污水部分可经过沉淀后用作牧草地灌溉用水；干粪可通过堆肥、蚯蚓堆肥等方式进行处理。堆肥是将干粪与基料和发酵剂按照一定比例混合使其含水量控制在50%左右，将混合均匀的干粪堆积成梯形条垛（堆垛体积要便于翻堆机械操作），温度保持在60℃左右继续发酵48h后充分翻堆，以后根据升温状况持续翻堆，使条垛内部温度不能超过70℃，待颜色变为褐色或黑褐色，条垛体积塌陷三分之一或二分之一时，有机肥制作完成，之后均匀摊开晾晒，使含水量保持在30%以下。经过处理的有机肥可施于牧草种植基地，或配套种植的果蔬基地。利用蚯蚓堆肥处理产物与自然堆制的腐熟牛粪相比，增加了矿质氮和速效钾。

四、效益分析

养殖户自种牧草与购买牧草对比（以苜蓿和青贮玉米为例）见表4。

表4　自种牧草与购买牧草经济效益对比

项　　目	紫花苜蓿	青贮玉米
一、投入（元/hm^2）	3 290	6 075
机耕（元/hm^2）	300元/hm^2÷5年＝60	300
播种费（元/hm^2）	300元/hm^2÷5年＝60	300
种子（元/hm^2·年）	22.5kg/hm^2×60元/kg÷5年＝270	30kg/hm^2×30元/kg＝900
肥料、农药（元/hm^2）	1 500	750
水电（元/hm^2）	1 200	300
收割（元）	300元/次×5次＝1 500	825
打捆、裹包（元）	300元/次×5次＝1 500	60元/t×45t＝2 700
二、产出（t/hm^2）	干草15t	全株青贮玉米45t
三、每吨种收成本（元）	219	135
四、市场价（元/t）	1 600	400
五、自种比购买节约成本（元/t）	1 381	265

种草养牛能够降低饲养成本，提高经济效益。以育肥牛为例，育肥期150d，育肥期内按每头牛每天需苜蓿干草1.5kg、青贮玉米10kg计算，育肥期共需苜蓿干草225kg、青贮玉米1 550kg，使用自种苜蓿和青贮玉米，加上苜蓿每年15 000元/hm^2、玉米每茬7 500元/hm^2地租，每头育肥牛仅在育肥期内就能够节约粗饲料成本约200元。

案例：河南省禹州市龙跃牧业有限公司存栏肉牛650头，租赁种植基地140余hm^2，通过种植玉米，减少青贮玉米饲料成本，每吨节约100元左右，直接减少饲料成本100余万元；储藏麦秸减少饲料成本20余万元。牛粪还田每亩减少有机肥直接成本200余元，共计节约40余万元。通过种养结合，共增加经济效益160万余元。通过种植、养殖直接带动周边农户的150余人就业，不仅为农民朋友提供了就业岗位，增加了农民收入，而且减少了焚烧秸秆等现象，保护了环境，大大提高农作物的附加值。

五、引用标准

（1）《紫花苜蓿种植技术规程》（NY/T 2703—2015）；

（2）《紫花苜蓿主要病害防治技术规程》（NY/T 2702—2015）；

（3）《草地测土施肥技术规程紫花苜蓿》（NY/T 2700—2015）；

（4）《苜蓿草田主要虫害防治技术规程》（NY/T 2994—2016）。

（张晓霞）

牦牛养殖配套技术

在海拔3 000m以上的高寒、少氧生态条件下的高寒草地，其他家畜难以生存或利用，而牦牛却为人们提供了营养丰富的肉、乳及其制品和绒、毛、皮等工业原料。同时，受地理自然环境和经济条件的制约，牦牛管理粗放，饲养周期长（一般5～6岁出栏）、周转慢，出栏率和商品率低，牧民养殖牦牛经济效益不高。为缩短牦牛的饲养周期，提高出栏率和养殖效益，提高商品肉品质，提升牦牛业的整体技术水平，增加牧民收入，缓解草畜矛盾，有必要在传统牦牛养殖基础上开展犊牦牛全哺乳培育，冷季幼牛“放牧＋补饲＋暖棚”减少掉膘，暖季育成牛“放牧＋补饲”快速育肥等牦牛综合养殖技术。

一、牦牛季节放牧管理

放牧是天然草地管理与利用的手段，是一种低成本的饲养方法，合理的放牧强度可以促进牧草的生长，维持以致提高草地生产力，延长草地使用年限。不同年龄、性别、个体、生理状态的牦牛在同一类型草原上日采食量不同，同一个体在不同的草场及不同的季节日采食量也不等。所以，牦牛的放牧在不同季节应采用不同的放牧方法。

（一）牦牛的暖季放牧技术

1. 概述

暖季（5月下旬至6月上旬分群后转入）牧草嫩绿，水草丰盛，适口性好，可提高牦牛生长速度，增产奶、肉等畜产品，使牦牛业生产的冷季饲草料严重短缺与牦牛维持生产需要之间的矛盾得到缓解，减少掉膘损失和死亡，妊娠母牦牛安全产犊，提高犊牛的成活率。能充分利用地势较高、远离定居点、降雪时间来临较早、气温低而变化剧烈、只有暖季放牧才能利用的边远地段的草场。

2. 技术流程

早出牧——晚收牧，让牛只多采食。

3. 技术内容

牛群日行程以10～15km为宜，延长放牧时间，每天至少18h，非奶牛群还可夜牧，并勤换草场。带犊泌乳的牦牛，10d左右搬迁1次，3～5d更换1次牧地，使牛粪均匀地散布在牧场上，同时减轻对牧场特别是圈地周围牧场的践踏。天气炎热时，中午让牦牛在凉爽的地方安静反刍、卧息，适当配合添加饮水、舔盐等技术，并加强疫病监测与防治。只有充分利用暖季放牧才能提高牦牛生长速度和抓膘，牦牛才能生长发育快和增加奶、肉等畜产品。

4. 注意事项

不应赶放和抢放好草地，以免造成对牦牛健康和草场的破坏。在急风暴雨、冰雹来临前，需将牦牛赶到阴坡避风及免遭雷击处。

（二）牦牛的冷季放牧+保膘技术

1. 概述

冷季（约在11月份转入）牧草枯黄，适口性差，而且枯草期长，牧草总量减少。利用“放牧＋补饲＋暖棚”“放牧＋补饲”或“放牧＋暖棚”饲养的方法，可最大限度地使牦牛减少掉膘，使牦牛业生产中存在的冷季饲草料严重短缺与牦牛维持生产需要之间的矛盾得到缓解，妊娠母牦牛安全产犊，提高犊牛的成活率。通过冷季饲养技术可使牦牛冷季掉膘率降低5个百分点以上。冷季高寒草地的可食牧草量少、质差，不能满足牦牛维持身体的和生产的需要，见表1至表3。

表1　牦牛冷季不同补饲水平饲料配比

单位：kg/（头·天），元/kg，元/天

组别	青干草	多汁饲料（芜根）	精饲料	尿素	碳酸氢钙	食盐	总量	价格
A	1.0	1.0	0.20	0.005	0.030	0.005	2.24	1.248
B	1.5	1.25	0.30	0.010	0.035	0.005	3.10	1.761
C	2.0	1.5	0.40	0.015	0.040	0.005	3.96	2.274
单价	0.5	0.4	1.5	1.6	1.0	2.0		

表 2　冷季试验牛各月的日增重

单位：g

	6/10—5/11	6/11—6/12	7/12—6/1	7/1—6/2	7/2—7/3	8/3—7/4	8/4—6/5	平均
A	83	132	58	44	63	47	14	63
B	104	137	93	108	111	114	69	105
C	108	143	107	126	124	126	78	116
D	−89	−112	−88	−91	−89	−83	−106	−94
E	−118	−144	−109	−114	−112	−108	−149	−122

表 3　冷季不同饲养条件下试验牛总增重

组别	n	始重 (kg)	末重 (kg)	总增重 (kg)	相对增重 (%)	比 E 多增 (kg)	比 D 多增 (kg)	净增率 (比 D 高%)
A	3	142.83	156.0	13.17	9.22	38.86	32.94	556.42
B	3	136.62	158.5	21.88	16.02	47.57	41.65	703.55
C	3	143.81	168.0	24.19	16.82	49.88	43.96	742.57
D	3	138.77	119.0	−19.77	−14.25	5.92		
E	3	141.19	115.5	−25.69	−18.20			

2. 技术流程

晚出牧——早收牧，充分利用中午暖和时段放牧和饮水；10 月中下旬后驱虫→“放牧＋补饲＋暖棚”→减损掉膘。

3. 技术内容

冷季末，牛群从牧草枯黄的牧场向牧草萌发较早的牧场转移时（也称季节转移），先在加青带黄的牧场上放牧，逐渐增加采食青草的时间，即需 2 周的适应期。据报道，从能量消耗看，开始 1 周内逐渐增加，血液性状、瘤胃产生的挥发性脂肪酸在随后的 2～3 周内才能正常。这样有利于牛只的健康和牧草的生长，可避免牛只贪食青草或“抢青”、误食萌发较早的毒草引起腹泻、中毒甚至死亡。10 月中下旬后可用丙硫苯咪唑（或左旋咪唑）和阿维菌素驱除体内外寄生虫。冷季对牦牛采用“放牧＋补饲＋暖棚”饲养，一般经过 6～7 个月可使牦牛冷季掉膘率降低 5 个百分点以上，头均减损掉膘 38.86kg。

4. 注意事项

春季是牦牛一年中最乏弱的时段，特别是大风雪天，寒冷会对病乏弱牛造成严重危害，应注意及时归牧并补饲。修建棚圈是牦牛安全越冬度春的重要措施。冷季温饱是关键，冷季对牦牛进行防寒保暖、适量补饲是十分必要的。

二、牦牛配种技术

（一）概述

牦牛的初配年龄，视饲牧条件及所处的生态环境和牦牛生长发育情况而定：母牦牛一般在 2.5 岁以上，以 3.5 岁发情配种、4 岁产第一胎的居多；公牦牛配种年龄为 4～8 岁，配种年限为 4～5 年，9 岁以后体质及竞争力减弱，很少能在大群中交配，应及时淘汰。公牛 8 岁应当停配，母牦牛 12～13 岁应当考虑停止配种育肥出栏。繁育牦牛的重点是抓好选种选配技术。即抓好牦牛的情期配种，提高配怀率；保持和发展品种的优良性，增加种群中优良个体频率，克服品种某些缺点以及提高其生产性能；把握好牦牛的情期配种可提高配怀率，保持牦牛的优良性状，提高个体生产性能和整体生产水平。牦牛属季节发情家畜，在春秋季节发情，母牦牛的发情季节是产区一年中牧草、气候最好的时期，多在 7—11 月份，7—9 月份为发情旺季，发情周期一般为 21d。

（二）配种时期

一般在 7—8 月份；配种方法：自然交配和人工授精。按 1∶15～1∶20 的性别比例投入牦牛群中自交配种。配种方式：牦（本地）♂×牦♀（本地）♂→牦（♂、♀）；牦（异地）♂×牦（本地）♀→牦（混）（♂、♀）。

（三）技术内容

在牧区有一定影响并具有代表性的选种经验和方法是“选公”和“选母”。

后备公牛选留分 3 步：0.5～1 岁初选，1.5～2 岁再选，2.5～3 岁定选，落选者全部阉割供役用或肉用。定选后的公牦牛投入母牦牛群中竞配，发现缺陷和能力弱者淘汰。

对母牦牛的选择则着重于繁殖力。标准有三条，即“三淘汰”：一是初情期超过 4～5 岁未见产犊者；二是 3 年空怀者；三是母性弱带不活犊者。参配母牦牛管理实行“三固定，一隔离”。即：定牛群、定人员、定草场，严格防止种公牛串群偷配。

对参配牛群从 6 月份开始实行昼夜全放牧，并补饲食盐（每隔 2～3d 喂 25～30g/头），勤更换草场，抓膘复壮，促进母牦牛提早发情配种。杂种藏黄公牛与母牦牛同群放牧组群配种，组群的比例为 1∶20～25，组群时间为 5 月份，配种时间为 6 月下旬至 8 月底，9 月放入公牦牛补配。

（四）注意事项

（1）本品种选育是指本品种内部采取选种选配、品系繁育、改善培育条件等措施，以提高品种性能的一种方法。包括纯种繁育，其选育对象不仅包括育成品种，还包括地方良种品群；不止是繁殖纯种，而且还包括为克服品种的某些缺点而培育杂交品种。

（2）自然交配方法配种，应定期更换或串换种公牛，防止近亲繁殖导致后代生产性能降低。

（3）人工授精时，必须注意观察，防止错过授精时机而导致母牦牛不孕。公牦牛 8 岁后虽有配种能力，但在自然交配条件下失去竞配能力，母牦牛12～13 岁以后各方面机能退化，所生犊牛质量不高。

三、牦牛繁育技术

（一）牛群结构优化

1. 概述

调查牛群基本结构，包括：牦牛总头数（公牦牛、母牦牛、役用牛；公牛又分种公牛、3 岁以下后备公牛；母牦牛又分适龄母牛、后备母牛、老龄母牛），计算出各类牛所占比例，可实现良好的养殖效益。①最大限度地提高能繁母畜比例；②最大限度地提高改良畜比例，使整个牛群在保持高繁殖率的同时，达到高生产力水平；③在草畜平衡制度下应用该技术可实现良好的养殖效益。群体适龄母牛占 55%～60%，后备母牛占 15%～20%，种公牛及后备公牛占 3 %较为适宜。

2. 技术流程

根据草场面积和产草量→按公、母比例 20∶80（1∶4）→保持适龄母牛在牛群中约占 45%以上→3 岁及以下的后备牛约占 50%。

3. 技术内容

（1）根据草场面积和产草量，计算出牦牛饲养量，按公、母比例 20∶80（1∶4）制定牛群调整初步方案，对照原基础牛群结构，加快老龄牛、役牛、非种用公牛的出栏，可在两年内到位；

（2）根据年度牛群结构状况，适时肥育出栏，保持适龄母牛在牛群中约占 45%以上、种公牛 2%、犏牛 2%，3 岁及以下的后备牛（包括后备公牛、后备母牛、阉公牛、犏公牛、犊牛）约占 50%；

（3）在适龄母牛中，适龄犏母牛尽可能达到 5%以上。

4. 注意事项

根据草场面积和饲草总量制订生产计划，确定养殖、经营规模。

（二）母牦牛妊娠、分娩及犊牛护理

1. 概述

母牦牛的母性行为很强，妊娠后期比较安静，一般逃避角斗，行动缓慢，放牧多落于群后，临近分娩时，喜离群在较远而僻静的地方产犊，犊牛出生

后，母牦牛舔净犊牛体表的黏液，经过 10～15min 犊牛就会站立，并寻找哺乳。保护妊产胎儿发育良好、健康生长，顺利产犊；抓好新生犊牦牛的护理，可提高犊牦牛成活率，保持犊牛个体生长发育优良。

牦牛怀孕期约 250～260d。全哺乳培育犊牛操作简单，节约劳动力，犊牛生长发育快、成活率高，有利于母牛产后体况恢复和当年发情配种，其综合效益比传统的犊牛培育方式好。全哺乳犊牦牛 5 月龄活体重 72.34kg，比半哺乳牦牛提高 47.31%，犊牦牛从初生全哺培育 5 个月比半哺乳多增重 23.10kg。

2. 技术流程

妊娠期：抓好母牛管理；分娩期：抓好犊牦牛的产、护、管、培育。

3. 技术内容

（1）抓好牦牛的妊娠与分娩期管理，妊娠母牦牛的产犊率较高。据西藏畜牧科学研究所的统计，妊娠母牦牛 971 头，产犊率为 94.6%；四川向东牧场统计的牦牛产犊率为 94.1%；青海大通牛场统计的牦牛产犊率为 85.9%。①保胎。怀孕母牦牛应延长放牧时间。1—4 月，每天收牧后补饲青干草 1～2kg，严防挤撞、打击腹部，禁用腹泻及子宫收缩药物。②接犊。母牦牛分娩前，应做好接犊助产准备，注意观察分娩情况。胎儿头部和两前肢露于阴门之外而羊膜尚未破裂时，应立即撕破羊膜，让胎儿鼻端外露，以防窒息。母牦牛站立分娩的，饲养管理人员应双手托住胎儿，以防落地摔伤。若遇难产，应根据具体情况，采取相应的抢救措施。

（2）做好保胎、接犊和护犊工作。

新生犊牦牛需认真把握好初乳、哺乳、断乳三关：犊牛在产后应及时吃到初乳（特殊情况不宜超过 2h），0～7d 保证犊牛吃到初乳，犊牛出生后 4～6h 对初乳中的免疫球蛋白吸收力最强，因此 2h 内必须让其吮吸初乳，以尽早获得母源抗体，以提高其免疫力。

产犊后半个月内的母乳应大部分供给犊牛吮食，夜间应将犊牛放入圈舍。牦牛在出生后实行全哺乳培育（或犊牛 2 月龄前母牛不挤奶，后期挤部分奶，不能满足营养需要时用代乳品），在可能的条件下，犊牛 6 月龄断奶前应采用全哺乳或半哺乳饲养，以促进犊牛正常生长发育。7 日龄注射犊牛副伤寒疫苗。犊牦牛夜入舍，防着凉受寒和下痢发生。

4. 注意事项

（1）注意保胎和防止难产，以使母牦牛顺利生产出健康的牛犊。

（2）母牦牛刚产时要尽可能舔犊（不舔犊者可用食盐辅助），做好保温和卫生。

四、牦牛泌乳期饲养管理技术

(一) 概述

泌乳牦牛要挤奶、带犊和哺乳，应分配给距圈地附近的优良牧场跟群放牧。抓好牦牛泌乳期饲养管理，有利于母牦牛恢复体况，使母牦牛提前发情配种，把握好挤奶技术，能确保鲜奶质量安全和减少乳房疾病的发生。挤奶时各乳头的挤奶顺序一般多采用对角的乳头交叉进行，每分钟双手挤动100～120次。

(二) 技术流程

犊牛吸吮→挤奶→过滤→消毒→冷却贮存→加工处理或出售。

(三) 技术内容

暖季要尽量缩短挤奶时间早出牧，或在天亮前先出牧，收牧后挤奶。在进行两次挤奶时还可采用夜间放牧。要注意观察牛只的采食及奶量的变化，适当控制挤奶量，及时更换牧场或改进放牧方法，让母牦牛多食牧草和饮水，尽早发情配种。进入冷季前，妊娠母牦牛停止挤奶，并将犊牛隔离断奶。牦牛挤奶时先由犊牛吸吮，然后才能采用指擦法挤奶。为了不影响产奶量和牛只全天的采食时间，挤奶速度要快，每头牛挤奶的持续时间要短，争取1头牛在5～6min甚至更短时间内完成。

(四) 注意事项

(1) 在为满足犊牛的营养需要，增强犊牛体质，提高繁殖成活率，最好犊牛在2月龄后，母牦牛才开始挤奶为宜（日挤奶1次并控制挤奶量）。

(2) 严格挤奶操作规程：挤奶时环境要安静，不准喧哗和打牛，防止惊吓，挤奶人员、挤奶动作、挤奶顺序及有关操作等不宜随意改变。

五、牦牛疫病防控技术

(一) 概述

牦牛的疫病包括传染病、普通病、寄生虫病。只有采取正确、合理、有效、可行的措施，制定出适合高原牧区的牦牛、犏牛疫病防控体系，才能以最少的投入取得最大的防控疫病的效果。

①坚持“预防为主，防重于治”的方针；②坚持自繁自养的原则；③定期计划免疫，进行预防接种；④严格防止疫病的传入与流行；⑤对主要疫病进行疫情监测，发现疫情，及时处理，迅速扑灭，防止扩散。

(二) 技术流程

可根据养殖规模、用途等自行确定。

(三) 技术内容

牦牛的主要疫病防控技术(春防:4月20—25日;秋防:10月20—25日),见表4。

表4 牦牛的主要疫病防控技术

疫(菌)苗名称		用法和用量(ml/头)	免疫期
炭疽	无荚膜疽芽孢苗	<1岁牛0.5ml/头,>1岁牛1ml/头	1年
牛出败	牛出血性败血病疫苗	<100kg牛4ml/头,活重>100kg6ml/头	9个月
布鲁氏杆菌病	羊型5号弱毒冻干苗	牛群舍内气雾免疫为250亿活菌/头。将规格为80,内含100亿菌株的“布氏杆菌病”疫苗10瓶用5%葡萄糖生理盐水稀释液稀释成100ml:成年牦牛1ml/头,青年牦牛0.8ml/头,幼、犊牦牛0.5ml/头,肌肉注射	1年
犊牛副伤寒	氢氧化铝灭活疫苗	肌肉注射,1岁以下牛1~2ml/头	
胸膜肺炎	灭活疫苗	成年牦牛8ml/头,青年牦牛6ml/头,幼、犊牦牛4ml/头	
口蹄疫	弱毒疫苗	1~2岁牛1ml/头,2岁以上牛2ml/头	4~6个月

(四) 注意事项

(1) 注射疫苗时应稍加剂量,防止侧漏量不足,达不到预防效果。

(2) 防疫人员要做好自身的事先防护,避免感染或过敏。

(谢荣清)

獭兔高效健康养殖技术

一、技术概述

目前,世界生产獭兔的国家以中国、法国、美国、德国等居领先地位,美国、法国、德国90%都是由小型兔场和养兔业余爱好者饲养。我国先后从美国、法国、德国、俄罗斯引进獭兔,在全国的10多个省市饲养,2016年出栏商品兔5 000万只左右。

獭兔又称力克斯兔,是典型的毛皮动物,经济价值较高。其肉是高蛋白、高氨基酸、高消化率、低脂肪、低胆固醇、低热量，即“三高三低”的营养保健食品。国外视兔肉为理想的营养保健、益智益寿、防病美容的滋补食品，堪称肉中之王，是预防高血压、肥胖症、动脉硬化等现代文明病最理想的食品。其被毛短、平、绒、密、美，且皮板轻、柔，牢，可与水獭皮媲美。獭兔裘皮制品服装、玩具、壁挂，礼帽、鞋等华贵高雅，是现代服饰潮流中的精品，颇受消费者青睐。在世界各国人民以法律形式保护野生动物的今天，獭兔皮可加工成市场畅销的高档裘皮制品，能替代兽裘皮产品，出口创汇。

獭兔是草食性经济小家畜，饲养简便，投资少，风险小，见效快，是农村致富的首选经济动物。农户饲养一只能繁母兔，一年可获纯利润 200～300 元。大力发展獭兔，可实现农民增收，帮助广大农户脱贫致富奔小康。

二、技术特点

(一) 适用区域范围

适宜于全国农区、半农半牧区农户饲养。

(二) 相似技术对比（见表 1）

表 1　应用獭兔高效健康养殖技术饲喂不同品种结果

品种名称		川白獭兔	国外獭兔	国内獭兔
主要生产性能	生长发育	13 周龄体重 2.31kg，23 周龄体重 3.58kg	(1) 德系：13 周龄体重 2.63kg，23 周龄体重 3.48kg (2) 美系：13 周龄体重 2.26kg，23 周龄体重 3.15kg (3) 法系：13 周龄体重 1.78kg，23 周龄体重 3.30kg	四川白獭兔：13 周龄体重 2.01kg，22 周龄体重 3.04kg
	繁殖性能	产仔数 7.48 只，3 周龄窝重 2.24kg，断奶成活率 93.63%	(1) 德系：产仔数 6.74 只，3 周龄窝重 2.14kg，断奶成活率 89.61% (2) 美系：产仔数 7.25 只，3 周龄窝重 2.01kg，断奶成活率 88.22% (3) 法系：产仔数 7.44 只，3 周龄窝重 1.94kg，断奶成活率 87.46%	四川白獭兔：产仔数 7.30 只，3 周龄窝重 2.06kg，断奶成活率 94.03%
	毛皮性能	枪毛比例 1.43%，密度 22 993 根/cm^2	(1) 德系：枪毛比例 5.63%；密度 19 311 根/cm^2 (2) 美系：枪毛比例 2.04%，密度 18 746 根/cm^2 (3) 法系：枪毛比例 5.12%，密度 20 696 根/cm^2	四川白獭兔枪毛比例 3.36%，密度 22 935.00 根/cm^2

（三）效益

以500只能繁母兔家庭养殖场为例：

（1）500只能繁母兔獭兔家庭养殖场需投入资金90万～100万元，其中种兔费、基础建设投入、流动资金投入比为1∶3∶6；需管理人员兼技术人员1名；饲养人员2名；年出栏商品獭兔17 500只。

（2）利润分析。每只商品獭兔的生产成本和销售收入分别见表2和表3。

表2　单位生产成本

单位：元

饲草饲料费	人工费	医药费	屠宰盐腌费	基础建设分摊费	引种分摊费	种兔饲草饲料分摊费	水电气分摊费	日常维护分摊费	租用土地分摊费	死亡兔分摊费	合计
32.71	6.17	1.00	0.80	3.16	1.64	9.16	0.17	0.17	0.17	1.00	56.15

表3　单位销售收入

出栏日龄（天）	出栏活体重（kg）	兔肉收入			兔皮收入		合计收入（元/只）
		兔肉（带头、kg）	出售单价（元/kg）	金额（元）	单价（元/张）	金额（元）	
135	2.50	1.50	20.00	30.00	42.00	42.00	72.00

每只商品獭兔利润＝产品销售收入—产品生产支出＝72.00－56.15＝15.85元/只

500只能繁母兔獭兔家庭养殖场年利润：17 500只×15.85元/只＝27.74万元。

三、技术流程

技术培训→场地选择→规划布局→兔舍修建→设备安装→种兔引进→繁殖选配→饲养管理→适时出栏。

四、技术内容

（一）生活习性

1. 昼伏夜行性

獭兔白天静卧，夜间活动，夜间采食占全天总量的60％。

2. 胆小怕惊

獭兔性情温顺，听觉敏锐，胆小，适宜在环境安静的条件下生长繁殖。

3. 喜欢干燥怕潮湿

獭兔喜欢清洁、干燥、通风的生活环境。

4. 群居性差，穴居性强

獭兔群居性差，群居时易争斗咬伤。三月龄后的獭兔，须分笼饲养。

5. 嗜啃性

饲养笼具应选择不易啃咬的建筑材料。

6. 草食性

獭兔喜食植物性食物。

7. 耐寒冷、忌高温

獭兔汗腺不发达，怕高温，耐寒冷。

8. 食软粪性

獭兔喜食自己的软粪，软粪约占排粪总量的30%～35%，这一行为又被称之为“假反刍”。

（二）兔舍建设及环境控制

1. 场地选择

兔舍选址符合《中华人民共和国畜牧法》和当地用地规划，应建在干燥、平坦、避风向阳、排水性好、水源充足、交通方便、冬暖夏凉、无噪声、无环境污染的地方，远离城市和人群聚居地。

2. 建筑布局

兔场由生产区、生活区、办公区、疫病隔离区、粪污处理区、生产辅助区等构成，门前设立消毒池，兔舍间距8～10m，粪污处理区建在兔场下风方向，每个区域相对独立，场区内设立净道和污道。

3. 兔舍建造

兔舍分封闭式、开放式、半开放式三种形式（图1）。屋顶采用钢架结构、木架结构；墙体采用砖混结构、板材结构；地面采用水泥地面。屋檐高度一般为3～3.5m，多列式兔舍中间过道抹成中间高两面低的自然弧形地面，舍内的人行道1.2～1.5m、粪沟宽0.8～1.0m，人工清粪坡度1.5%～3%，机械清

封闭式兔舍

半开放式兔舍

开放式兔舍

图1 兔舍类型

粪坡度 0.5%，舍内地面应高于舍外地面 10～15cm，兔舍间距 8～10m，南北朝向，雨污分离、干湿分离，做到防寒防暑防兽害。

4. 养兔设备

（1）兔笼。

a. 兔笼规格、结构。

兔笼规格：宽×深×高＝55～60cm×45～50cm×35～40cm。

兔笼结构：包括水泥预制件兔笼、金属兔笼、地砖组合兔笼、砖砌兔笼等（图 2）。

b. 笼底板。用楠竹片、金属网或高分子材料制成，楠竹笼底板竹片宽 2.5cm，竹片间距为 1～1.2cm。

c. 笼门。笼门用镀锌铁丝制成，铁丝间距 1.2～1.5cm。

d. 承粪板。承粪板可用水泥预制板、地板砖。

e. 食槽。一般采用铝铁皮或陶瓷制成。

f. 草架。多用金属丝编制，成 V 形。

g. 饮水器。采用兔专用自动饮水器。

水泥预制件兔笼

金属兔笼

图 2　兔笼结构

（2）设备。

a. 产仔箱。规格：长×宽×高＝40cm×26cm×12cm，底部钻有小孔。

b. 保温箱。规格：按产仔箱尺寸设计，底部距地面 10cm，可安装万向轮。

5. 兔舍环境控制参数

（1）温度：最适温度为 15～25℃，初生仔兔窝温 30～32℃。

（2）湿度：舍内相对湿度以 60%～65%为宜。

（3）采光：半开放式兔舍采光系数 1.5∶10。

（4）空气：风速 0.2～0.25m/s，二氧化碳浓度不超过 1 500mg/m^3，氨气浓度不超过 25mg/m^3，硫化氢浓度不超过 10mg/m^3。

（三）家兔的繁殖

1. 家兔的繁殖特点

家兔是多胎、多产、刺激性排卵的动物，具有双角子宫，性早熟，繁殖力强，孕期 29～34d，年产胎次 6～8 胎，平均窝产仔数 7～8 只，全年均可配种繁殖。一般公兔利用年限 3 年，母兔 2～3 年，一般种兔场公母比例 1∶4～5；商品兔场或规模养殖户以 1∶8～10 为宜。

要使家兔养殖达到多产、多活、多养、效益高，需做好选种、选配、适时配种，健全配种记录、系谱档案等。

2. 选种

（1）体型外貌：符合品种特征。

（2）体重：公母兔成年体重 3.5kg 以上。

（3）母兔选留要求：母兔乳头数 4 对以上，产仔率高，母性强，产仔多，成活率高。

（4）公兔选留要求：雄性强，睾丸大小匀称，无单睾、隐睾。

（5）体质健康，无生殖器官疾病。

3. 选配

（1）公、母兔要求三代以内无血缘关系。

（2）按年龄选配，壮年兔配壮年兔，壮年兔配青年兔、壮年兔配老年兔。

（3）种公兔的品质优于种母兔。

（4）公母比例：种兔场 1∶4～5，商品场 1∶8～10。

4. 繁殖技术

（1）初配年龄：公兔 7 月龄，母兔 6 月龄。

（2）发情征兆：母兔发情后表现为兴奋不安，食欲减退，外阴部红肿湿润，按“粉红早，紫黑迟，大红稍紫正当时”进行配种。没有明显发情征兆的母兔，则以阴户含水量，湿润肿胀状态来判断。

（3）发情持续期：1～3d。

（4）发情周期：7～15d。

（5）配种方式：采用自由交配、人工辅助配种或人工授精。

自由交配：配种时，将发情母兔放入公兔笼内，母兔伏卧，让公兔爬跨，交配后，母兔翻转，轻拍其臀部，以防精液外流。

人工辅助配种：少数母兔不让公兔交配，应采取人工辅助母兔，让公兔交配。

人工授精：采集公兔精液，经品质检查和处理后，输入到母兔生殖道内，使其受孕。

配种次数：一般母兔发情后配种 2 次，早晚各配一次，配种间隔时间以 8～10h为宜。

(6) 妊娠期：29～31d，个别达 34d。

(7) 检胎：一般采用摸胎法，母兔交配 10d 以后进行。具体操作方法：将母兔放在桌上或地上俯卧，左手固定母兔，兔头朝向摸胎人，右手掌向下用拇指和食指作“八”字形，从前腹腔部向后轻轻触摸，若感到腹腔部较紧，并摸到花生米大小的肉球滑来滑去，则可确认已受孕。

(8) 分娩：母兔产前 1～2d，在产仔箱内放入松软垫草，让母兔拉毛做窝，产仔后 10h 内让仔兔吃饱初乳，仔兔窝温保持 30～32℃。个别母兔难产时，肌肉注射缩宫素 0.5～1.0ml，胎儿随即产出。

(9) 哺乳：母兔产仔后自动喂乳，每日定时一次，对个别母性不强的母兔，实行强制哺乳。

(10) 繁殖密度：一般采用半密集繁殖和延期繁殖交叉进行。

(11) 使用年限：公兔 2.5～3 年，母兔 2～2.5 年。

(四) 獭兔的饲养管理

獭兔的饲养管理分种兔和生长兔的饲养管理。生长兔分为三个阶段：出生到断奶称为仔兔阶段，断奶到 90d 称为幼兔阶段，90d 至成年称为青年兔阶段。每阶段更换饲喂饲料，需一周完成过渡。

1. 种兔的饲养管理

(1) 笼养：一笼一兔。

(2) 营养：配种期间，添加富含维生素 A、维生素 E、维生素 D、青绿饲料，饲喂营养全面的配合饲料，保持体况中等、不肥不瘦。

(3) 种公兔的饲养管理：一般一天最多交配两次，连配两天休息一天，夏季或换毛期尽量少配或不配。

(4) 种母兔的饲养管理。

妊娠母兔：妊娠 15d 后，适当增加饲料用量，保持环境安静，临产前 1～2d 适当减少饲料喂量，增加青饲料和饮水，并将铺上垫草产仔箱放入母兔笼内待产；个别初产母兔不会拉毛，应进行人工辅助拉毛；母兔产完仔后，清除箱内污物，重新换上干净垫草。

哺乳母兔：勤检查母兔的泌乳情况，奶量不足时添喂煮熟的黄豆，保持笼舍卫生，母仔分笼饲养。

2. 仔兔的饲养管理

(1) 早吃奶，吃饱奶。仔兔出生后 10h 内保证初生仔兔吃饱奶。发现没有吃饱奶的仔兔，进行人工强制哺乳，方法是一手抓住母兔的颈皮和双耳，另一手抓住母兔臀部，将母兔固定在产仔箱内，使其保持安静，将仔兔放在母兔乳头旁，让其自由吮乳，连续 3～5d。

（2）调整仔兔。母兔产仔数量多少不一，产后 1～2d 内，对窝产仔数较多的仔兔进行调整，一窝保留 6～8 只为宜，多余的仔兔，选择个体较大的调整到同期产仔数较少的母兔窝内寄养。

（3）仔兔护理。初生仔兔窝温保持在 30～32℃，冬季注意保温。仔兔出生后 10～12d 开眼，进入追乳期，防止仔兔发生意外。

（4）仔兔补饲。仔兔出生 16～18d 开始补饲，补饲易消化、营养丰富的配合料，在饲料中添加抗球虫药物，开食初期以母乳为主，全价配合料为辅，随着日龄增加逐渐增加饲料用量。

（5）仔兔断奶。仔兔 35～40 日龄，可采取一次性或分期断奶。

3. 幼兔的饲养管理

仔兔断奶后，进行兔瘟单苗或瘟巴二联苗免疫接种。断奶后的仔兔原笼饲养，环境、饲料、人员三不变，饲喂营养全面、结构合理的幼兔饲料；幼兔随着日龄增加逐渐增加饲喂量。仔兔断奶两周后，公母兔分笼饲养，每笼以 3～4 只为宜。种兔生产、移笼前统一编制耳号，做好记录。

4. 青年兔及商品兔的饲养管理

90 日龄后，将皮毛质量差或残疾獭兔进行淘汰出售。青年兔单笼饲养，早晚各喂料一次。小规模养殖以苜蓿、黑麦草、菊苣、野生饲草等为主，适当补充全价配合料；规模养殖以全价饲料为主，饲料中不再添加抗球虫药物。5～6月龄或体重达 2.5～3kg，毛皮质量符合《商品獭兔出场质量》的兔只即可出栏。

5. 饲草与饲料

（1）营养需要参考指标（种兔、生长兔参照獭兔饲养管理规范）：粗蛋白 16%～19%，消化能 10～12MJ/kg，粗纤维 12%～16%，钙 1.0%～1.2%，磷 0.5%～0.6%。

（2）饲料品质。

a. 青绿饲草。包括人工种植牧草（如黑麦草、菊苣、苜蓿、光叶紫花苕等）、野杂草及蔬菜下脚料。要求无毒无害，无泥沙，无腐烂，无露水，无霜冻。

b. 精饲料。包括玉米、小麦、豆粕等，要求无杂质，无污染，无霉变。

c. 配合饲料。营养全面，合理保存，无霉变，在有效期内使用。

（3）饲料配制。根据营养需要，把优质的原料科学合理地按一定比例配制加工成颗粒料。配制时，一般能量饲料（如玉米、小麦、麸皮、稻谷）占

30%～45%；蛋白饲料（如豆粕、豆饼，油枯）占15%～20%；草粉（如杂草粉、苜蓿颗粒）占35%～45%；适量补充食盐、磷酸氢钙、钙粉、矿物质添加剂、多种维生素和氨基酸。

（五）家兔的保健与防控

科学饲养管理，确保饲料品质，加强环境控制，严格执行卫生防疫制度，按时预防接种，定期清扫消毒，是家兔保健预防的关键，应遵守防重于治的原则。

1. 卫生防疫制度

（1）卫生制度。

a. 兔舍兔笼：每天对兔笼、兔舍清扫一次，每10d消毒一次；

b. 周边环境：一周或两周清扫消毒一次；

c. 设备器具：饲槽、笼底板、产仔箱等每半月清洗消毒一次，针头、注射器使用前后须消毒；

d. 人员：工作人员进出兔舍消毒，严禁串岗串舍，谢绝外来人员参观；

e. 引进种兔隔离饲养30d，健康无病后并群饲养；

f. 进出车辆、运输兔笼具严格消毒；

g. 病死兔应进行深埋、焚烧、化尸等无害化处理；

h. 污染、废弃垫草，过期疫苗药物、破损器具、饲料药品外包装等进行分类处理；

i. 严禁与其他动物（鸡、猫、犬等）混养。

（2）免疫程序。见表4。

表4　主要传染病的免疫程序

<table>
<tr><td></td><td>疫病种类</td><td>疫（菌）苗种类</td><td>兔类型</td><td>防疫方法</td></tr>
<tr><td rowspan="6">免疫接种</td><td rowspan="2">兔瘟</td><td rowspan="2">兔瘟疫苗
（或瘟巴二联苗）</td><td>仔幼兔</td><td>断奶，皮下注射2ml/只，60日龄加强1次</td></tr>
<tr><td>种兔</td><td>皮下注射2ml/只，每6个月注射1次</td></tr>
<tr><td rowspan="2">巴氏杆菌病</td><td rowspan="2">巴氏杆菌苗
（或瘟巴二联苗）</td><td>仔兔</td><td>断奶，皮下注射2ml/只</td></tr>
<tr><td>种兔</td><td>皮下注射2ml/只，每4个月一次</td></tr>
<tr><td rowspan="2">魏氏梭菌病</td><td rowspan="2">魏氏梭菌
（A型）苗</td><td>仔兔</td><td>断奶，皮下注射2ml/只</td></tr>
<tr><td>种兔</td><td>皮下注射2ml/只，每半年1次</td></tr>
<tr><td rowspan="3">药物预防</td><td rowspan="2" colspan="2">球虫病</td><td>仔幼兔</td><td>每1 000kg饲料拌150～200g氯苯胍精粉或1～2g地克珠利，从补饲开始，连用45d以上</td></tr>
<tr><td>种兔</td><td>每年春末夏初一次，用量用法同上，连用15d</td></tr>
<tr><td colspan="2">疥螨病</td><td>各类型兔</td><td>每季度，皮下注射伊维菌素按体重0.02ml/kg</td></tr>
</table>

注意事项：

a. 灵活运用免疫程序。除兔瘟、巴氏杆菌病、球虫病必须预防外，其他疫病视情而定。

b. 兔场使用多种疫苗接种时，首先选择兔瘟、巴氏杆菌病，其次是其他疫病。每种疫苗间隔时间 5～7d 为宜。

c. 使用有正式批文的疫苗，严格按照疫苗要求进行贮藏，在有效期内使用。

2. 常用消毒方法

（1）煮沸消毒：对注射器具进行煮沸 30min。

（2）火焰消毒：对兔舍兔笼、产仔箱、笼底板等采用火焰消毒器进行火焰消毒。

（3）喷雾消毒：对兔舍兔笼、兔场环境、产仔箱、笼底板等采用喷雾器喷雾消毒。

（4）紫外线消毒：对工作服、垫草、产仔箱、笼底板等在阳光下暴晒消毒。

3. 健康检查

（1）精神状态：健康兔精神活跃，眼睛明亮有神，被毛光泽。

（2）采食量：加料后，健康兔食欲旺盛。

（3）粪便：正常粪便椭圆形、表面光泽、有弹性。

（4）体温：正常体温 38.5～39℃。

（5）呼吸次数：健康兔 40～60 次/min。

4. 用药途径

（1）内服。包括口服法、拌料法。

（2）注射。包括皮下注射、肌肉注射、静脉注射、腹腔注射。

5. 疫病应急措施

（1）及早发现，及时隔离，及时诊断。

（2）紧急预防接种。

（3）严格消毒。

（4）病死兔深埋或焚烧。

（5）疑难病症，实验室诊断。

（6）严禁引进或出售兔，严禁人员进出兔场。

五、注意事项

（一）引种注意事项

（1）引种季节一般以气温适宜的春、秋两季（气温 15～25℃）比较适宜。

（2）引种年龄以 4～5 月龄的青年兔为好。

（3）引种数量主要取决于资金、笼舍、饲料和技术等条件。

（4）种兔运输可采用竹笼、纸箱或铁丝笼等，但必须通风良好，不能拥挤。3月龄以上的公、母兔应分笼调运，避免早配。

（5）引入种兔到达目的地后，要及时分散，单笼饲养，同时注意不要急于喂料，可先饮清洁水。

（6）种兔运抵目的地后应隔离饲养30～40d，待采食正常，经检查证实健康后才能转入健康兔舍或繁殖群饲养。

（二）饲养管理注意事项

（1）要注意防止仔兔意外伤害。仔兔异常活跃，哺乳后，仔兔易从产仔箱内跳出，易被笼底板缝隙将腿夹伤引起骨折，如不及时发现，易被踏死、饿死、冻死。

（2）让仔兔自由采食，少食多餐，保证饲料供给。

（3）注意检查饮水设施是否畅通，忌缺水。仔兔胃小，消化力弱，生长发育快。在过渡期间，特别提示的是逐步过度的原则，使仔兔逐渐适应，才能保证仔兔断奶成活率。

（汪平、文斌、刘汉中、余志菊、简文素、付祥超、刘宁、杜丹、张凯、徐昌文）

沼渣沼液还田利用技术

一、技术概述

沼渣含有丰富的有机质和腐殖酸，沼液中含有多种微生物、有益菌群、各种水解酶、核酸等活性物质及氮磷钾养分（表1、表2）。沼渣沼液浇灌或叶面肥施用已成为农业生产中常见的用肥模式。作为肥料，通过沼液浸种、喷施或追施沼液、基施沼渣等，对农作物具有较好的增产、提质作用；此外，沼液成分对植物的许多有害病菌和虫卵具有一定的抑制和杀灭作用（如对大多数植物病原真菌具有抑制作用，可杀灭蚜虫、红蜘蛛、白粉虱等）。沼渣沼液还具有改善土壤结构，提高土壤营养元素有效性和土壤有机质含量，增加土壤酶活性及呼吸强度等作用。

表1　沼渣及主要成分

单位：%

有机质	腐殖酸	全氮	全磷	全钾
36.0～49.9	10.1～24.6	0.78～1.61	0.39～0.71	0.61～1.30

表 2 沼液主要成分

水分(g/L)	pH	总氮(g/L)	氨氮(mg/L)	总磷(mg/L)	总钾(mg/L)
940～955	8.1～8.5	0.6～0.9	304～365	0.027～0.094	0.476～1.100

二、技术特点

本技术适用于全国建有沼气池的绝大部分地区，技术使用区域性限制不明显。沼渣作基肥对饲草增产具有很好的效果，每公顷增施沼肥 15 000～37 500kg，饲草单位面积产量可提高 15.5%～26.3%，连续施用二年以上，土壤有机质可增加 0.3%～0.7%，活土层从 30cm 增加到 40cm。施用沼液，除了增加土壤养分和肥力、提高饲草产量外，还具有杀菌灭虫的效果。如沼液配兑 6%乙基多杀菌素进行叶面喷施，可有效防治蓟马危害，防效达 95%以上。但多年连续施用沼肥，会造成土壤中重金属、兽药残留、硝酸盐和盐分的累积，所以施用沼肥的农田需要进行安全监测，以确保土壤质量安全。

三、技术流程

沼渣沼液理化性质分析及前处理，包括沼渣堆沤腐熟和沼液过滤与调酸，沼渣腐熟后可用于配置营养土、做基肥、追肥。过滤后的沼液可用作追肥、叶面喷肥、灌根。同时对施用的土壤进行质量检测（图 1）。

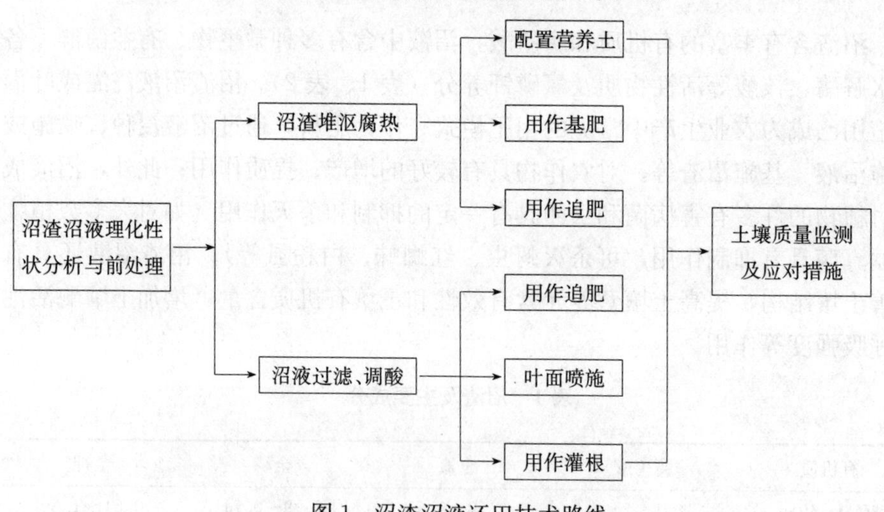

图 1 沼渣沼液还田技术路线

四、技术内容

(一) 沼渣施用技术

1. 沼渣腐熟

沼渣施用前要进行腐熟处理，一般将沼渣含水量调控在60%左右。1 000kg沼渣混合20～30kg碳酸氢铵，或1 000kg沼渣混合15kg过磷酸钙，然后用塑料薄膜覆盖密封堆沤7～10d；或沼渣与5～10cm秸秆按1∶1比例混合堆沤。

2. 配制营养土

用沼渣配制营养土，应采用腐熟度好、质地细腻的沼渣，其用量占混合物总量的20%～30%，再掺入50%～60%的细土、5%～6%的锯末、0.10%～0.20%的氮、磷、钾及微量元素、农药等拌匀即可。

3. 作基肥

沼渣用作基肥，必须经过1周以上的腐熟过程。一般作基肥农田，沼渣施用量为15 000～37 500kg/hm^2。沼渣基肥对作物增产具有很好的效果，研究表明，每亩增施沼肥1 000～2 500kg，可增产粮食9.00%～26.40%。

4. 作追肥

沼渣用作追肥，也必须经过1周以上的腐熟过程，每亩用量1 000～1 500kg，可以直接开沟挖穴浇灌作物根部周围，并覆土以提高肥效。研究表明，沼渣肥密封保存施用比对照增产8.30%～11.30%，晾晒施用比对照增产8.10%～10.00%。

(二) 沼液施用技术

1. 沼液追施

沼液作为追肥一般在灌溉时随水混施，通常采用渠灌、管灌。如采用渗灌、滴灌、喷灌等方式，需要对沼液进行澄清、过滤。清水：沼液比例一般为1∶1～3∶1（根据沼液pH而定），沼液在农田的用量一般为10～20m^3/hm^2，在饲草生长季均可进行灌溉。

2. 沼液叶面喷施

作叶面喷肥，沼液必须取自至少产气40d以上的沼气池，并经过澄清、过滤，以免杂质堵塞喷雾装置。在饲草上进行沼液喷施，一般兑水1～2倍（根据沼液pH而定）。一般喷施后24h内，植物叶片可吸收喷施量的80%左右，喷施间隔10～15d。沼液对害虫特别是对蚜虫、红蜘蛛、蓟马等有一定的防治作用，病虫害发生严重时，沼液中加入相应农药防治效果更好，如沼液配兑6%乙基多杀菌素进行叶面喷施，蓟马防治效果达95%以上。

3. 沼液灌根

沼液营养丰富，是一种速效的液体肥，将沼液用清水稀释 1～3 倍，对稀植饲草作物，如青贮玉米、饲用高粱等按每穴 1kg 进行灌根，不仅起到补充养分的作用，还可以补充水分，起到抗旱增产作用。此外，沼液灌根对根腐病、枯萎病和根结线虫等根部病虫害都有非常理想的防治效果。

五、案例介绍

浙江省富阳市常安镇铭卉蔬菜基地，主要种植杂交一代芦笋、杭椒一号小尖椒、以色列番茄等农作物。距离蔬菜基地约 3km 有一处中等规模的生猪养殖沼肥场。铭卉蔬菜基地研究开发了一种沼肥运输车，在卡车上面放置沼液贮存罐，设 1 台沼液抽送泵，将沼液抽到贮存罐内，运至蔬菜基地，再通过该泵将沼液灌溉到作物地，既解决了距离上的困难，同时将养殖场的沼液、沼渣转移至蔬菜基地进行资源化利用。根据基地内芦笋用肥需求，合理安排施肥计划，用沼肥替代一部分高效复合肥料使用，经济、生态和社会效益明显（表 3、表 4）。

表 3　施用沼肥对芦笋生产的影响

处理	大棚面积（hm^2）	芦笋总产（kg）	平均单产（kg/hm^2）	采收期延长（d）
沼肥	0.4	12 810	32 025	13
常规施肥	0.4	11 750	29 375	—

表 4　施用沼肥对芦笋基地 0～20cm 土壤质量的影响

取样时间	土壤有机质（%）	速效钾（mg/kg）	有效磷（mg/kg）	pH
6 月 20 日	4.06	69.1	11.3	8.0
11 月 20 日	4.55	87.2	32.2	7.3

六、注意事项

（1）新鲜的沼渣、沼液还原性较强，立即施用会与作物争夺土壤中的氧气，影响作物根系发育。除用作基肥外，沼渣、沼液出池后，沼渣应在贮粪池中堆沤一星期后方可施用，沼液稀释后再施用。

（2）作为追肥，沼液要按照 1∶1～3∶1 的比例兑水稀释，以防止 pH 过高灼伤作物；沼渣、沼液一般采用沟施、穴施的方法，以提高肥效。

(3) 沼渣、沼液与碱性较强的肥料混合施用会造成氮肥流失，降低肥效。过量施用沼渣、沼液，会导致农作物疯长，达不到预期的目的。

(4) 沼液静置处理后，应尽快施用。随着时间和温度的升高，沼液中氮磷钾营养元素损失较快，夏季储存 90d 的沼液，氮磷养分损失达 50%～70%，钾素损失超过三分之一。

(5) 多年连续施用此类沼渣的农田，尤其是规模化养殖场畜禽粪便为原料的沼渣，应注意对重金属 Cu、Zn 进行减量化和钝化处理，以防因 Cu、Zn 含量超标带来农田土壤重金属污染问题。

（冯伟、刘忠宽、刘振宇、谢楠、秦文利、智健飞）

阜新县种草（苜蓿）养（肉）驴技术

一、技术概述

辽宁省阜新蒙古族自治县是全国半农半牧县，温带大陆性气候，适合农作物和牧草生长。当地苜蓿草种植历史久远。尤其是近年来，苜蓿以其抗逆、高产、优质特性，很快成为草食家畜的主要饲草种类。自 20 世纪 90 年代初起，成规模引进关中驴和德州驴，用于改良本地草驴；2003 年又启动了肉驴基地建设，现已初步形成原种纯繁、杂交改良、肉驴饲养、产品深加工和销售一条龙完整的产业链，使肉驴养殖业成为阜新县具有地方特色的新型畜牧业支柱产业之一。

目前，全县肉驴饲养量达 33.6 万头，出栏 10.75 万头，可繁母驴存栏 15.32 万头。全县建成肉驴人工授精站 312 个，种驴存栏 710 头，年人工改良肉驴集中实施达到 9.5 万头，养殖户自行改良 4.69 万头。有 2 家肉驴屠宰加工企业，其中大巴镇大兴驴肉加工厂设计年加工能力 7 万头，现年屠宰量达 1 万头，并已注册“阜兴”商标，年实现利润 100 万元。经过多年改良，阜新县肉驴产业已经步入了良种化生产轨道。按准胎率 90%、产驹率 80%计算，每年可产 10.2 万头以上的改良肉驴驹，一头改良驴较同龄的本地驴平均增收千元左右，通过改良增收 8 660 万元，经济效益显著。

为更好地促进肉驴产业提质增效，推动草牧业更快发展，从苜蓿选种、整地、栽培以及在肉驴生产中应用等各环节，系统地总结种草（苜蓿）养（肉）驴实用技术，为提高驴肉品质，缩短肉驴出栏时间，降低养殖成本，提高养殖收益提供技术指导。

二、技术特点

（一）适用范围

辽宁省及与辽宁省气候特点相似，适合种植紫花苜蓿，发展肉驴养殖。

（二）技术特点

本技术根据当地气候特点，结合生产实际，确定春播紫花苜蓿时间为 4 月中旬后，地温接近苜蓿发芽温度时抢墒播种，夏播时间为 6 月份。亩施 10kg 磷钾二元复合肥或 3 000kg 农家肥作底肥，饲养肉驴苜蓿干草日喂量 0.5～1kg、鲜草日喂量 2.5～3.5kg，并分次投喂。

（三）饲喂效果

紫花苜蓿富含蛋白质，在生产中可以代替部分精料。以稗草或墨西哥玉米作为饲草喂驴，饲草和精料的比例为 1∶0.54，添加苜蓿草以后，饲草和精料的比例为 1∶0.43，精料投入比降低了 11 个百分点。

紫花苜蓿饲喂肉驴可以缩短育肥期。用饲草料总量相同的禾本科牧草＋精料和苜蓿干草＋禾本科牧草＋精料进行饲喂（苜蓿干草占牧草总量的 30%）1.5 岁青年架子驴，“苜蓿干草＋禾本科牧草＋精料”饲喂三个月平均增重比“禾本科牧草＋精料”三个月平均增重多 18.36kg（表 1）。

表 1　不同饲喂水平肉驴平均增重对照表

单位：g

组　　别	第一月日增重	第二月日增重	第三月日增重	三个月增重
禾本科牧草＋精料	490	493	506	44 670
苜蓿干草＋禾本科牧草＋精料	688	705	708	63 030
差值	198	212	202	18 360

三、技术流程

苜蓿养驴技术包括苜蓿种植地的选择及整地、播种等田间管理工作，适时刈割并整株或切短饲喂，可鲜饲也可调制成干草饲喂（图 1）。

四、技术内容

（一）苜蓿种植

1. 选地

选平整、肥沃、土层厚度 1m 以上，地下水位 1m 以下，中等肥力以上，春季不干旱、夏季不积水的二等以上的土地。

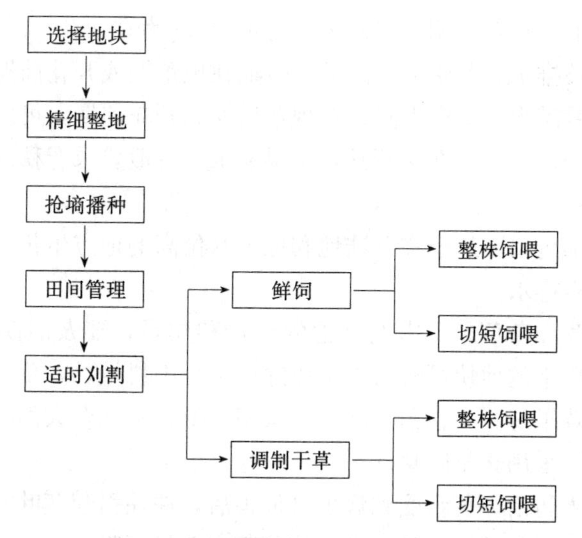

图1　苜蓿养驴技术路线

2. 播前整地

播前通过翻、耙、压精细整地，将地表原有草、茬等全部翻掉，要求地表平整、土壤颗粒细匀、硬度适中。整地一般在春季，具体时间要综合考虑苜蓿适宜的播种期及当地的降水情况和土壤含水量确定。

3. 播种

（1）播种时间。一般在春季和夏季播种。春播宜早不宜晚，多在4月中旬以后，地温接近苜蓿发芽温度时抢墒播种。夏播在6月进行，即雨前整地，下透雨后播种。为保证牧草有足够的生长期，确保安全越冬，最迟播种时间不能晚于7月15日。

（2）播种方式。条播，用牧草专用播种机或自用农机具按行距30cm左右开沟，播种、覆土、镇压一次完成。

（3）播种量。每亩1kg。

（4）施底肥。为保证苜蓿产量，播种时要施底肥，每亩施磷钾二元复合肥10kg。有条件的最好施农家肥，每亩施3 000kg农家肥。

（5）播种深度。开沟深度5～6cm，覆土厚度1～1.5cm。

4. 田间管理

（1）中耕。苜蓿播种当年苗期长势较弱，中耕以除草为主，做到铲趟结合。春季返青后及每次割草后进行一次中耕，以破除土壤板结。中耕一般与追肥作业结合进行。

（2）追肥。追肥在苜蓿返青期或收割后2～3d进行，以磷酸二氨等钾磷复合肥为主。种植当年在苗期应施氮肥，每亩 10kg 为宜。

(3) 灌溉及排水。苜蓿需水的关键时期在现蕾期或开花前期。现蕾时，需水量最多，以后需水量逐渐下降，在现蕾后期到开花前期，可以根据土壤墒情和天气情况，进行灌溉。在阜新县，干旱缺水，一般要求春秋两次灌水，以利其越冬和返青。

苜蓿不耐水淹，不适于在低洼地和地下水位高的地方生长，因此在多雨的季节应及时抗涝排水。

(4) 除杂草。杂草严重影响苜蓿的产量和质量，要及时防除。对面积不大、杂草不太严重的地块可进行人工拔除或结合中耕趟翻除草。人工除草优点是除草干净、效果好、不伤苗，缺点是效率较低，不适合大面积草地。如果草地面积较大，可采用化学除草。

(5) 病虫害防治。苜蓿受到病虫害危害后，往往引起茎叶枯黄，或出现病斑，叶片残缺甚至落叶，生长不良，使苜蓿产草量下降，品质变劣，利用年限缩短，因而在生产中造成很大损失。所以，应及时防控病虫害。

5. 刈割

(1) 刈割时间。最佳刈割期应在孕蕾至初花期，苜蓿花开放 5%左右时开始刈割。有灌溉条件的一般一年能刈割 3～4 茬，平均 30d 左右能刈割一茬。最后一次刈割要在霜前 20d 以上，确保根部储存足够养分以利越冬及翌年返青。

(2) 刈割留茬高度。苜蓿的留茬高度不仅影响苜蓿草的产量和质量，而且还会影响再生草的生长速度和质量。平时刈割留茬 5cm 左右，最后一次刈割留茬高度不低于 10cm，有利于来年返青。

(二) 苜蓿草在肉驴养殖中的利用方法

1. 青饲

(1) 利用方法。苜蓿鲜草蛋白质含量高，且富含微量元素和维生素，肉驴喜食。每头每天可饲喂 2.5～3.5kg，注意分多次投喂，以切成 2～4cm 小段投喂为佳，提高利用率，也可整株饲喂。

(2) 注意事项。

a. 忌喂幼嫩草及露水草。苜蓿鲜草，特别是幼嫩阶段的鲜草中含有皂素，肉驴采食后会在胃内产生大量泡沫，发生胃臌胀病。饲喂苜蓿鲜草时不要一次喂量过多，不宜饲喂幼嫩期、雨后或有晨露的苜蓿鲜草。饲喂后，不宜马上饮水，以防臌胀病发生。

b. 青饲应配合其他饲料。鲜草中水分充足，干物质相对较少，虽然可以吃饱，但机体吸收的干物质量不能满足肌肉生长和脂肪沉积的需求，所以肉驴饲养中，青饲时配合使用玉米、麸皮、高粱等能量饲料，也可补饲少量豆饼、

豆粕、花生饼等蛋白饲料，并可添加一定的干草。

c. 防止中毒。防止亚硝酸盐中毒。青绿牧草特别是多汁类牧草大多含有硝酸盐，在长期堆放、代谢发热或蒸煮加热过程中，硝酸盐还原为毒性更强的亚硝酸盐。亚硝酸盐可导致畜禽中毒，采食量较大时，畜禽能够在半小时内死亡。

d. 禁止使用农药。青饲牧草严禁使用农药，发生病虫害时可以提早刈割利用，如果遇到特殊情况确需使用药物时，必须选择对畜禽基本无害的低浓度生物药剂，并严格控制用药量和刈割时间。一般要求用药后须经雨淋或间隔30d以后方可刈割利用。

2. 干草

（1）干草的调制方法。干草的调制方法有自然干燥和人工干燥两种。在人工干燥法中，高温快速干燥法是目前最为科学的方法，但此方法需要加工设备，成本较高，适于工厂化或生产草块、草颗粒时使用，主要用于多雨地区。在阜新县实际生产当中应用采用自然干燥法。

自然干燥法是将刈割下来的牧草在田间自然风干的制作方法，一般就地摊晒2～3d，水分达到干草贮存的程度后打捆。可机械刈割或人工刈割，人工刈割时搂成草趟子，摊晒2～3d再翻晒1d左右，牧草叶片卷曲，茎秆易折断，水分大约在15％～16％，这时打成草捆，置于通风干燥防雨的仓库中储存，草捆间要留有间隙，利于通风。

（2）利用方法。肉驴饲养中，一般苜蓿干草的日喂量为0.5～1kg。

a. 切段投喂。干草切成2～4cm小段投喂，便于肉驴采食，减少浪费，提高消化利用率。

b. 整株利用。苜蓿干草饲喂肉驴可以直接放在饲槽中整株投喂，整株牧草具有纤维长度长、能够延长家畜咀嚼时间，促进唾液和消化液分泌的作用，还可以减少加工过程中的物理和化学损失，有利于提高优质干草的消化率。

（3）注意事项。

a. 忌用霉变干草。霉变干草不能饲喂家畜，特别是妊娠母畜误食发霉变质干草极易引起流产，饲喂前一定要认真检查干草质量，通过眼观、鼻嗅、手摸等形式，检查干草有无发霉变质现象，注意剔除霉烂变质的干草。此外，受到畜禽粪便、泥土等污染的干草也不能饲喂家畜。

b. 防止混入杂物。在干草加工、运输、切短、饲喂过程中不能混入铁丝、铁钉、竹枝等尖锐物体，以免家畜误食后刺破消化道或心包等处，干草中也不能混有石块、树枝等杂物。有条件的在饲喂前用磁石吸附加工好的干草，可以去除铁器；用粗筛可以除去石块等杂物。

c. 适量饲喂。在肉驴生产中，苜蓿干草日饲喂量以不超过干草日饲喂总量的 30%为宜。

五、效益分析

苜蓿草喂（肉）驴节约精料。以稗草或墨西哥玉米为牧草饲喂 1.5 岁青年架子驴，每头驴需牧草 1 240kg，需精料 667kg，如果以苜蓿草搭配稗草或墨西哥玉米饲喂肉驴，每头驴需牧草 1 337kg，需精料 570kg。添加苜蓿草后每头驴节约精料 97kg，以每千克精料 3 元计算，每头驴可节约饲养成本 291 元。

苜蓿草喂（肉）驴增重快。以育肥 1.5 岁青年架子驴为例，日粮中添加苜蓿草饲喂的肉驴比未添加苜蓿草饲喂的肉驴平均日增重多 0.2kg 以上，育肥 90d 后，肉驴增重 18kg 以上。按 9 元/kg 计算，苜蓿草喂肉驴可多获经济收益 162 元以上。

从产驹到出栏，苜蓿草饲喂（肉）驴，每头驴可增加经济效益 453 元以上。

（张成才、单丽华）

第七章　统计监测

广西饲草料生产统计

开展饲草料资源的统计工作，科学、准确掌握饲草（含饲料作物）和农副资源现状，对指导草食家畜生产，促进畜牧业发展和农民增收具有重大意义。

根据近几年广西草业统计工作情况，针对存在问题，结合广西实际，参考《草原基础数据统计内容及规范》（董永平，全国畜牧总站，2009 年 4 月），《草原基础数据统计原理》（刘桂珍，全国畜牧总站，2009 年 4 月），以及《农业生产统计》等资料，归纳了广西饲草料资源的统计方法。

一、统计内容

（一）饲草类

1. 人工种草

人工种植的牧草，包括杂交狼尾草（象草）、多年生黑麦草、三叶草等多年生牧草，多花黑麦草、高丹草、全株青贮玉米等一年生饲草。

2. 天然牧草

天然草地生长的牧草。

3. 改良种草

采用围栏、灌溉、排水、施肥、松耙、补植等措施进行改良的草地。

（二）农副资源类

广西年产 5 500 万 t 农作物秸秆，主要有甘蔗尾叶、玉米秸秆、稻草、木薯秆、花生藤（壳）、桑枝、甘薯藤、香蕉茎（叶）等，通过微生物发酵处理，是饲养牛羊极好的饲草料。还有糖蜜、木菇渣、啤酒渣、甘薯渣、豆渣等农副资源。

二、饲草料面积统计

以行政村为起报单位进行全面统计，统计到屯（组），做到源头数据取之有据，掌握第一手资料。

人工种草面积统计，以村为单位统计，统计到屯；统计实际的牧草和饲料作物种植面积，不论面积大小，均应如实统计，种多少就报多少；同一亩草地间种、混种不同品种牧草时，不论以何种间种、混种方式，各品种牧草播种面积之和只算一亩，并根据每一种牧草所占面积的比例（成数）折算，分别记入该品种播种面积项内；同一亩草地复种和套种两种牧草的，应各算一亩播种面积，即每复种、套种一次，就要按复种、套种的次数计算一次播种面积。

1. 多年生饲草

多年生人工种植牧草的种植面积，等于本年新植面积加上上年及以前种植而留存于本年成活的面积之和。不论一年内收获几次，都只计算一次面积（表1）。

表1　多年生牧草种植面积统计表

填报单位：××县××乡（镇）××村（盖章）　　　　单位：hm^2

自然屯名称	种草户数	合计	各品种种植面积												屯长签字
			品种1			品种2			……						
		合计	历年保留面积	当年新增面积	合计	历年保留面积	当年新增面积	合计	历年保留面积	当年新增面积	合计	历年保留面积	当年新增面积		
自然屯1															
自然屯2															
……															
合计															

填报人（签字）：　　　　审核人（签字）：　　　　填报时间：　　年　　月

注：品种1、2、3……填写实际种植的品种名。

2. 一年生饲草（表 2）

表 2　一年生饲草面积统计表

填报单位：××县××乡（镇）××村（盖章）　　　　单位：hm²

自然屯名称	种草户数	各品种种植面积合计	各品种种植面积			屯长签字
			品种 1	品种 2	……	
自然屯 1						
自然屯 2						
……						
合计						

填报人（签字）：　　　审核人（签字）：　　　填报时间：　　年　　月　　日

注：品种 1、2、3…填写实际种植的品种名。

3. 天然草地面积统计

填报天然草地最新调查数据。

4. 改良种草面积统计

以村为统计单位，统计到屯。以往年统计数为基础，结合当前实施相关项目采取了改良措施的草地建设情况进行统计（表 3）。

表 3　改良种草面积统计表

填报单位：××县××乡（镇）××村（盖章）　　　　单位：hm²

自然屯名称	改良草地涉及户数	改良草地面积		屯长签字
		总面积	其中：当年新增	
自然屯 1				
自然屯 2				
……				
合计				

填报人（签字）：　　　审核人（签字）：　　　填报时间：　　年　　月　　日

三、饲草料产量统计

（一）饲草总产量的统计

包括人工种植牧草（含饲料作物）、天然草地、牧草和改良草地牧草，均以县（区、市）级为基础进行抽样调查。

1. 人工种草总产量的统计

（1）抽样点的选择。充分考虑地理环境、气候条件等自然因素对牧草产量的影响，结合交通条件、数据及时性等工作开展难易程度，以县城为中心，周围不同方向选择具有代表性的 5 个点，一般距离 5～10km 内。

（2）种草养畜户的选择。管理水平对牧草产量影响较大，规模养殖户、专业户技术水平较高，管理也精细，因而牧草产量就更高；散养户的技术水平相对低，管理粗放，因而牧草产量亦较低些。在每个点选择 3 户进行人工种植牧草产量抽查，其中种植牧草 $1hm^2$ 以下 3 户，$2～3hm^2$ 3 户，$3hm^2$ 以上 3 户。

（3）抽查样方设计。在选择的抽样户中，随机选择 3 个样方，每个样方 $1m^2$，割草称重记录，将 3 个样方产草量平均，乘以 10 000，即得出该户人工种植牧草当次鲜草按照公顷计算的产量，乘以全年刈割次数，得出全年鲜草每公顷产量。

（4）人工牧草单位面积产量。将 5 个点各 9 户该种鲜草每公顷产量数平均，即得出该县该品种牧草年鲜草每公顷产量。

（5）人工种植牧草总产量的计算。

某品种牧草种植总面积（hm^2）×该品种牧草单位面积年鲜草产量（t/hm^2）＝该品种牧草鲜草年总产量（t）。

2. 天然草地牧草总产量的统计

（1）抽样点的选择。充分考虑地理环境、气候条件等自然因素对牧草产量的影响，应以县城为中心，周围不同方向选择具有代表性的 5 个点。

（2）抽查样方设置。在每个点随机选择 3 个样方，每个样方 $1m^2$，割草称重记录，将 3 个样方鲜草产量平均，乘以 10 000，即得出该点天然牧草地当次鲜草每公顷产量，再乘以 2（以每年可刈割 2 次），得出该点天然草地全年鲜草每公顷产量。

（3）天然牧草地单位面积产量。将 5 个点鲜草每公顷产量平均，即得出该县天然牧草地鲜草年每公顷产量。

（4）天然牧草总产量的计算。

该县天然牧草地总面积(hm^2)×天然牧草鲜草单位面积年产量（t/hm^2）＝该县天然牧草鲜草年总产量（t）。

3. 改良种草总产量的统计

方法参照“天然草地牧草总产量统计”。

（二）农副资源统计

以县（区、市）为基础进行统计。

1. 作物种类和种植面积资料的收集

可直接（或通过县人民政府办公室）与县（区、市）统计局协商由其提供。

2. 农作物秸秆产量的统计

随机抽样调查，在收获农产品时节进行。抽样点布局与上述“牧草产量抽查方法”类似，对于复种作物，总产量＝单次产量×复种指数。

3. 其他农副资源统计

以县（区、市）为基础进行统计。由县（区、市）政府或农牧主管部门将“农副资源统计表”下发到相关企业进行统计。见表4。

表4　农副资源统计表

××企业（盖章）　　单位：t

企业名称	副产品种类	副产品年总产量	副产品含水量（%）

填报人（签字）：　审核人（签字）：　填报时间：　年　月　日

四、数据审核及上报

乡镇级业务干部将收集汇总的村级草地面积统计表，整理汇总上报县业务主管局，经县农牧主管部门审核汇总，与饲草料产量统计汇总表一同上报市级业务主管部门，市级再审核上报至自治区级业务主管部门。

审核重点：

（1）完整性。审核上报统计表指标填报是否齐全。

（2）规范性。审核统计数据的整理、汇总、推算、报送等过程是否合乎要求，计量单位是否正确。

（3）逻辑性。审核表内数据及表间相关指标之间的关系是否矛盾、数量关系是否平衡。

（4）合理性。分析审核报表数据与当地草食畜牧业发展相关指标是否吻合。

自治区级（省级）业务主管部门将审核后的饲草料统计表上报至农业部全国畜牧总站。同时，将对统计表的审核意见及时与市、县（区、市）级负责统计工作的人员沟通对接，有利于业务水平的提高。

为了保证统计工作的连续和高效，自治区级（省级）业务主管部门每年应举办 1～2 期业务技术培训班，对市级、县（区）级业务主管局指定的专职或兼职草业统计人员进行培训，各地应尽可能保持草业统计人员相对稳定，保证草业统计工作的连续性。县（区）级草业统计人员加强对乡（镇）及村级农技人员（畜牧兽医人员）或村干部的技术指导和技术培训。

（陈玉英）

草地放牧产值测算方法

草业是大农业的重要组成部分，发达的草业是农业现代化的显著标志，是建设生态文明的基本保证。著名科学家钱学森于 20 世纪 80 年代提出立草为业，称其为“知识密集型草业产业”，并论述草业是利用草原，让太阳光合成以碳水化合物为主的草，再以草为原料发展畜牧业及其他产业。现代草业是以草为基础，进行保护、生产、加工和经营，获取生态、经济和社会效益，具有相对独立性的产业，涵盖草原畜牧业、草原保护建设、草资源管理、草及草产品生产、加工和经营、草业科技教育等众多领域。从世界范围来看，草业是农业领域中最大的产业，其经济产值和用地面积均超过粮食种植业。中国虽然是一个草原大国，但还不是草业经济大国。草业作为国民经济体系中一个很重要的产业，其对经济的贡献越来越大，开展草业产值的统计核算十分必要。

一、草业产值

产值指标体系是反映一个产业生产、经营成果的指标体系，借鉴现有国民经济统计核算体系中对农业和畜牧业的定义标准和核算方法，对草业产值进行了界定。草业产值指一定时期内（一个季度或一年），一个国家（或地区）的草业经济活动所生产出的全部最终成果（产品和服务）的价值，包括草业总产值和草业增加值。

（一）草业总产值

草业总产值是以货币表现的草业的全部产品总量和对草业生产活动进行的各种支持性服务活动的价值，包括饲草产值、草地放牧产值、种用产值、医疗保健用途的产值、食品原料的产值、工业原料的产值以及文体活动、观光旅游的产值和草业服务产值八个方面，加总后即是草业总产值。它反映一定时期内草业生产总规模和总成果，是观察草业生产水平和发展速度，研究草业内部比例关系、草业与农林牧渔业、草业与国家建设、草业与人民生活比例关系的重要指标，同时也是计算草业劳动生产率和草业增加值的基础资料。

（二）草业增加值

增加值也叫附加价值或追加价值，是指各单位生产经营的最终成果，即本单位或本行业对社会所作的贡献。草业增加值是指草业生产或提供服务活动而增加的价值，为草业现价总产值扣除草业现价中间消耗后的余额。增加值和总产值相比较，一个最大的优点在于增加值避免了中间产品的重复计算，消除了总产值计算时的重复因素，计算结果是社会最终产品的价值。因此，计算增加值不仅是国民经济宏观管理的需要，也是微观的企业和行业管理的需要。

（三）草业中间消耗

草业中间消耗（中间投入）是指草业生产经营过程中所消耗的货物和服务的价值，包括物质产品消耗和非物质性服务消耗。物质产品消耗是指草业生产过程中所消耗的各种物质产品的价值；非物质性服务消耗是指支付给非物质生产部门的各种服务费。

二、草地放牧产值核算

（一）草地放牧总产值

1. 概念

草地放牧产值是草业产值中占比较大的部分（内蒙古锡林浩特市的草地放牧产值占比达到50%以上），因此将其单独进行统计核算。草地放牧产值是指草食畜产品的产值，包括放牧采食牧草、草场用作放牧、繁殖等场所产生的产值，也包括年内出栏的牛、羊、马等主要牲畜的产值和奶、毛绒等牲畜产品的产值。

2. 核算范围

草地放牧产值的核算范围是本辖区内在一定时期内生产的草食畜产品的价值量，执行日历年度。

3. 核算方法

草地放牧产值包括草食牲畜产值和草食牲畜产品的产值两个部分，核算方法都是采用产品法即产量乘以价格。有些地区在春季禁牧期禁止放牧，对牲畜进行了补饲，所以需扣除补饲期间的投入，即草地放牧产值的计算公式为：草食牲畜的产值＝本年草食牲畜出栏头数×每头草食牲畜单价－补饲成本。公式中的单价分别为提供消费市场的牛、羊、马等草食牲畜生产价格，为毛重价格。补饲成本为每头草食牲畜禁牧期间的饲草料投入。草食牲畜产品的产值＝本年草食牲畜产品量×每头草食牲畜产品单价。牛奶、羊奶产量中只包括人工或机械挤出的数量，牛犊、羊羔直接吮食的数量不应计算，统计量为销售数量。羊毛、鬃毛等产量不包括屠宰牲畜后所获得的产品。

（1）出栏头数和产品产量的取得方法。草食牲畜出栏头数和产品产量可以从当地农林牧渔业生产统计报表中取得，凡是有抽样调查数据的均使用抽样调查数；或者是从当地印发的县级统计资料中取得。

（2）价格的确定。产品的产值等于产品产量与价格的乘积。所以，合理确定草食畜产品的价格也是计算草地放牧总产值必须解决的一个重要问题。计算草地放牧总产值时，一般采用两种价格：现行价格和不变价格。按现行价格计算的产值主要反映生产的总规模和水平，因此草地放牧产值中采用现行价格来计算。现行价格采用牲畜产品生产价格，即生产者第一手出售畜产品的价格，来源于畜产品生产价格调查。生产价格调查资料中没有涵盖到的少数畜产品，可以用集贸市场价格资料代替；没有市场价格的畜产品用生产成本代替。畜产品的现行价格不包括利润分成、价格补贴（助）及生产扶持费在内。

（二）草地放牧增加值

1. 概念

草地放牧增加值是指草地放牧草食畜禽生产畜禽产品而增加的价值。

2. 核算范围与方法

草地放牧增加值的核算范围是本辖区内在一定时期内生产的草食畜产品的价值量，执行日历年度。草地放牧增加值为草地放牧现价总产值扣除现价中间投入后的余额。

（三）草地放牧中间消耗

1. 概念

草地放牧中间消耗也叫中间投入，是指草食畜产品生产经营过程中所消耗的货物和服务的价值，包含草食畜产品生产过程中所消耗的各种物质产品的价值。包括外购的和计入总产出的自给性物质产品消耗，如种子、饲料、肥料、农药、燃料、用电量、小农具购置、原材料消耗等；支付物质生产部门的各种服务费包括修理费、生产用外雇运输费、生产用邮电费等，以及其他物质消耗；支付给非物质生产部门的各种服务费，如牲畜配种费、牲畜防疫医疗费、科研费、旅馆费、车船费、金融服务费、保险服务费、广告费等。计算草食畜产品中间消耗的资料主要从草食畜产品生产统计报表中取得，或是通过典型调查，或从有关管理部门了解。

2. 核算范围与方法

（1）用种。包含在总产值中的草场改良使用的种子。种子消耗量，一般可按每核算单位平均用量分别乘以饲料作物的面积来计算。

（2）饲料。各种草食家畜所消耗的各种精饲料（如粮食、糠麸、油饼等）

和粗饲料（如干草等）。各种草食家畜的饲料消耗量，各种大牲畜可以按平均每头饲料消耗量分别乘以各种大牲畜的年平均存栏头数计算。羊可按年平均每只饲料消耗量分别乘以出栏头数求得。

（3）肥料。指饲料作物生产过程中，所使用的化肥、绿肥和农作物副产品（如秸秆还田用作肥料）。肥料的使用量可通过调查取得平均每核算单位使用肥料的数量乘以饲料作物面积来计算；化肥、绿肥的施用量也可直接使用农林牧渔业生产年报数据，通过中间消耗调查资料推算在各种畜产品的分摊比例来进行计算。

（4）燃料。指草食家畜养殖过程中使用的各种机械所消耗的汽油、柴油、煤炭等燃料，润滑油也计算在燃料消耗量中。燃料消耗量，除了通过中间消耗调查资料进行推算外，一般可根据商业部门对农村牧区销售的燃料加上从工业部门直接购买的燃料，再加上农村乡镇企业和社员自己生产又用于农牧业生产的燃料来计算。有条件的地方，应采用各种机械的燃料平均消耗定额乘以各种机械的作业数量来计算。

（5）用电量。指牧业生产过程中消耗的全部生产用电量（包括外购的和本单位发电用于牧业生产的部分）。可通过调查取得平均每核算单位用电数量乘以生产规模来计算；也可按年报中的农村牧区用电量扣除农牧民生活用电和其他非农业生产用电量来计算。

（6）农（牧）机购置。指农牧业生产过程中所消耗的小农（牧）机具的价值。凡是当年购买，按照4%的平均折旧率进行折旧，折旧费用计算在内。小农具购置数量和费用可通过中间消耗调查取得，也可根据农经调查资料估算，还可以直接采用商业部门的销售量加上农村合作经济组织和农牧民自己生产又用于农牧业生产的数量来推算。

（7）设施折旧费。主要是指相关饲养设施（围栏棚圈）的折旧费用，该数据根据每户的折旧费用乘以该地区共有的农牧户数量来确定。

（8）畜牧用药品。指农牧业生产单位在外购买的用于本单位对各种草食牲畜进行配、育种及对草食牲畜进行疾病防疫、治病所消耗的各种药品、器械等物质消耗。可以通过调查取得每头草食家畜的药品器械费用分别乘以草食家畜数量进行计算。对于由专门单位进行的草食家畜防疫、配种而支付的费用则计入非物质生产部门劳务支出。

（9）生产服务支出。指在草食畜产品生产经营过程中支付给物质生产部门和非物质生产部门的各种服务费用，包括修理费，生产用外雇运输费，生产用邮电费、牲畜防疫费、配种费、保险费、科技咨询费等。这些资料可以根据中间消耗调查资料或生产单位的成本核算资料进行估算。

三、草地放牧产值统计报表

1. 草地放牧总产值（表1）

表1　草地放牧总产出

指标名称	代码	数量（头、只、匹、张、kg）	单价（元）	现行价格
放牧产值	43			
（一）牛的饲养	44			
（二）羊的饲养	45			
1. 绵羊	46			
2. 山羊	47			
（三）马的饲养	48			
（四）骆驼的饲养	49			
（五）奶产品	50			
1. 牛奶	51			
2. 马奶	52			
3. 羊奶	53			
4. 骆驼奶	54			
（六）皮产品	55			
1. 牛皮	56			
2. 羊皮	57			
3. 骆驼皮	58			
（七）毛绒产品	59			
1. 羊毛	60			
2. 山羊绒	61			

2. 草地放牧中间消耗（表2）

表2 中间消耗表

项　　目	计量单位	代码	数量	金额（元）	单价（元）
调查数量	亩（头、只、匹）	601			
中间消耗合计		6			
一、物质消耗		61			
1. 饲料、饲草		6 101			
精饲料	kg	61 011			
青粗饲料	kg	61 012			
饲草	kg	61 013			
其他	kg	61 014			
2. 用种量		6 102			
自留自制种子	kg	61 021			
购种子	kg	61 022			
种羊	只	61 024			
种马	匹	61 025			
种牛	头	61 026			
3. 燃料		6 103			
柴油	L	61 031			
汽油	L	61 032			
煤	t	61 033			
其他		61 034			
4. 肥料		6 104			
5. 用水量	t	6 105			
6. 用电量	kWh	6 106			
7. 棚圈材料费	元	6 107			
8. 小农具购置费	元	6 108			
9. 其他物质消耗	元	6 109			
二、生产服务支出	元	62			
1. 修理费	元	6 201			
机械	元	62 011			
围栏棚圈	元	62 012			
2. 外雇运输费	元	6 202			
3. 外雇机械作业费	元	6 203			

（续）

项　　目	计量单位	代码	数量	金额（元）	单价（元）
4. 防疫费	元	6 204			
羊	元	62 041			
牛	元	62 042			
马	元	62 043			
骆驼	元	62 044			
5. 治病费用	元	6 205			
羊	元	62 051			
牛	元	62 052			
马	元	62 053			
骆驼	元	62 054			
6. 配种费	元	6 206			
7. 技术服务费	元	6 207			
8. 保险费	元	6 208			
9. 其他	元	6 209			
补充资料：		63			
用工	日	6 301			
其中：雇工	日	63 011			
1. 打草	日	63 012			
2. 放牧	日	63 013			
3. 其他	日	63 014			
本户劳动投入	日	63 015			
平均放牧天数	日	6 302			
羊	日	63 021			
牛	日	63 022			
马	日	63 023			
骆驼					
各项补贴收入	元	6 303			
其中：生态奖补	元	63 031			
良种补贴	元	63 032			
农机具购置补贴	元	63 033			
建房补贴	元	63 034			
其他补贴	元	63 035			
固定资产折旧	元	6 304			

（董永平、钱贵霞）